Berliner Beiträge
zur Technikgeschichte und Industriekultur

Schriftenreihe
des Museums für Verkehr und Technik
Berlin

BAND 15

Museum für Verkehr und Technik Berlin

AUFGETAUCHT

DAS INSTITUT UND MUSEUM FÜR MEERESKUNDE IM MUSEUM FÜR VERKEHR UND TECHNIK BERLIN

Nicolaische Verlagsbuchhandlung Berlin

Gedruckt mit Unterstützung der Stiftung Preußische Seehandlung

Nicolaische Verlagsbuchhandlung Beuermann GmbH, Berlin

Layout und Umschlaggestaltung: Atelier Kattner, Berlin
Lektorat: Maria Borgmann, Eberhard Franke
Fotoarbeiten: Clemens Kirchner, Monika Sawade
Technische Zeichnungen: Barbara de Longueville
Koordination: Dirk Böndel, Bettina Probst
Ausstellungsleitung: Bettina Probst
Satz: Atelier Kattner, Berlin
Offsetlithos: Atelier Kattner und Bildpunkt, beide Berlin
Druck: H. Heenemann, Berlin
Printed in Germany
ISBN 3-87584-588-9

INHALT

Das Museum für Meereskunde in der Georgenstraße 34-36 in Berlin-Mitte. (MVT)

VORWORT

1906 war ein besonders repräsentatives Museumsjahr Seiner Majestät des Deutschen Kaisers.

Am 13. November 1906 fuhr er mit der vierspännigen bayrischen Königskutsche durch München zur Isarinsel, um dort den Grundstein für den Sammlungsbau des 1903 begründeten Deutschen Museums von Meisterwerken der Naturwissenschaft und Technik zu legen und die ersten provisorischen Ausstellungen zu eröffnen. Einen Monat später, am 14. Dezember 1906, fuhr seine bereits motorisierte Staatskarosse am ehemaligen Hamburger Bahnhof in Berlin vor, um dort feierlich das Verkehrs- und Baumuseum zu eröffnen, dessen Bestände sich, soweit erhalten, seit 1984 in seinem Nachfolgemuseum, dem Museum für Verkehr und Technik Berlin, befinden.

Für Kaiser Wilhelm II., der die Zukunft seines Reiches auf dem Wasser sah, fand aber wohl der ihm gemäßeste Festakt am 5. März 1906 statt: die Eröffnung des Instituts und Museums für Meereskunde in Berlin, das bereits im Jahre 1900 gegründet worden war. In den knapp vier Jahrzehnten seiner Existenz entwickelte sich das Haus zu dem großen nationalen deutschen Schiffahrtsmuseum.

Einerseits wurde es rasch zu einem sehr populären Museum Berlins, in das der Vater mit dem Sohne alljährlich zu Weihnachten marschierte und an das ältere Berliner und Berlinerinnen noch lebendige Erinnerungen haben. Andererseits erfreute es sich größten Wohlwollens „von oben" - war es doch das ideale Propagandainstrument für die Reichsmarine, sei es die Kaiserliche bis zu ihrer Versenkung im Ersten Weltkrieg, sei es die nationalsozialistische bis zu deren Versenkung im Zweiten Weltkrieg.

Am Ende dieses Zweiten Weltkrieges mußte schließlich das ganze Museum geschlossen werden. Was nicht vorher ausgelagert worden war, zerfiel größtenteils in Schutt und Asche.

Durch weitere vier Jahrzehnte schien das Schicksal des Museums besiegelt. Russische Besatzungstruppen brachten einige noch vorhandene Exponate in das damalige Meeres Militärmuseum Leningrad. Anker aus Eisen wurden eingeschmolzen. Aus Wachsfiguren wurde Seife. Ausgelagerte Modelle verschwanden spurlos und sollen sogar in Bayern nach dem Krieg offiziell verhökert worden sein. Andere wurden verteilt zwischen Rostock und Dresden, Mürwik und Berlin, West wie Ost. Nach der Spaltung Berlins löste die Ostberliner Universität auch formal das ganze Museum auf. Nur der Westberliner Treuhänder hielt offiziell im Namen des Senats die Fahne hoch und dokumentierte unverzagt und unermüdlich die Weiterexistenz dieses Museums.

Doch ein halbes Jahrhundert nach dem Untergang tauchte es aus der Versenkung wieder auf: Die Humboldt-Universität als Rechtsnachfolgerin des ursprünglichen Trägers des Meereskundemuseums übertrug dem MVT offiziell die Treuhänderschaft mit dem Auftrag, die Bestände so weit wie möglich und sinnvoll wieder zusammenzuführen und auszustellen.

Während nun eine erste Ausstellung und dieses Buch das Institut und Museum für Meereskunde im Museum für Verkehr und Technik wieder aufleben lassen und dokumentieren, hat der Regierende Bürgermeister von Berlin bereits den Grundstein gelegt für den größten Neubau in dem sonst historischen Museumsensemble des Berliner Technikmuseums, in dem neben dem seinerzeit weltweit größten Luftfahrtmuseum, der Deutschen Luftfahrtsammlung Berlin, dieses seinerzeit älteste der drei großen Verkehrsmuseen Berlins, das Meereskundemuseum, in der Ausstellung zur Schiffahrt seinen endgültigen Platz finden wird.

Dann, wenn nach Fertigstellung dieser Ausstellungshalle im Jahre 2000 das Meereskundemuseum endgültig „aufgetaucht" ist, wird das Deutsche Technikmuseum Berlin durch seine Vorläufer seinen 100. Geburtstag feiern.

Dank sei Herrn Böndel und Frau Probst und den anderen Autorinnen und Autoren für ihre unermüdliche Bergungsarbeit, Dank aber auch allen Kollegen der technischen Museen Deutschlands, die ohne Eifersucht und Besitzstanddenken bei der mühsamen Fährtenlese der Museumsarchäologie halfen. Unser Dank geht ebenso an die vielen Zeitzeuginnen und Zeitzeugen, die sich mit uns in Verbindung gesetzt und das MVT auf der Tauchstation unterstützt haben.

Berlin, im Februar 1996
Prof. Günther Gottmann

Nicht mehr aufgetaucht: der Hauptanker der Panzerfregatte KÖNIG WILHELM, 1869. (MVT)

AUFGETAUCHT
DAS INSTITUT UND MUSEUM FÜR MEERESKUNDE
IM MUSEUM FÜR VERKEHR UND TECHNIK

Die Beschäftigung mit dem Thema „Museum im Museum" erscheint im Trend zunehmender Musealisierung nicht weiter verwunderlich. In unserer Zeit, die sich durch fortwährende, schnelle Veränderungen auszeichnet, dienen die Museen in ihrer klassischen Aufgabenstellung - Sammeln, Bewahren, Forschen und Ausstellen - immer stärker dazu, Traditionen aufzuzeigen und Kontinuitäten zu sichern. Auch das Museum für Verkehr und Technik (MVT) übernimmt in dieser Hinsicht eine wichtige und vor allem für die Berliner Museumslandschaft wesentliche Funktion: Anknüpfend an die Tradition ehemals bedeutender technischer Museen und Sammlungen, die heute zumeist kriegsbedingt nicht mehr vorhanden sind, bemüht sich das MVT, die Präsentation von Technik- und Kulturgeschichte in Berlin fortzuführen. Seinem Auftrag entsprechend versucht es, ehemalige Museen und ihre Bestände zu integrieren. Bisher jedoch ist die Geschichte dieser Museen bzw. Sammlungen nur teilweise dokumentiert oder ausgestellt.

Zu diesem Zweck eröffnet das MVT am 7. März 1996 eine Ausstellung zum früheren Institut und Museum für Meereskunde, das neben dem ehemaligen Verkehrs- und Baumuseum[1] oder der Deutschen Luftfahrtsammlung als eine der Einrichtungen gilt, deren Nachfolge das seit 1982 „real existierende" Museum für Verkehr und Technik angetreten hat. Die Absicht der Ausstellung „Aufgetaucht" ist, nicht nur die wieder aufgetauchten Schätze aus diesem Museum zu präsentieren, sondern vielmehr die Geschichte dieser Einrichtung - wenn auch fragmentarisch - darzustellen.

Die Autorinnen und Autoren dieses Bandes, der parallel zur Ausstellung erscheint, möchten ihren Beitrag dazu leisten, die bewegte Geschichte des Instituts und Museums für Meereskunde sowie die seiner Bestände zu dokumentieren, um die Erinnerung an ein fast in Vergessenheit geratenes Museum wieder aufleben zu lassen.

Der unmittelbare Anlaß ist die Eröffnung des Instituts und Museums für Meereskunde vor nunmehr 90 Jahren, am 5. März 1906. Gegründet wurde es bereits im April 1900. Das Institut und Museum wurden der Friedrich-Wilhelms-Universität angegliedert und gehörten somit zum Ressort des preußischen Ministeriums der geistlichen, Unterrichts- und Medizinalangelegenheiten. Eine Sonderrolle nahm die Reichs-Marine-Sammlung innerhalb des Museums ein, da sie der Marine unterstand. Heute befindet sich ein Großteil der noch vorhandenen Objekte dieser Sammlung im Militärhistorischen Museum der Bundeswehr in Dresden, das sich als Nachfolger dieser Sammlung versteht.

Das Museum in der Georgenstraße in Berlin galt seinerzeit mit einer Ausstellungsfläche von ca. 1200 Quadratmetern als das größte Meeres- und Marinemuseum in Deutschland. In der Zusammensetzung aus naturwissenschaftlichem Forschungsinstitut, Volksbildungsstätte und einstigem Propagandainstrument kann es zudem als einzigartig betrachtet werden.

Während des Zweiten Weltkrieges wurde das Museumsgebäude in der Georgenstraße schwer beschädigt. Das Museum mußte daher 1946 für den Besucherverkehr geschlossen werden. Die nicht ausgelagerten Exponate wurden größtenteils, soweit nicht zerstört, von russischen Besatzungstruppen abtransportiert. Viele Exponate kehrten aber Ende der 1950er Jahre nach Deutschland, in die ehemalige DDR, zurück.

In den folgenden Artikeln, die ganz unterschiedliche Betrachtungsweisen beinhalten, werden die Historie des Museums (Bettina Probst) sowie die Verlagerungsgeschichte der Museumsobjekte (Dirk Böndel) und die der Archiv- und Bibliotheksbestände (Jörg Schmalfuß, Andreas Curtius) dargestellt.

Das Thema Forschung wird in dem Artikel von Walter Lenz zur Sprache gebracht. Abschließend erfolgt eine Dokumentation von Hans Mehlhorn über die Reichs-Marine-Sammlung und deren Eingliederung in das Militärhistorische Museum in Dresden.

Im zweiten Teil werden einige „Starobjekte" aus dem Museum für Meereskunde vorgestellt. Es handelt sich dabei um das Schiffsmodell der Galiot FRIEDRICH WILHELM DER 2TE (Dirk Böndel), die Cape-Cross-Säule (Tassilo Riemann), den BRANDTAUCHER (Patricia Rißmann) und das Modell der Kaiseryacht METEOR (Michael Keyser), das im MVT restauriert wurde.

Ein Reprint des Museumsführers aus dem Jahre 1918 gibt darüber hinaus einen Einblick in die Sammlung.

Die Bestandsübersicht am Schluß dieser Dokumentation stellt das Ergebnis der bisherigen Recherchen dar: Es konnten etwa 1200 Objekte aus dem ehemaligen Institut und Museum für Meereskunde ermittelt werden.

Bettina Probst

1 Das Verkehrs- und Baumuseum wurde neun Monate später als das Museum für Meereskunde, am 14. Dezember 1906, im Gebäude des ehemaligen Hamburger Bahnhofs in der Invalidenstraße eröffnet. Neben einer bereits vorhandenen Publikation in der Schriftenreihe des MVT wird demnächst eine weitere, umfangreichere Dokumentation von Uwe Nußbaum zu diesem Thema erscheinen.

„Heizraum eines Kreuzers", Gemälde von H. Harder; Wasserrohrkessel (im Vordergrund rechts). (MVT)

DAS INSTITUT UND MUSEUM FÜR MEERESKUNDE – EINE BEWEGTE GESCHICHTE ?

„Unsere Zukunft liegt auf dem Wasser" (Wilhelm II.)

„Die halbe Welt und ihre ganze Geschichte findest du in den Kanälen der Museen..." (Clemens von Brentano)

Am 5. März 1906 wurde in Berlin NW 7, in der Georgenstraße 34-36, das Institut und Museum für Meereskunde (MfM) feierlich eröffnet. Es bezog dort das ehemalige Gebäude des ersten Chemischen Instituts der Friedrich-Wilhelms-Universität. An der Eröffnung nahmen Kaiser Wilhelm II. und auch der als Förderer der Ozeanographie bekannte Fürst Albert I. von Monaco teil.[1]

Schon allein die unterschiedlichen Bezeichnungen „Institut mit Marinemuseum", „Institut und Museum für Meereskunde" oder einfach verkürzt „Meereskundemuseum"[2] weisen darauf hin, daß es sich nicht bloß um ein Museum handelte. Im Gegenteil. Von der Aalspeere bis hin zum Zylinderkopf eines U-Bootes war hier alles, was das Meer betraf, unter einem Dach vereinigt.

Das Institut und Museum für Meereskunde war als Forschungs- und Bildungsinstitut der Berliner Friedrich-Wilhelms-Universität angegliedert. Gleichzeitig diente es als Propagandainstrument der Marine bzw. der Kaiserlichen Marinepolitik, die im Museum durch die Reichs-Marine-Sammlung vertreten wurde. Dementsprechend unterstanden die Sammlungsbereiche einerseits dem Ressort des Ministeriums der geistlichen, Unterrichts- und Medizinalangelegenheiten des preußischen Staates, andererseits dem Reichsmarineamt als Reichsbehörde. Diese Konstruktion läßt bereits erahnen, wie eng das Verhältnis zwischen den Museumsleitern und den staatlichen sowie den Reichsbehörden gewesen sein muß.[3]

Doch so unterschiedlich die einzelnen Bereiche dieser Institution samt ihrer Trägerschaften auch erscheinen mögen, sie dienten einem gemeinsamen Auftrag, der im „Statut und Führer durch das Museum für Meereskunde" festgeschrieben wurde:

„Das Institut und Museum für Meereskunde hat die Aufgabe, das Verständnis für die mit der See und dem Seewesen zusammenhängenden Wissenszweige zu heben und den Sinn für die nationale und wirtschaftliche Bedeutung der Seeinteresssen zu wecken. Diese Ziele sollen erreicht werden durch Belehrung und Anschauung ... Das Museum soll nicht nur als wissenschaftliche Sammlung der Universität Berlin dem Unterricht, sondern vor allem der allgemeinen Volksbildung dienen." [4]

Die „allgemeine Volksbildung" war ein Kriterium, das die – insbesondere nach der Reichsgründung 1871 – neu entstehenden Museen kennzeichnete. Der Gründerzeitboom nach 1871 erfaßte nicht nur die Industrie, sondern auch das Museumswesen.[5] Im genannten Jahr wurde beispielsweise die „Gesellschaft für Verbreitung von Volksbildung" gegründet, der zeitweilig Ferdinand Freiherr von Richthofen vorstand, welcher später der erste Direktor des Instituts und Museums für Meereskunde werden sollte. Während des Kaiserreichs gewann die Volksbildungsbewegung zunehmend an Bedeutung. Dabei kam die Absicht zum Vorschein, durch Museen nicht nur zur Bildung, sondern auch zur „Vaterlandsliebe" beizutragen.

Mit der Öffnung der Museen für breitere Volksschichten veränderten sich um 1900 die Darstellungsweisen zugunsten einer besuchergerechteren Präsentation.[6] Im MfM wurden in diesem Sinne Originalteile von Schiffen gemeinsam mit Modellen und mit bildlichen wie graphischen Darstellungen in einen verständlichen Zusammmenhang gestellt. Zusätzliche Schau- und Texttafeln sorgten für eine weiterführende Belehrung und Anschauung. Im Museum für Meereskunde galt es, Lebenszusammenhänge, d. h. „alle möglichen Erscheinungen, die das Leben rund ums Wasser kennzeichne(t)en, in Modellen oder zumindest in Form von Dioramen darzustellen." [7] Noch heute erinnern einige der „lebensechten" Dioramen im Deutschen Museum in München an diese damalige Darstellungsweise.

Modell einer Schleppversuchsanstalt, 18 m lang, funktionstüchtig. (MVT)

Ein weiteres Merkmal, das das Museum für Meereskunde auszeichnete, war die Darstellung von Natur- und Technikgeschichte. Das 1900 gegründete MfM kann daher – ähnlich wie das 1903 gegründete Deutsche Museum in München – zu einem neuen Museumstypus gerechnet werden, der im Verlauf einer wachsenden, sich ausdifferenzierenden Museumslandschaft die Präsentation von Technik bzw. Technikgeschichte in ein Museumskonzept miteinbezog.

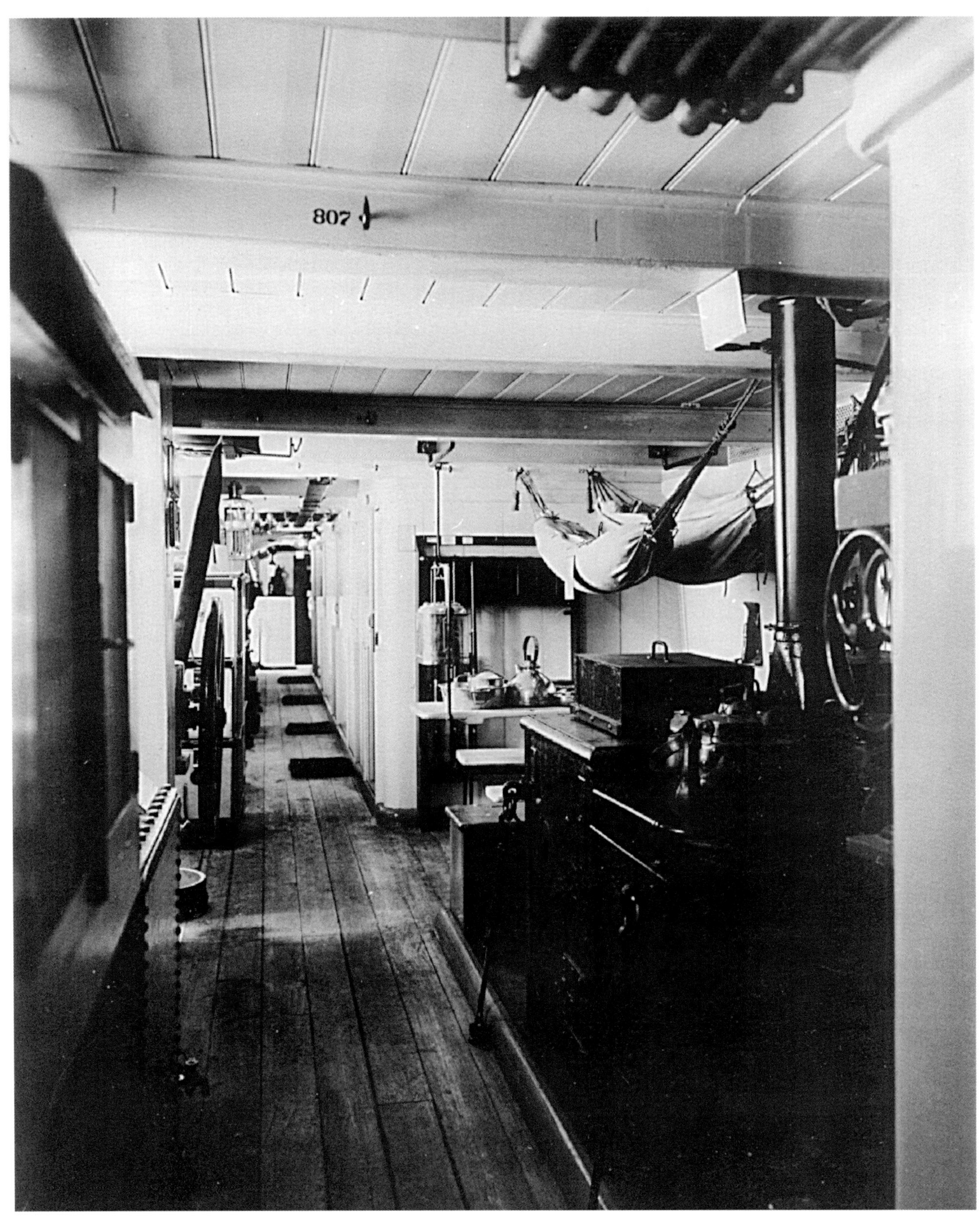

Rekonstruktion der Kombüse der Segelfregatte NIOBE, 1861, mit Originalteilen. (MVT)

So wurden beispielsweise in der Reichs-Marine-Sammlung des Museums nicht nur die historische Entwicklung der Kriegs- und Handelsflotte seit der Hansezeit, sondern auch die technischen Entwicklungen der U-Boote, Torpedos und Minen dargestellt. Als Original wurde in diesem Zusammenhang eines der wohl berühmtesten Objekte des Museums ausgestellt: der BRANDTAUCHER.[8] Auch in der Historisch-Volkswirtschaftlichen Sammlung wurden, insbesondere im Bereich des Schiff- und Schiffsmaschinenbaus, technische Entwicklungen präsentiert. Darüber hinaus sollte Technik „erfahrbar" gestaltet werden. Im Museum für Meereskunde wurde zu diesem Zweck eine begeh- und bedienbare Konstruktion der Kommandobrücke eines Linienschiffes, der BRAUNSCHWEIG, installiert.

Im folgenden soll die Historie des Instituts und Museums für Meereskunde unter Berücksichtigung der Aspekte „Volksbildung" und „Propaganda" näher beleuchtet werden.

Die Gründung des Instituts und Museums für Meereskunde

Das Institut und Museum für Meereskunde tauchte erstmals am 1. April 1900 als „Titel" im preußischen Etat auf. Vorausgegangen war eine auf den 5. Februar 1900 datierte Genehmigung des Kaisers, der selbst ein großes Interesse an dieser Einrichtung bekundet hatte.[9]

In einem Brief des Finanzministers Miquel an den Minister für geistliche, Unterrichts- und Medizinalangelegenheiten, Studt, heißt es dazu: „Nach dem hiebei angeschlossenen Schreiben des Herrn Chefs des Geheimen Civilkabinets vom 13.d.M. haben seine Majestät der Kaiser und König genehmigt, dass die Kosten für die Anmiethung der zur Unterbringung des Instituts für Meereskunde mit zugehörigem Marine-Museum erforderlichen Räume vom 1. April d.J. ab für die nächsten zwei Jahre bis zur Höhe von je 12.000 RM. auf den Allerhöchsten Dispositionsfonds bei der Reichshauptkasse übernommen werden."[10]

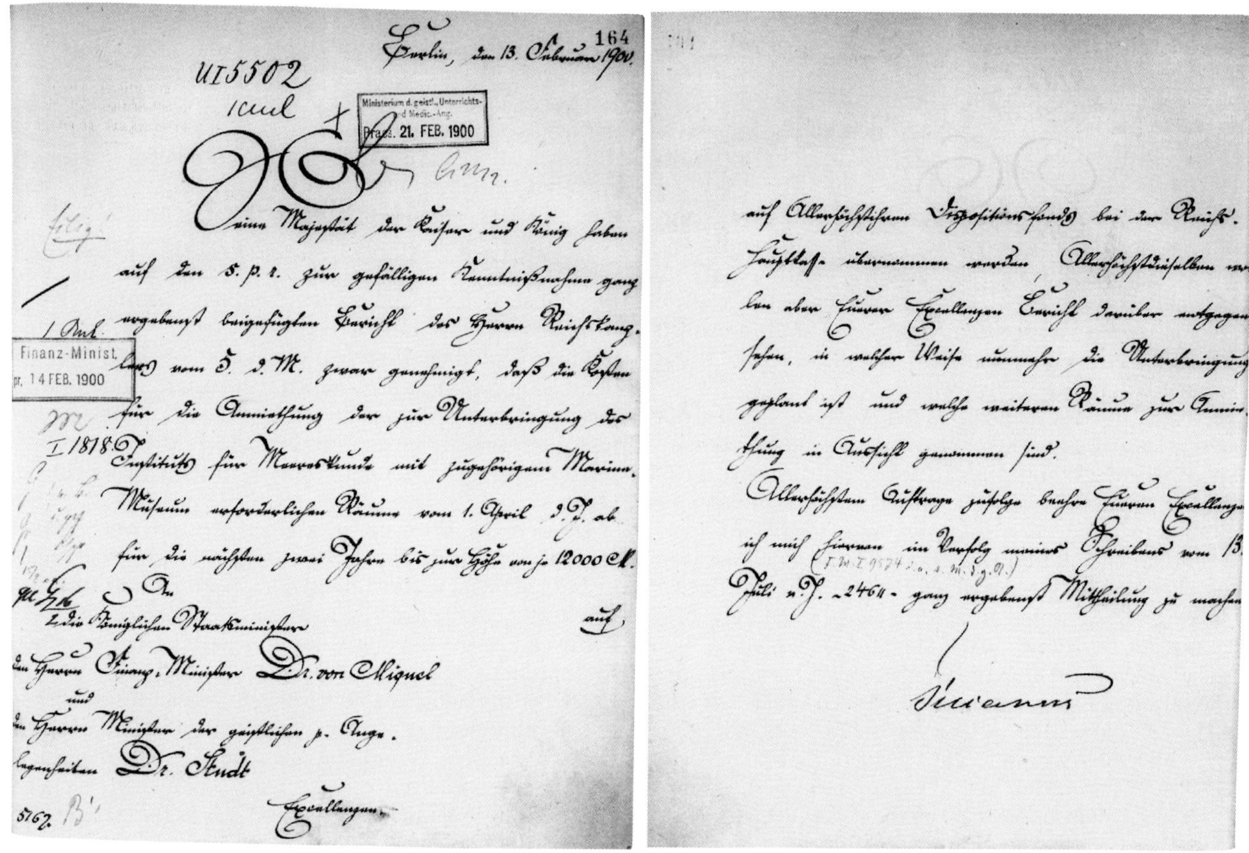

164

Berlin, den 13. Februar 1900.

UI 5502

Ministerium d. geistl., Unterrichts- u. Medic.-Ang. Praes. 21. FEB. 1900

Finanz-Minist. pr. 14 FEB. 1900

Seine Majestät der Kaiser und König haben auf den s.p.r. zur gefälligen Kenntnißnahme ganz ergebenst beigefügten Bericht des Herrn Reichskanzlers vom 5. d.M. zwar genehmigt, daß die Kosten für die Anmiethung der zur Unterbringung des Instituts für Meereskunde mit zugehörigem Marine-Museum erforderlichen Räume vom 1. April d.J. ab für die nächsten zwei Jahre bis zur Höhe von je 12000 M. auf Allerhöchsten Dispositionsfonds bei der Reichshauptkasse übernommen werden. Allerhöchstdieselben wollen aber Eurer Excellenzen Bericht darüber entgegensehen, in welcher Weise nunmehr die Unterbringung geplant ist und welche weiteren Räume zur Anmiethung in Aussicht genommen sind.

Allerhöchstem Auftrage zufolge beehre Eurer Excellenzen ich mich hiervon im Verfolg meines Schreibens vom 13. Juli v.J. -2461- ganz ergebenst Mittheilung zu machen.

Lucanus

An die Königlichen Staatsminister Herrn Finanz-Minister Dr. von Miquel und Herrn Minister der geistlichen p. Angelegenheiten Dr. Studt Excellenzen

Das Institut und Museum für Meereskunde wird eingerichtet. (Bildstelle GStA PK)

Trotz der Unterstützung des Kaisers war die Einrichtung des Museums von Anfang an mit vielen finanziellen Schwierigkeiten behaftet. Skeptisch zeigte sich Miquel vor allem gegenüber den kaiserlichen Versprechungen. Er bat mehrmals um Klarheit, ob mit den von der Aachener und Münchener Versicherungs A.G. stammenden 250.000 RM, die Wilhelm II. für die innere Ausgestaltung des Instituts und Museums bereitstellen wollte, tatsächlich gerechnet werden könnte. [11]

Der finanziellen Probleme ungeachtet, die das Museum bis zuletzt begleiten sollten, nahm die Geschichte dieser Einrichtung ihren Lauf. Im Mai 1900 wurde Ferdinand Freiherr von Richthofen zum Direktor des Instituts und Museums für Meereskunde bestimmt. Richthofen war zusammen mit Vertretern aus dem Reichsmarineamt maßgeblich an der Museumskonzeption bzw. der Ausarbeitung des Statuts beteiligt. Als Kontrollinstanz wurde dem gesamten Institut und Museum ein Kuratorium vorgesetzt, das aus je einem Vertreter des preußischen Kultusministeriums und des Reichsmarineamts sowie dem Direktor des Instituts bestand.

Das Museum konnte allerdings erst sechs Jahre nach seiner Gründung eröffnet werden. Die genauen Gründe hierfür sind nicht hinreichend bekannt; als Erklärung dürften allgemeine finanzielle und organisatorische Schwierigkeiten dienen.

In dem als öffentlich und für jedermann zugänglich geplanten Museum, das die Berliner Landratten für die See begeistern sollte, dachte man aber zu Beginn nicht weit genug an die Besucher. So beklagte die „Berliner Volkszeitung" am 27. März 1906 die „beschränkten" Öffnungszeiten des Museums:

„Es ist anzunehmen, daß dieses neue Museum, das ganz nach der Methode praktischer Demonstration zusammengestellt ist und den landbewohnenden Laien zwar in eine unbekannte, aber doch höchst anziehende Welt versetzt, bei den Berlinern leicht populär werden wird. Freilich müßte es dann wirklich - zugänglich sein. Vorläufig wird das Museum sozusagen wie ein ‚Amtsgeheimnis' gehütet. Denn wenn eine Schaustätte in der ganzen Woche mit ihren sieben ganzen Tagen nur ganze vier Stunden geöffnet ist und dies noch nicht einmal am Sonntag, sondern am Mittwoch, so ist das der reine Hohn auf die ‚Öffentlichkeit'." [12]

In erster Linie dachten die Museumsplaner - und darin unterscheiden sie sich im Grunde gar nicht so sehr von manchen ihrer heutigen Kollegen - an politische Interessen, die es darzustellen galt. Erst im zweiten Schritt wurde man dabei gewahr, daß man, um diese Interessen auch „veröffentlichen" bzw. an die Besucher bringen zu können, möglichst vielen Menschen die Gelegenheit eines Museumsbesuches bieten mußte. Die Öffnungszeiten wurden daher verändert - und nicht nur das: Der Eintritt in das Museum war kostenlos.

Insbesondere die Militarisierung in der Vorkriegszeit - um ein Beispiel politischer Interessen zu nennen - sollte auf eine „subkutane" Weise, d. h. getarnt als kulturelles Bildungsprogramm, in den Museen unterstützt werden.[13] Ein Faktum, das zweifellos auf das Institut und Museum für Meereskunde zutraf: Als um die Jahrhundertwende die deutschen Seeinteressen und der Gedanke an einen Ausbau der Flotte politisch immer mehr in den Vordergrund traten, galt es in verstärktem Maße, „den Blick des Volkes aufs Meer zu lenken." [14]

Die Wilhelminische Flottenpolitik und das Reichsmarineamt

Wie sehr damals die Museumspolitik in den großen politischen Rahmen eingebettet war, zeigen vor allem die Bestrebungen seitens des Reichsmarineamts, das maßgeblich durch die Reichs-Marine-Sammlung an der Ausgestaltung des Museums beteiligt war. Unter der Leitung seines höchst einflußreichen Staatssekretärs, Alfred von Tirpitz, bestimmte es weitgehend die wilhelminische Flottenpolitik. Tirpitz galt als eine der Schlüsselfiguren, die das Machtvakuum, das nach Bismarcks Entlassung 1890 herrschte, zu füllen versuchten. Er beeinflußte mit seinem Schlachtflottenbau die Innen- und Außenpolitik ebenso wie die Sozial-, Finanz- und Militärpolitik. Tirpitz wurde 1897 zum Staatssekretär des Reichsmarineamts ernannt. Ein Jahr später begann der Aufbau der deutschen Schlachtflotte.[15] Der Beginn der offensiven Flotten- und Weltpolitik in den Jahren 1897/98 stellte einen der Anfangspunkte der Entwicklung dar, die in den Ersten Weltkrieg mündete.

Das Flottenbauprogramm startete 1898 mit dem ersten Flottengesetz: Laut Bauplan sollten zwei Geschwader mit je acht Schlachtschiffen entstehen. Zwei Jahre später wurde seitens des Reichsmarineamts eine Novellierung gefordert, die quantitativ eine enorme finanzielle Belastung für den Reichshaushalt und qualitativ den aggressiven Vorstoß hin zu einer deutschen Weltmachtstellung zur See bedeutete. Das Reichsmarineamt bestand nunmehr auf vier Geschwadern, zwei Flaggschiffen, acht großen und 24 kleinen Kreuzern sowie auf einer Auslandskreuzerflotte.

Die zweite Flottennovelle von 1906 bedeutete einen noch größeren Einschnitt, da man nun dazu überging, einen neuartigen Typus von Großkampfschiffen, die *Dreadnoughts*, zu bauen. Dies mußte zwangsläufig die Engländer auf den Plan rufen, die nur mit Hilfe ihrer *Dreadnoughts* den Vorsprung gegenüber Deutschland halten konnten. Da diese zweite Novellierung das Stärkeverhältnis zwischen der britischen und der deutschen Flotte einschneidend veränderte, wurde der Rüstungswettkampf zwischen den beiden Ländern ungemein verschärft. Mit der dritten Novelle von 1908, die alle folgenden Verhandlungen mit England zum Scheitern bringen sollte, trat das Flottenwettrüsten in seine entscheidende Phase.

Da sich der Übergang von einer Kreuzer- zur Schlachtschiff-Flotte als sehr kostspielig erwies, setzte das Reichsmarineamt alles daran, durch massive Propaganda und wirksame Öffentlichkeitsarbeit die Massen zu mobilisieren, um so im Reichstag die Bewilligung eines höheren Etats zu erreichen. In den Akten des Reichsmarineamts heißt es dazu:

„... Bei unseren parlamentarischen Verhältnissen aber ist eine Zustimmung zu weiteren Ausgaben für die Marine nur dann zu erwarten, (wenn) das deutsche Volk systematisch zu einem seeverständigen erzogen wird, wenn man mit allen legalen Mitteln daran arbeitet, in dieser Beziehung unser Volk auf die Höhe des englischen zu heben." [16]

Zu diesem Zweck schuf Tirpitz zunächst eine „Abteilung für Nachrichtenwesen und allgemeine Parlamentsangelegenheiten". Die Aktivitäten dieses Nachrichtenbüros wurden von weiteren neugegründeten Vereinen unterstützt, so z.B. von dem 1898 gegründeten Deutschen Flottenverein, der mit seinem Öffentlichkeitsorgan, der „Überall", die Flottenbegeisterung massiv schürte.

Neben der Agitation des Flottenvereins ist auch die Marine-Modellausstellung im Winter 1897/98 in Berlin als eine Komponente gezielter öffentlichkeitswirksamer Maßnahmen zu werten. Diese Modellausstellung, die eine große Resonanz in der Öffentlichkeit auslöste, war in der Hauptsache dafür verantwortlich, daß sowohl im Reichsmarineamt als auch im Ministerium der geistlichen, Unterrichts- und Medizinalangelegenheiten über die Einrichtung eines Instituts und Museums verstärkt nachgedacht wurde.

Ende 1898 wurden die Stimmen immer lauter, die nach einem Schiffahrts- und Marinemuseum riefen. So veröffentlichte beispielsweise der Schriftsteller Gustav Adolf Erdmann seinen Plan zur Gründung eines „großartigen nautischen Instituts, das gleichzeitig Museum und lehrende Bildungsanstalt" sein sollte.[17]

Dabei wurde die Idee, ein Marine-Museum zu gründen, schnell an die Vorstellung gekoppelt, daß „als Sitz eines solchen Instituts ... naturgemäß Berlin dienen (muß)".[18] Diese zahlreichen Anregungen leisteten den Plänen des Reichsmarineamts, das zuvor „nur" auf eine Veröffentlichung der Kaiserlichen Marinesammlungen im Marine-Institut Kiel spekuliert hatte, Vorschub. Im Januar 1899 wurde dem Kaiser ein Immediatbericht vorgelegt, der die Errichtung eines „Marinemuseums mit angeschlossenem Institut für Seewissenschaften"[19] empfahl. Der Entwurf, der von dem preußischen Ministerium und dem Reichsmarineamt ausgearbeitet wurde, fand im Mai 1899 die Zustimmung des Kaisers.[20]

Geographie und Meereskunde an der Friedrich-Wilhelms-Universität Berlin

Die Bestrebungen des Reichsmarineamts wurden vor allem seitens der Universität unterstützt. Seit geraumer Zeit wurde geplant, neben dem Geographischen Institut der Berliner Friedrich-Wilhelms-Universität ein Institut für Meereskunde einzurichten.

Geographische Forschung hatte Tradition in Berlin. Sie genoß nicht nur innerhalb der Berliner Universität einen guten Ruf. Gelehrte wie Carl Ritter und vor allem der weltbekannte Forschungsreisende Alexander von Humboldt hatten ihr zu hohem internationalen Ansehen verholfen. Da die Geographie von jeher auch von militärischem Interesse war, ließ der Beginn des deutschen Imperialismus der geographischen Forschung einen erheblichen Aufschwung zuteil werden. Im Zuge dieses Aufschwungs wurde im Wintersemester 1886/87 neben dem bereits bestehenden „Geographischen Apparat" das Geographische Institut an der Berliner Friedrich-Wilhelms-Universität eingerichtet. Das neueingerichtete Ordinariat für physikalische Geographie übernahm Ferdinand Freiherr von Richthofen, der sich zuvor als China-Forscher einen Namen gemacht hatte. Richthofen war ebenfalls Vorsitzender der Gesellschaft für Erdkunde, die bereits 1828 gegründet worden war.[21]

Das neue Institut für Meereskunde war vor allem durch die Person Richthofens, der die Leitung beider Institute innehatte, mit dem Geographischen Institut eng verbunden. Unterstützung fand Richthofen in Erich von Drygalski und Ernst von Halle. Drygalski, der zunächst als Privatdozent tätig war und 1898 auch zum außerordentlichen Professor für Geographie ernannt wurde, leitete bis zur Eröffnung des Museums im Jahre 1906 die geographisch-naturwissenschaftliche Abteilung des Instituts für Meereskunde. Halle war als Professor für Volkswirtschaft und Wirtschaftsgeographie für die Historisch-Volkswirtschaftliche Abteilung des neugegründeten Instituts und Museums bis zu seinem Tod im Jahre 1909 verantwortlich. Insgesamt setzte sich das wissenschaftliche Gründungspersonal des Instituts und Museums für Meereskunde wie folgt zusammen:

Ferdinand Freiherr von Richthofen als Direktor, Ernst von Halle als Abteilungsleiter, Paul Dinse als Kustos für Geschäfte der Verwaltung, für die Oberaufsicht der Bibliothek und Kartensammlung sowie für die Aufstellung der nautisch-volkswirtschaftlichen Sammlung und Walter Stahlberg als Kustos für die Oceanologische Sammlung und Instrumentarium.

Richthofen sollte die Eröffnung des MfM nicht mehr erleben. Nach seinem Tod im Jahre 1905 wurde Albrecht Penck als sein Nachfolger bestimmt. Penck, der dem Ruf nach Berlin folgte und dafür sein Amt als Professor an der Universität Wien niederlegte, leitete wie sein Vorgänger die Institute für Geographie und für Meereskunde in Personalunion bis 1921.[22]

Als bedeutende Wissenschaftler des Instituts und Museums sind weiterhin Alfred Merz, der 1921 die Leitung übernahm, sowie Albert Defant zu nennen. In der Tätigkeit von Merz offenbart sich die enge Verbindung zwischen dem Geographischen Institut, dem Institut und Museum für Meereskunde und dem Reichsmarineamt. Merz arbeitete während des Ersten Weltkriegs im Reichsmarineamt, hielt aber weiterhin seine Vorlesungen und Übungen im Institut ab.[23]

Defant nahm im Jahre 1927 den Lehrstuhl für Ozeanographie ein und wurde daraufhin auch Direktor des Instituts und Museums für Meereskunde. Nach dem Tod von Merz übernahm er ebenfalls die wissenschaftliche Leitung der Meteor-Expedition. Die vom Institut für Meereskunde initiierte und durchgeführte „Deutsche Atlantische Meteor-Expedition" (1925-27) zählte zu den erfolgreichsten Forschungsexpeditionen der Zeit. Die Vorbereitung und Auswertung dieser Expedition gehörten zu den Hauptaufgaben des Instituts.[24]

Das Museums- und Sammlungskonzept

Der erste konzeptionelle Schritt überhaupt war die Verfassung einer Denkschrift zur Begründung des MfM. Sie war in erster Linie das Resultat der Beratungen des Ministeriums der geistlichen, Unterrichts- und Medizinalangelegenheiten, der Universität und des Reichsmarineamts.[25]

Zunächst wurde die Einrichtung des Museums damit begründet, daß die mit dem Seewesen zusammenhängenden Fragen, d. h. „der Aufschwung aller mit dem Seewesen zusammenhängenden Zweige des Wirtschaftslebens, der Erwerb überseeischer Besitzungen, die wachsende Bedeutung der Seepolitik (und) die steigende Wichtigkeit der Seegeltung"[26] stark an Bedeutung zugenommen hätten. Mit Hinweis auf die maritimen Abteilungen in großen Museen anderer Länder, wie dem South Kensington-Museum in London, dem Musée de la Marine in Paris oder dem Marine-Museum in St. Petersburg, machte man darauf aufmerksam, daß in Deutschland bis dahin nur kleine Sammlungen existierten, die mit den Arbeitsstätten und Schulen der Marine verbunden und daher nicht geeignet wären, dem Volk die Bedeutung des Seewesens näher zu bringen.

Zur Ausgestaltung des Instituts und Museums für Meereskunde waren Studienreisen nach Frankreich, England, Holland und die Vereinigten Staaten sehr wichtig.[27] In den Berichten wird beklagt, daß im Gegensatz zu England und Frankreich, die auf eine „lange, ereignissvolle Geschichte ihrer Seemacht" zurückblicken können, diesbezüglich „ein wesentlicher Anhalt für das in Berlin zu begründende Museum leider nicht gewonnen werden (kann): eine Ruhmeshalle für Grossthaten im Wettkampf um Seegeltung vermag Deutschland noch nicht herzustellen. Immerhin werden Erinnerungsstücke an denkwürdige Episoden aus der Geschichte der Hansa und an die kühnen maritimen Unternehmungen des Grossen Kurfürsten patriotisches Interesse wachrufen..." [28]

Allerdings hatte das zu begründende Museum für Meereskunde auch ein Novum zu bieten: Grundsätzlich wurde beschlossen, die für das Museum auszuwählenden Objekte nicht aus anderen Museen und Institutionen auszuleihen, sondern selbst auf Reisen zu gehen, um „vor Ort" das geeignete Material zu beschaffen. Die Wissenschaftler und Privatdozenten unternahmen immer wieder ausgedehnte Studien- und Sammelreisen bis nach Ostasien und Australien, um Sammlungen „naturhistorischer Objekte" anzulegen. Die Forschungsreisenden waren dabei nicht unbedingt Mitarbeiter des Instituts und Museums für Meereskunde. Aus dem Kreis der Museumsmitarbeiter fällt vor allem Walter Stahlberg auf, der zahlreiche Forschungs- und Reiseberichte verfaßte.

Ebenfalls sind an dieser Stelle die extensiven Reisen von Prof. Dr. Plate nach Nordamerika und den Bahamas in den Jahren 1904 und 1905 zu nennen. Die Studien- und Sammelreisen dienten unterschiedlichsten Zwecken. Ein Vorhaben bestand darin, ein ozeanographisches Laboratorium einzurichten, um Studierende auch in die Praxis hydrographischer Arbeitsmethoden einführen zu können.

Weiterhin fanden Ausflüge von Wissenschaftlern und interessierten Studenten in die Küstengebiete Norddeutschlands statt. Hier wurden die Werften in Kiel, Wilhelmshaven und Stettin sowie die Modellschleppversuchsstation in Bremerhaven und die deutsche Seewarte mehrfach besucht.

Natürlich gestaltete sich das „Sammeln" nicht immer ohne Rückschläge, was aus einem Brief von Michaelsen an Richthofen hervorgeht: „Im Anschluß an meinen Krankheitsurlaub habe ich die Hamburgischen Sammlungen besichtigt und einige Schiffahrtsgesellschaften besucht. Da wir in unserem Museum nur den ganz modernen Passagierdampfer zeigen können, wollte ich gern einige Modelle älterer Typen erwerben. Leider mußte ich die bedauerliche Erfahrung machen, daß uns überall das Deutsche Museum in München zuvorgekommen ist, das alle vorhandenen Modelle an sich genommen hat. Nebenbei darf ich vielleicht erwähnen, daß die Taktik dieses Instituts Beachtung verdient. Das Deutsche Museum hat überall die maßgebenden Herren in den Vorstand oder in Ausschüsse gewählt, um sie noch mehr für die Sache zu interessieren. Auf diese Weise hat das Deutsche Museum die ganzen Bestände älterer Schiffsmodelle für sich erworben. Vielleicht ist es möglich, im Museum für Meereskunde eine ähnliche Einrichtung zu gründen, die das Interesse bedeutender Werft- und Schiffahrtsmänner für unser Institut anzuregen vermag, damit die Konkurrenz des Deutschen Museums uns nicht allzustark in der Entwickelung hindert." [29]

Basierend auf der Denkschrift waren insgesamt vier Abteilungen bzw. Sammlungen geplant:

„Reichs-Marine-Sammlung, umfassend die Geschichte und Entwicklung der Kriegsmarine in allen Bereichen (Schiffe, Anlagen, Personal, Bewaffnung, Ausrüstung, Küstenverteidigung).

Die historisch-volkswirtschaftliche Sammlung, umfassend die Schiffahrt in allen ihren Zweigen (Schiffe, Schiffbau, Schiffsmaschinenbau, Seeverkehr, Seewirtschaft, Häfen und Küsten, Personal, Seemannsleben, Rettungswesen, Wassersport).

Die ozeanologische Sammlung und das Instrumentarium (Ozeane und Küsten, Physik und Chemie des Meeres, maritime Meteorologie, Erdmagnetismus, astronomische Geographie und Nautik, Instrumente und Apparaturen für alle Zweige).

Die biologische und Fischereisammlung (tierische und pflanzliche Organismen des Meeres, ihre Lebensbedingungen, ihre Nutzbarkeit, Seefischerei, Nutzbarmachung sonstiger Meeresprodukte)." [30]

Grundlegend war dabei, daß die verschiedenen Abteilungen „nicht als abgeschlossene Einrichtungen, sondern als Glieder eines Ganzen" [31] betrachtet werden sollten.

Laut Denkschrift untergliederte sich die historisch-volkswirtschaftliche Sammlung, deren „wesentlicher Gesichtspunkt ... die Benutzung des Meeres und seiner Küsten durch den Menschen für Schiffahrt, Handel, Verkehr, Landesvertheidigung, Machtausbreitung und Erwerb nutzbarer Erzeugnisse...(war)", in

„1. Allgemeine historische Sammlungen,
2. Ethnographische Sammlungen,
3. Schiffe der Neuzeit,
4. Größere Schiffsteile,
5. Schiffbau,
6. Materialien für Bau und Ausrüstung von Schiffen,
7. Armierung von Kriegsschiffen,
8. Küsten und Hafenwesen,
9. Segelsport und Bootbau und
10. Rettungswesen zur See".[32]

Die ozeanologische Sammlung sollte dagegen „die Größe, die chemischen und physikalischen Zustände wie auch die Bewegungen des Weltmeeres (veranschaulichen)". Das dazugehörende Instrumentarium beherbergte die für die Meeresforschung und Schiffahrt benötigten Instrumente. Diese Abteilung zerfiel in

11. Küstenkunde,
12. Meeresgrund,
13. Meerwasser,
14. Bewegung des Meeres und
15. Werkzeuge zur Nautik und Erforschung der Meere (Instrumentarium).

Die „Abtheilung für marine Biologie und Seefischerei", wie die biologische Sammlung anfangs bezeichnet wurde, teilte sich in die Bereiche

16. Biologie des Meeres und
17. Fischerei.

Die „Berliner Volkszeitung" gewährte ihren Lesern dank eines bildhaften Kommentars einen wunderbaren Einblick in diesen Sammlungsbereich:

„Von da geht's in die biologische Sammlung, wo man des Meeres phantastische Bewohner in vollen Zügen genießen darf. Was natürlich nur bildlich gemeint ist. Man soll sich hier übrigens nicht verblüffen lassen. Die farbenschillernden Aquarien dieses Saales sind nicht mit Wasser, sondern mit Alkohol gefüllt, und die Lebewesen, die darin schwimmen, sind, wie man bei längerem Hinsehen wahrnehmen wird, bereits tot und werden in der den Menschen schädlichen Giftflüssigkeit über die Jahrhunderte in ihrem vollen Farbenglanze konserviert. Denn der Alkohol zerstört das lebende Gewebe, erhält aber das tote. Sogar der saftige, pompöse Kaviar enthüllt sich nur als eine Art ‚Kaviar für das Volk', denn er ist aus Wachs und füglich ungenießbar..." [33]

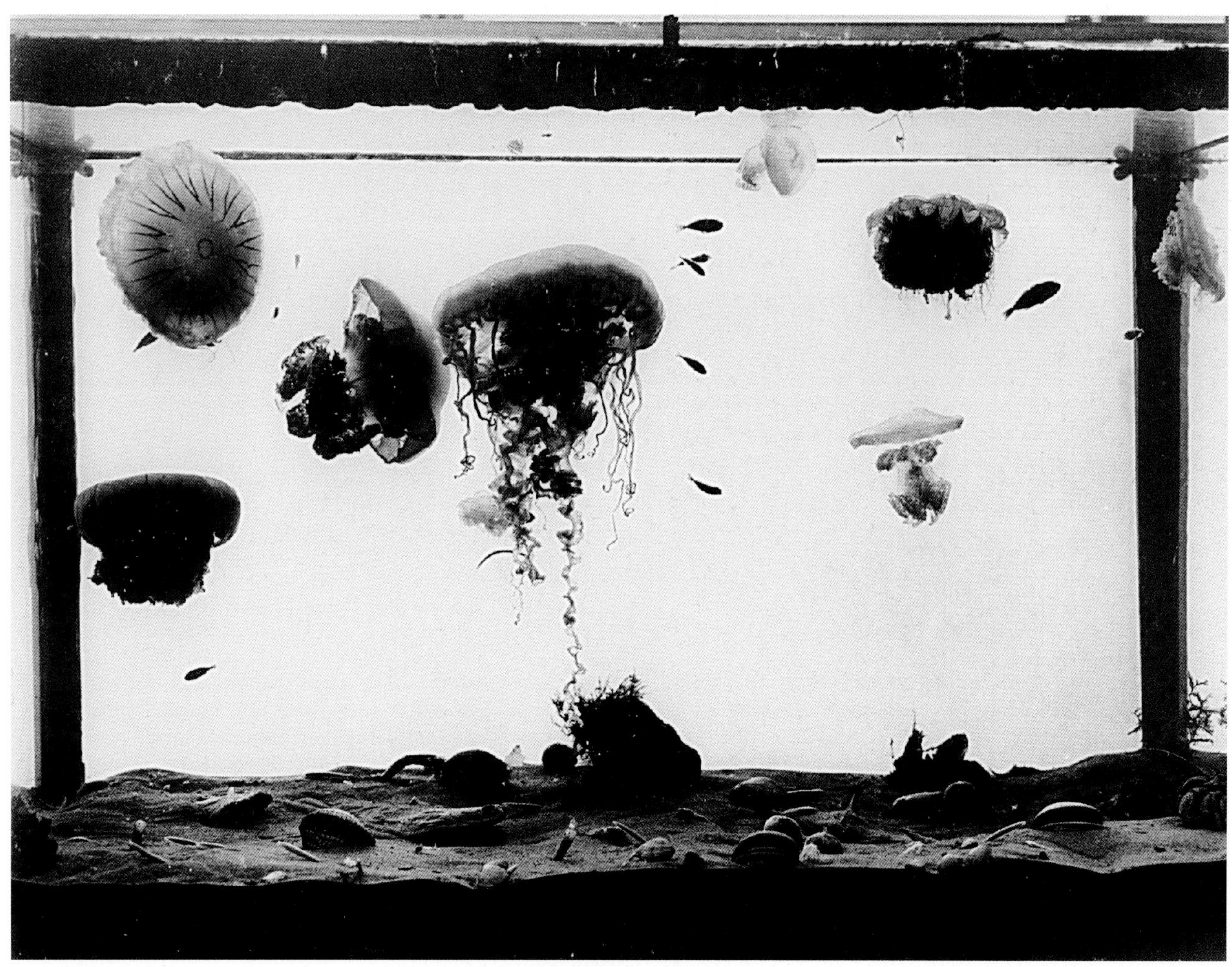

Alkoholarium. (MVT)

Raum der Biologischen und Fischerei-Sammlung. (MVT)

Die Reichs-Marine-Sammlung nahm wegen ihrer militärpropagandistischen Bedeutung und ihrer gesonderten Verwaltung innerhalb des Instituts und Museums für Meereskunde eine Sonderrolle ein. In der Denkschrift hieß es dazu, daß „(b)ei dem Museum für Meereskunde ... das Motto ‚Deutschland zur See' für die äusserlich am meisten zur Geltung kommende Abtheilung, nämlich das Flottenmuseum, ein ebenso leitender Gesichtspunkt sein (muß), wie es bei den grossen Marine-Sammlungen in London und Paris bezüglich der Weckung des Interesses für die maritimen Aufgaben Englands und Frankreichs der Fall ist." [34]

Die Objekte der Reichs-Marine-Sammlung sollten aus den einzelnen, bereits existierenden Marinesammlungen der Kaiserlichen Werften und Marineschulen zusammengetragen werden. Im Statut von 1904 heißt es: „Für die Eingliederung der Sammlungen der Kaiserlichen Marine in das Museum gelten die Bestimmungen der Kaiserlichen Kabinettsorder vom 21. Dezember 1901." [35]

In diesem Erlaß wurde die Reichs-Marine-Sammlung als die Zentral- bzw. Sammelstelle aller Sammlungen der Kaiserlichen Marine bestimmt. Die Objekte der Reichs-Marine-Sammlung wurden bis auf wenige Ausnahmen dem Institut und Museum leihweise übergeben. Die Marine blieb allerdings an der Ausgestaltung dieses Bereiches maßgeblich beteiligt. Dazu heißt es in einer Abschrift des Staatssekretärs des Reichsmarineamtes:

„Mit Rücksicht auf etwaige staatsrechtliche Bedenken, die sich aus der dauernden Abgabe von Reichs-(Marine-)fiskalischen Gegenständen an eine königlich preußische Behörde ergeben könnten, glaube ich an dem früher von mir in Vorschlag gebrachten Modus, wonach alle dem Institut für Meereskunde zu überweisenden Objekte leihweise und gegen Quittung abgegeben werden müssen (festhalten zu können)." [36]

Dabei war nicht beabsichtigt, die Reichs-Marine-Sammlung als eine in sich streng geschlossene Schausammlung im Museum zu präsentieren. So war geplant, Objekte der Reichs-Marine-Sammlung auch in anderen Abteilungen des Museums zu zeigen.[37] Weiter heißt es in diesem Zusammenhang:

„... Die Organisation des Museums für Meereskunde gestattet nicht, die gesamte Tätigkeit der Kaiserlichen Marine an einer Stelle des Museums konzentriert zur Darstellung zu bringen: im Rahmen des Museums fällt der Reichs-Marine-Sammlung die Darstellung von Schutz und Verteidigung zu, und in dieser Hinsicht sind noch wesentliche Lücken auszufüllen, womit bei der Geringfügigkeit der der RMS zur Verfügung stehenden Mittel noch gar nicht hat begonnen werden können. Um so wichtiger ist, daß so bedeutsame Zweige in der Tätigkeit der deutschen Marine in anderen Abteilungen des Museums zur Darstellung gebracht werden können."[38]

Konzeptionell war die Reichs-Marine-Sammlung also trotz – oder gerade wegen – ihrer Sonderrolle vollkommen integriert.

Waffensaal der Reichs-Marine-Sammlung. (MVT)

Schulbesuch im Museum. (MVT)

Volksbildung und Propaganda

Das Museum bot den Besuchern eine ungeheure Vielfalt von Themen und eine Fülle an Objekten. Es bleibt jedoch die Frage, ob und inwieweit es seinen Auftrag erfüllen konnte. Fest steht, daß den Museumsleitern seit der Eröffnung daran gelegen war, den Museumsbesuch durch Führungen und Vorträge zu bereichern. Dies geschah zweifelsohne im Interesse der schwer trennbaren bildungspolitischen und propagandistischen Ziele, die das Museum dem Zeitgeist entsprechend verfolgte.

Die Vorträge, die im Institut stattfanden, wurden in der Regel veröffentlicht und zu einem geringen Preis vertrieben. Als Beispiel ist die Sammlung „Volkstümlicher Vorträge" zu nennen, von denen laut Albert Röhr insgesamt 206 Einzelhefte erschienen sind.[39]

Die Vortragsabende selbst erfreuten sich großer Beliebtheit. So lag der durchschnittliche Besuch bei über 200 Hörern pro Abend – und das bei bis zu vier Vortragsabenden in der Woche. Die Zahlen für das erste Quartal des Jahres 1907 sprechen für sich: Auf Vorträge allgemein meereskundlichen Charakters entfielen insgesamt 4046 Besucher (im Durchschnitt 288). Dagegen entfielen auf historische Vorträge 2009 Besucher (im Durchschnitt 287), auf die volkswirtschaftlichen Vorträge 1636 (im Durchschnitt 233), auf die Vorträge technischen Charakters 1373 (im Durchschnitt 229) und auf die Vorträge biologischen Charakters 1560 (im Durchschnitt 223) Besucher.[40]

Die „Volkstümlichen Vorträge" wurden nicht nur im Interesse des Instituts und Museums, sondern auch im Interesse der Reichspolitik abgehalten. Da sie im wesentlichen dazu beitragen sollten, in Berlin über die deutschen Seeinteressen aufklärend zu wirken, wurden sie sogar später während der Dauer des Ersten Weltkrieges fortgesetzt.

Neben den „Volkstümlichen" Vorträgen fanden auch Universitätsvorlesungen, die auf Meereskunde näheren Bezug nahmen, im Institut und Museum für Meereskunde statt. Sie wurden anfangs vor allem von Prof. von Drygalski sowie von dem Privatdozenten Dr. Meinardus abgehalten.[41] Die Museumsleiter zeigten sich im Großen und Ganzen zufrieden, wiesen aber mehrfach darauf hin, daß noch Verbesserungen anstünden.[42]

Insgesamt besuchten im ersten Jahr 115.728 Menschen das neue Museum. Vor allem sonntags war es gut besucht.[43] Ähnlich hohe Besucherzahlen konnte auch das Verkehrs- und Baumuseum verbuchen. Im Jahre 1911 beispielsweise wurden dort 128.000 Besucher gezählt. Zum Vergleich: 1984 – das erste Jahr nach der Eröffnung – besuchten 176.608 Menschen das MVT. Ähnlich wie heute machten Schulklassen einen nicht unerheblichen Anteil der Besucher aus. Die Zahl war allerdings Schwankungen ausgesetzt - ein Grund mehr, sich mit dem Museumsbesuch von Schulklassen verstärkt auseinanderzusetzen.[44]

Im Sitzungsprotokoll der Leiterkonferenz vom 27. Februar 1907 „... wird in Aussicht genommen, jeder Schulanstalt Groß-Berlins ein Exemplar des Führers für die Lehrbibliothek zu überweisen... Für später wird ein Kurs für Führer durch das Museum in Aussicht genommen, zu dem auch die Lehrer eingeladen werden sollen."[45] Es wäre möglicherweise verfrüht, hier von „Lehrerfortbildung" zu sprechen, doch wird aus diesem Zitat ersichtlich, wie fortschrittlich die Museumsleiter in dieser Hinsicht dachten. Es wurde ebenfalls beschlossen, versuchsweise während der Schulferienzeiten „Ferienbesuchstage für Schüler" einzurichten.[46]

Die Besucherzahlen, die auch in den folgenden Jahren ansehnlich blieben, erreichten im Jahre 1914 mit 160.727 Besuchern einen Höhepunkt. Ausstellungsmagnet war für viele Besucher die Reichs-Marine-Sammlung. Die Zahlen gingen jedoch bis auf 85.572 im Jahre 1917 zurück. Als Erklärung diente die Einberufung der Männer und Jungen zum Kriegsdienst.[47] Unmittelbar nach Kriegsende wurde das Museum geschlossen, aber bereits am 20. April 1919 wieder geöffnet. In den Nachkriegsjahren stiegen die Besucherzahlen wieder stetig an.[48]

Im Verlauf dieser Zeit hatte sich wenig an der Ausgestaltung des Museums verändert. Nach dem Ersten Weltkrieg war vor allem die Reichs-Marine-Sammlung von Veränderungen betroffen. Sie beanspruchte durch die zusammengetragenen Erinnerungsstücke aus dem Seekrieg, die unbedingt ausgestellt werden sollten, immer mehr Raum für sich. Es handelte sich dabei größtenteils um eine Reihe von Modellen moderner Kriegsschiffe, Wrackteile von Schiffen oder erbeutete Fahnen.[49] Nach wie vor zeigte die Mehrheit der Besucher eine Vorliebe für diese Sammlung. Daß an all dem auch der republikanische Zeitgeist nichts änderte, läßt sich vorzugsweise anhand kritischer Artikel der linksgerichteten Presse ablesen. So beklagte der „Vorwärts", daß „(a)uch heute noch ... die meisten Besucher im Marinesaal (stehen)" und daß „(d)ie Modelle der Schnelldampfer und Segler weniger interessieren." [50] Darüber hinaus wies der „Vorwärts" im selben Beitrag auf die „Stimmungsmache" hin, die im Museum betrieben würde und deutete damit die Gefahr an, daß einige nur darauf warteten, die Kriegs- und Flottenbegeisterung wieder anzufachen:

„... Das Museum bleibt doch eine staatliche, d. h. republikanische Angelegenheit. Was soll auf den Verlautbarungen dieses Instituts die alte Krone? Die Kriegsflagge gehört zu den Schiffen, sie vervollständigt die Genauigkeit des Modells, niemand wird daran Anstoß nehmen, aber der Reklamezettel reaktionärer Gesinnung ist überflüssig und für ein staatliches Institut kompromittierend. Acht Jahre nach dem Weltkrieg und jetzt nach Abschluß des Vertrages von Locarno erübrigt sich die Bezeichnung ‚Feindbund'. Warum aber ein staatliches Institut den nötigen Takt vermissen läßt, den es auch der Regierungsform des Staates schuldig ist, der es unterhält, bleibt nur unter gewissen Voraussetzungen erklärlich." [51]

Leider gibt es kaum Informationen darüber, inwieweit sich das Museum der neuen Regierungsform anpaßte bzw. sich neuen Bestimmungen beugte. Seitens des Ministeriums für Wissenschaft, Kunst und Volksbildung wurde beispielsweise darauf aufmerksam gemacht, daß das Aufstellen von Büsten und Bildern von Angehörigen der früheren Kaiser- und Königsfamilie nicht mehr zeitgemäß und mit der neuen Staatsform unvereinbar wäre. Zumindest scheint die Kaiserbüste Wilhelms II. aus dem Lichthof verbannt worden zu sein.[52]

Lichthof der Reichs-Marine-Sammlung. (MVT)

Lichthof der Reichs-Marine-Sammlung nach dem Umbau. (MVT)

Wie bereits erwähnt, wurde die Reichs-Marine-Sammlung nach dem Krieg vergrößert. Die Absicht war, durch die Präsentation der Erinnerungsstücke dem Volk die Leistungen der Kriegsmarine während des Krieges vor Augen zu führen. Ein Beispiel dafür war die minuziöse Darstellung der „ehrenvollen" Versenkung der Flotte in Skapa-Flow. Generell galt der Grundsatz „Besser zu viel als zu wenig".[53] In der Hauptsache sollte die Masse dieser Objekte eine starke Anziehungskraft auf das Volk ausüben. Trotzdem mußten die meisten Gegenstände eingelagert werden, da sich aufgrund des chronischen Raummangels und finanzieller Engpässe nur beschränkte Möglichkeiten ergaben, die Erinnerungsstücke auszustellen.[54] Nachdem man begonnen hatte, nach neuen Räumlichkeiten Ausschau zu halten, wurde man schnell gewahr, daß im Reichshaushalt weder Gelder für die Aufbereitung und Darstellung der neu hinzugekommenen Objekte, geschweige denn für einen Umzug des Museums bereitgestellt werden konnten. Kapitän z. S. a. D. Rudolf Wittmer als Vorstand der Reichs-Marine-Sammlung empörte sich darüber und äußerte sich mehrfach zum Wert der Sammlung, der sich nach seinen Schätzungen auf eine Million Goldmark belaufen würde. „Der ideelle Wert liege natürlich noch höher!" [55]

Die Unzufriedenheit, die sich daraus entwickelte, verstärkte sich um so mehr, je deutlicher die finanziellen Schwierigkeiten zum Vorschein kamen. Zudem wurde noch die Schließung der Sammlung erörtert. Wenn auch noch Anfang der 1920er Jahre immer wieder von allen Seiten betont wurde, daß „die Reichs-Marine-Sammlung geschlossen und zweckmäßigerweise im Verbande des Instituts für Meereskunde bestehen bleiben muß"[56], so hatten die Museumsleiter aufgrund der sich zuspitzenden, prekären finanziellen Situation nach dem Krieg doch Mühe, die Sammlung zu erhalten. Nicht von ungefähr kamen vereinzelte Vorschläge, die Reichs-Marine-Sammlung ganz an den preußischen Staat abzugeben, um den Reichshaushalt von seiner „moralischen" Zahlungsverpflichtung gegenüber der Marine-Sammlung zu entbinden.[57] Bisher hatten das Reichsmarineamt und als Rechtsnachfolgeeinrichtung das Reichswehrministerium einen Beitrag von 20.000 RM und zu den allgemeinen Unterhaltskosten des Museums einen Zuschuß von 5600 RM gezahlt.

Nachdem auch Umstrukturierungsmaßnahmen innerhalb des Gebäudes im Jahre 1931 nicht den gewünschten Platz für die Reichs-Marine-Sammlung frei machten, kam die Idee auf, das Museum im Marstallgebäude neu einzurichten, das jedoch durch die Stadtbibliothek belegt war. Ebenso waren kurzzeitig die Stadtbahnbögen und ein Gebäudeteil des Kunstgewerbemuseums im Gespräch.

Der *Marstallplan,* der seitens des preußischen Ministeriums für Wissenschaft, Kunst und Volksbildung verfolgt wurde, konnte jedoch nicht mehr verwirklicht werden, da die Finanzlage und andere „dringendere" Aufgaben der Universitätsverwaltung dies nicht zuließen. Das Institut und Museum für Meereskunde war im übrigen den Plänen des Ministeriums zufolge nicht das einzige Institut, das in den Marstall verlegt werden sollte. In Frage kamen ebenfalls das Geographische und Meteorologische Institut sowie das Ibero-Amerikanische Institut.[58] Das Marstallprojekt mußte letztlich aufgegeben werden, da die Stadt Berlin den geplanten Neubau für die Stadtbibliothek nicht ausführen lassen konnte. Die Stadtbibliothek blieb im Marstallgebäude und das Museum für Meereskunde hatte das Nachsehen.[59]

In welchem Ausmaß aber die militär-propagandistische Bedeutung der Marine-Sammlung und damit ihr Raumbedarf ab Mitte der 1930er Jahre noch anstiegen, bezeugen Museumsberichte aus dieser Zeit. Parallel zu den sich verändernden politischen Verhältnissen gingen die Tendenzen in Richtung einer Verselbständigung des nunmehr auch als Kriegsmarine-Sammlung bezeichneten Sammlungsbereiches. Der Konteradmiral a.D. und damalige Vorstand der Reichs-Marine-Sammlung Hermann Lorey verfaßte dazu auf Geheiß des Staatssekretärs im preußischen Ministerium für Wissenschaft, Kunst und Volksbildung Ende der 1930er Jahre einen vielsagenden Bericht:

„... Die R.M.S. ist darüber hinausgewachsen, Teil eines naturwissenschaftlichen Museums zu sein. Sie kann nicht mehr in dem engen Rahmen als Abteilung eines zur Universität gehörenden Museums leben. Sie muß völlig frei werden und als selbstständiges Kriegsmarine-Museum vor das Volk treten. Jetzt ist es mehr denn je nötig, den Gedanken der Seegeltung in weite Kreise zu tragen, die Erinnerung an die ungeheuren Leistungen der Marine im Weltkrieg lebendig werden zu lassen und damit die geschichtliche Entwicklung der Kriegsmarine aus ihren ersten Anfängen heraus zu verbinden. Der Chef der Marineleitung hat aus diesen Erwägungen heraus entschieden, daß das der Marine gehörende reiche Material in einem Kriegs-Marine-Museum vereinigt und dies in einem zu errichtenden Neubau entsprechend weiter ausgebaut wird." [60]

Das positive Echo, das auf diesen Vorschlag vielerorts folgte, war zu dieser Zeit nicht weiter verwunderlich. Besondere Zustimmung kam vom Reichsbund deutscher Seegeltung. Bereits 1934 hatte Admiral von Trotha in einem Brief an den Reichsminister Rust erklärt: „Die Reichsmarine ist die Verkörperung der mannhaften Kraft des Deutschtums in ihrem Auftreten vor der Welt..." [61]

Im Museum selbst verhielt man sich etwas zurückhaltender. Albert Defant zeigte als Direktor zwar Verständnis für die von Lorey vorgebrachten Vorschläge, die Reichs-Marine-Sammlung zu „verselbständigen", wies aber gleichzeitig darauf hin, daß man das Museum nicht losgelöst von der Reichs-Marine-Sammlung betrachten könne. In seiner Denkschrift [62] über die weitere Entwicklung des Museums läßt sich zwischen den Zeilen die leise Kritik an Lorey ablesen, er beschäftige sich nur mit der Reichs-Marine-Sammlung. Es sei vielmehr angebracht, insgesamt über eine Vergrößerung des Museums nachzudenken. Er begründete seinen Einwand damit, „daß jede Abteilung in der Lage ist, grundlegend Anschauungen zu vermitteln, und jede vermag weiter organisch anzuwachsen." [63] Weiterhin erklärte er, daß jede Abteilung das Ziel verfolge, „den Gedanken der Seegeltung in die weitesten Kreise des deutschen Volkes zu tragen und lebendig zu erhalten." Seiner Meinung nach sei die Seegeltung nicht allein durch die Kriegsmarine gegeben, sondern auch durch Seeverkehr und Seewirtschaft. Letztlich macht er darauf aufmerksam, daß sich der Raummangel auch in den naturwissenschaftlichen Abteilungen „katastrophal" auswirke, da es die Reisen, Arbeitsmethoden und neuen Ergebnisse der Meteor-Expeditionen von 1925/27 darzustellen gelte und dies bisher aus Platzgründen noch nicht in befriedigendem Maße geschehen konnte.

Aufgrund seiner Anschauung erkannte Defant in viel stärkerem Maße als Lorey den Vorteil, den die Wahrung der räumlichen Verbundenheit mit sich führte: Mit Hinweis auf die jährliche Besucherzahl von über 100.000 ließ er verlauten, daß dem neuen Reichsmarine-Museum ohne Museum für Meereskunde der „kulturelle Unterbau, der nun einmal dazu gehört, um Zweck und Aufgaben der Reichsmarine in weiten Volkskreisen zu erläutern und verständlich zu machen, völlig fehlen (würde)..." [64]

Immer wieder versuchte er, auf die Untrennbarkeit von Institut, Museum und Marine-Sammlung und damit auf die Verknüpfung von Forschung, Volksbelehrung und Propaganda aufmerksam zu machen: „... Institut und Museum gehören unbedingt zusammen und in ihrer Einheit liegt die Bedeutung und die Anerkennung dieser in Deutschland, aber auch im Ausland einzigartigen Institution. Zusammenfassend möchte ich betonen, dass beide Museen: das neue Reichsmarine-Museum und das alte Museum für Meereskunde denselben idealen Zwecken dienen. Ich halte deshalb eine räumliche völlige Trennung der beiden Museen, auch wenn sie etatsmässig und direktorial völlig unabhängig sind, für beide Museen nicht vorteilhaft und zweckmäßig ... Ich verweise hier auch besonders auf die jährlichen volkstümlichen Vorträge, die sich stets grossen Zuspruchs erfreuen und in denen insbesondere auch der Marinegedanken immer wieder propagandistisch behandelt worden ist ... Ein geeignetes Gebäude gibt hier nur den Schlüssel zu einer richtigen Lösung der ganzen Frage, allen beteiligten Stellen zur Zufriedenheit und unserem Vaterlande zu allgemeinem Nutzen." [65]

Trotz der formalen Umwandlung der Reichs-Marine-Sammlung in das „Museum der Kriegsmarine" im Jahre 1940 sollte es zu keiner räumlichen Trennung der beiden Museen kommen. In zahlreichen Sitzungen, an denen Vertreter des Museums, der Kriegsmarine, der Universität und des Ministeriums für Wissenschaft, Erziehung und Volksbildung sowie des Finanzministeriums teilnahmen, wurden zwar Raumpläne und -programme für ein zweigeteiltes Haus erstellt, eine Entscheidung wurde jedoch nicht getroffen. Bis zum Schluß blieb die Debatte um neue Räumlichkeiten und deren Finanzierungsmöglichkeiten ohne Folgen. Neben den Forderungen Defants und Loreys, die Stadtbahnbögen zumindest zum Teil zur Verfügung zu stellen, war später auch das Gelände des Zirkus Busch im Gespräch. Es gehörte zwar dem preußischen Staat, doch war man bereit, dem Reich das Gelände kostenlos zu überlassen. Aufgrund der Raumprobleme versuchte man in den 1940er Jahren daher auch in anderen Häusern durch Ausstellungen, wie z.B. „Unser Kampf zur See" im Kaiser-Friedrich-Museum auf der Museumsinsel, massiv Marine- und Kriegspropaganda zu betreiben.

Letztendlich verdeutlichen die nicht mehr realisierten Vorschläge die Bedeutung der Marine- und Kriegspropaganda. In der geplanten Raumaufteilung nahm die Reichs- bzw. Kriegsmarinesammlung etwa doppelt soviel Raum ein wie die anderen drei Sammlungsbereiche insgesamt, um die Besucher auch weiterhin durch Masse beeindrucken zu können.[66] Deutlich wurde aber auch, daß aus der Sicht der Museumsleute und dem letzten Direktor, Albert Defant, der „kulturelle Unterbau", d. h. in diesem Zusammenhang der Rahmen eines technik- und kulturhistorischen Museums, für die Erhaltung der Marinebegeisterung als absolut notwendig erachtet wurde.

Die Herauslösung der Marinesammlung aus dem Museum für Meereskunde wurde nicht mehr vollzogen. War es nun die Zuständigkeit mehrerer Behörden, vor allem die des preußischen Finanzministeriums und der Reichsbehörde der Marine, die zu wachsenden Schwierigkeiten und finanziellen Querelen und damit zu einer Unbeweglichkeit und einem Stillstand des ganzen Vorhabens führte?

Oder ist es womöglich die vielzitierte Ironie der Geschichte, daß ausgerechnet der Krieg die Erweiterungs- und Umzugspläne dieses Museums zunichte machte, das die „deutschen Seeinteressen" zwar nicht auf dem Wasser der Ozeane, sondern im Bewußtsein der Besucher, „subkutan" - durch die Kanäle einer kulturellen Einrichtung, durchsetzen sollte?

Am 30. Januar 1944 wurde das Museumsgebäude erstmalig durch Bombentreffer schwer beschädigt. Prof. Thilo Krumbach, der in Defants Abwesenheit die Leitung stellvertretend übernommen hatte, stattete ihm Bericht ab: „Die Bombe ist vom Dach des Geographischen Institus her in den Lichthof des Museums gefallen und hat dort die Sammlg. der Kriegsmarine, die biologische Abteilung des Museums, den Raum unserer ehemaligen Ostbibliothek und außerdem alle unsere Arbeitsräume kurz und klein geschlagen..." [67]

Wegen der zunehmenden Bombenangriffe wurde 1943 begonnen, die Sammlungsbestände, vor allem die Institutsbestände, nach Rüdersdorf in die Kalkstollen auszulagern.[68] Nicht alles konnte gerettet werden. So wurden einige Abteilungen oder einzelne Sammlungsbereiche wie die Biologische und Fischereiabteilung nahezu vollkommen zerstört. Auch hier zeigen die Briefe Krumbachs, daß die am Rande der Verzweiflung stehenden Museumsmitarbeiter mit allen Mitteln versucht haben, die Bestände zu retten. So schrieb Krumbach an Defant am 15. Februar 1944: „... Ich kann mich aber noch nicht in die Vorstellung fügen, daß der unter den Trümmern des Ostflügels liegende Teil der Biologischen Sammlung weiterhin dem Regen und dem Druck der nachstürzenden und nachrutschenden Mauermassen ausgesetzt sein sollte und versuche daher auf dem Wege über die Reichs-Marine-Sammlung, deren Interessen in diesem Falle genau den unsern gleichen, zu geeigneten Kräften zu gelangen. Vielleicht kann Admiral Lorey seine Bekanntschaft mit dem preußischen Finanz-Minister ins Feld führen..." [69]

Diese Briefe zählen zu den letzten Schriftstücken in den Akten des Instituts und Museums für Meereskunde. Geht damit die Geschichte des Museums für Meereskunde zu Ende? Was passierte mit der Ruine des Gebäudes, das ein Institut und Museum beherbergte, dem letztendlich sowenig Raum blieb?

Was geschah mit den ausgelagerten Beständen, den zerstörten Objekten und den zurückgelassenen Exponaten?

Bettina Probst

Ruine mit Kahn: das Museum für Meereskunde im Jahre 1959. (Landesbildstelle Berlin)

1 Vgl. auch die Publikation zum Institut und Museum für Meereskunde von Albert Röhr: Bilder aus dem Museum für Meereskunde in Berlin, 1906-1945, Bremerhaven 1981.
2 Der offizielle Name war „Institut und Museum für Meereskunde" (MfM), gleichwohl andere Bezeichnungen auch in den Akten auftauchen.
3 Vgl. Hildegard Vieregg: Vorgeschichte der Museumspädagogik. Dargestellt an der Museumsentwicklung in den Städten Berlin, Dresden, München und Hamburg bis zum Beginn der Weimarer Republik, Münster, Hamburg 1991, S. 55. Allerdings gehörte diese Verflechtung von Museums- und Reichspolitik damals zum Tagesgeschäft der Museen. Was heute die „Eigenständigkeit" eines Museums vollkommen in Frage stellen würde, war um die Jahrhundertwende ein gängiges Muster, das die gesamte Museumslandschaft durchzog.
4 Statut und Führer durch das Museum für Meereskunde, Berlin 1904. Das Statut trat am 14. November 1904 in Kraft.
5 Vgl. Walter Hochreiter: Vom Musentempel zum Lernort. Zur Sozialgeschichte deutscher Museen 1800-1914, Darmstadt 1994, S. 187. In der Tat machen mehrere Wissenschaftler auf diese Zeit aufmerksam, die auch als „goldene Ära" der Berliner Museumsgeschichte bezeichnet wird. Vgl. Karsten Borgmann: Das Museum als bürgerliche Kulturinstitution? Kulturelles Engagement bürgerlicher Kreise im Berlin der Jahrhundertwende am Beispiel der Gründung des Kaiser-Friedrich-Museums, Magisterhausarbeit am Fachbereich Geschichtswissenschaften der Freien Universität Berlin, Berlin 1992. Und Andreas Kuntz: Das Museum als Volksbildungsstätte. Museumskonzeptionen in der Volksbildungsbewegung zwischen 1871 und 1918 in Deutschland, Marburg 1980.
6 Vgl. nochmals Vieregg, wie Anm. 3, S. 68.
7 Denkschrift zur Begründung des Instituts und Mieseums für Meereskunde, HUB UA, Institut für Meereskunde, Nr. 37, Bl. 241 ff.
8 Vgl. den Beitrag von Patricia Rißmann in diesem Band.
9 HUB UA, Institut für Meereskunde, Nr.17, betreffend Etat und Kassenwesen für die Rechnungsjahre 1900-1908: „Am 1. April 1900 wurden für das mit diesem Datum beginnenden Etatsjahr für bauliche Änderungen des Gebäudes Georgenstr. 12 000 Mark und für die innere Einrichtung 15 000 Mark bewilligt."
10 GStA PK, I HA, Rep. 76, Va, Sekt. 2, Tit X, Nr. 158, Bd. 1, Bl. 162-164.
11 HUB UA, Institut für Meereskunde, Nr. 17, Bl. 57-61v.
12 Berliner Volkszeitung, 27. März 1906.
13 Vgl. Martin Roth: Museum zwischen Wissenschaft und Politik - Vom Vormärz bis zur Gegenwart, in: Museumsarbeit zwischen Bewahrungspflicht und Publikumsanspruch. Museumsmagazin, Bd. 5, Hg. Landesstelle für Museumsbetreuung Baden-Württemberg, Stuttgart 1992, S. 16-33. Kultur wurde durch das Museum auf diese Weise zur vierten Säule des Staates neben der Verwaltung, der Kirche und dem Militär, heißt es weiterhin in Roths Betrachtung kulturhistorischer Museen.
14 Eine zeitgenössische Formulierung, die in der Flottenpropaganda immer wieder auftaucht.
15 Einen kurzen historischen Überblick bietet Hans-Ulrich Wehler: Das Deutsche Kaiserreich 1871-1918, Deutsche Geschichte, Bd. 9, Göttingen 1988, S. 165-170.
16 HUB UA, Institut für Meereskunde, Nr. 37, Bl. 27v.
17 Vgl. Walter Stahlberg: Das Institut und Museum für Meereskunde an der Friedrich-Wilhelms-Universität in Berlin, Berlin 1929, o.S.
18 Ebd.
19 Ebd.
20 Ebd.
21 Zur Entwicklung des Geographischen Instituts an der Berliner Universität vgl: 175 Jahre Geographie an der Berliner Universität, hrsg. von der Humboldt-Universität zu Berlin, Sektion Geographie, Berlin 1986. Der 1833 in Carlsruhe (Oberschlesien) geborene Richthofen studierte in Breslau und Berlin Naturwissenschaften mit dem Schwerpunkt Geologie. Auch er stand in der Tradition Ritters und von Humboldts.
22 HUB UA, Institut und Museum für Meereskunde, Nr. 199, Personalakte Prof.Dr. Albert Defant, 21. Dezember 1921 - 3. Januar 1944.
23 HUB UA, Institut für Meereskunde, Nr. 22, betreffend Haushalt und Kassenwesen für die Rechnungsjahre 1921-1923, Bl. 2r.
24 Vgl. den Beitrag von Walter Lenz in diesem Band.
25 Denkschrift, HUB UA, Institut für Meereskunde, Nr. 37, Bl. 241ff. Als geistiger Vater war Richthofen maßgeblich an der Verfassung dieser Denkschrift beteiligt.
26 Ebd.
27 Zwei weitere Denkschriften geben über die Ergebnisse dieser Reisen Auskunft. HUB UA, Institut für Meereskunde, Nr. 37, Bl. 213 ff.
28 Ebd.
29 HUB UA, Institut für Meereskunde, Nr. 127, Bl. 172. Der Brief ist datiert auf den 23. Januar 1912.
30 Denkschrift, wie Anm. 25.
31 HUB UA, Institut für Meereskunde, Nr. 42, Bl. 56.
32 HUB UA, Institut für Meereskunde, Nr. 37, Bl. 241ff. Aus Platzgründen kann hier keine detaillierte Aufstellung erfolgen.
33 Berliner Volkszeitung, 27. März 1906.
34 Denkschrift, wie Anm. 25.
35 Statut, wie Anm. 4.
36 HUB UA, Institut für Meereskunde, Nr. 77, Bl. 13ff.
37 HUB UA, Institut für Meereskunde, Nr. 120, Bl. 10. Das gilt zum Beispiel für die Torpedo-Sammlung.
38 HUB UA, Institut für Meereskunde, Nr. 78, Bl. 215v.
39 Vgl. Röhr, wie Anm.1, S. 7. Vgl. hierzu aber vor allem die Bibliographie von Andreas Curtius im Anhang dieses Bandes.
40 HUB UA, Institut für Meereskunde, Nr. 37, Bl. 20ff.
41 Zu den Personalia vgl. nochmals die Publikation Röhrs, wie Anm. 1.
42 HUB UA, Institut für Meereskunde, Nr. 37, Bl. 38.
43 Der Besuch stieg im folgenden Jahr (1907/8) sogar auf 146 537 Personen. Vgl. hierzu die Sitzungsprotokolle vom 14. Mai 1906 - 23. November 1923. HUB UA, Institut für Meereskunde, Nr. 37, Bl. 20ff und Bl. 168.
44 Ebd. Betrug die Anzahl von Lehrern und Schülern im ersten Jahr noch 4459, so sank sie im Jahr 1908/9 auf 2898 Personen. Gestiegen war allerdings die Anzahl der Vereine, sie erhöhte sich von 2757 im ersten Jahr auf 5431 Vereinsmitglieder im dritten Jahr.
45 Ebd., Bl 36.
46 Ebd., Bl. 81.
47 HUB UA, Institut für Meereskunde, Nr. 22, betreffend Haushalt und Kassenwesen für die Rechnungsjahre 1921-1923, Bl. 5. Von 54 042 (1918) bis 187 000 (1920).
48 Ebd.
49 HUB UA, Institut für Meereskunde, Nr.22, betreffend Haushalt und Kassenwesen für die Rechnungsjahre 1921-1923, Bl. 3-5: Die Vermehrung der Objekte bezog sich „Im wesentlichen auf Stücke, welche der Vorstand der Reichs-Marine-Sammlung in umsichtiger Weise bei Zusammenbruch der Marine auf verschiedenen Werften sicherte". Trotzdem fehlte zur Aufstellung dieser Erinnerungsstücke weitgehend der Raum.
50 Vorwärts, 28. Januar 1926, Nr. 45, Jg. 43.
51 Ebd.
52 HUB UA, Institut für Meereskunde, Nr. 40, Bl. 10.
53 HUB UA, Institut für Meereskunde, Nr. 90, Beute und Erinnerungsstücke, o. S.
54 BA Potsdam, R 4901/1655, Bl. 226-229.
55 HUB UA, Institut für Meereskunde, Nr. 82, o. S. Der Chef der Admiralität, von Trotha, sprach sich bereits 1919 dafür aus, die Reichs-Marine-Sammlung aus finanziellen Gründen an den preußischen Staat abzugeben, wobei die Reichsmarine aber an der Ausgestaltung dieses Sammlungsbereiches beteiligt bleiben sollte.
56 HUB UA, Institut für Meereskunde, Nr. 80, o. S. Aufgrund der eingeschränkten finanziellen Unterstützung der Reichs-Marine-Sammlung und des Museums insgesamt, war es für die Museumsleute, allen voran Kapitän z. See a.D. Wittmer als damaliger Vorstand der Reichs-Marine-Sammlung, natürlich um so „ärgerlicher", daß das Deutsche Museum eine Unterstützung von 9 Millionen erhalten haben soll.
57 Ebd., Im Dezember 1920 gab der Reichsfinanzminister dahingehend eine Erklärung ab, daß er sich angesichts der Finanzlage außerstande sehe, weiterhin Mittel für die Reichs-Marine-Sammlung aufzubringen. Wittmer warnte allerdings davor, die Beziehungen der Sammlung zur Marine ganz zu lösen und plädierte für die Beibehaltung des Status Quo. Vgl. hierzu die Aufzeichnung einer Besprechung vom 16. Februar 1921, betreffend das Weiterbestehen der Reichs-Marine-Sammlung. An der Besprechung nahmen verschiedene Vertreter des Ministeriums für Wissenschaft, Kunst und Volksbildung, des Reichswehrministeriums, des preußischen Finanzministeriums und des Instituts und Museums für Meereskunde teil. Zu den Vertretern des Museums gehörten Penck, Wittmer und Stahlberg.
58 HUB UA, Institut für Meereskunde, Nr. 41, Bl. 76. Interessant ist diese Kombination vor allem im Hinblick auf die damaligen geographischen und kolonialen Interessen. Ebensowenig verwunderlich ist in diesem Zusammenhang die Einrichtung des Fachs „Wirtschafts- und Kolonialgeographie" in den 1930er Jahren.
59 Vgl. Brief Görings, BA Potsdam, R 4901/1655, Bl. 223. Hinzu kamen noch Speditionskosten von rund 96.000 RM. HUB UA, Institut für Meereskunde, Nr. 41, Bl. 76. Wie diese Diskussion weiter verlief, konnnte nicht genau ermittelt werden.
60 BA Potsdam, R 4901/1655, Bl. 229.
61 Ebd., Bl. 230.
62 Ebd., Bl. 253-258. HUB UA, Institut für Meereskunde, Nr. 41, Bl. 90ff.
63 Defant weist hier nochmals auf das Zusammenwirken aller Abteilungen hin. Es wird an dieser Stelle ersichtlich, daß sich die Strukturierung der Abteilungen nicht im wesentlichen verändert hat und nach wie vor an dem Gründungsstatut festgehalten wurde. BA Potsdam, R 4901/1655, Bl. 253-258.
64 Ebd.
65 Ebd.
66 Das Raumprogramm für den Neubau der Kriegsmarinesammlung und des Instituts und Museums für Meereskunde sah vor: A Gemeinschaftliche Räume: I Diensträume, Bibliothek, Archiv etc.: 1130 qm, II Verwaltung: 390 qm, III Werkstätten und Lagerräume: 400 qm, IV Raum für Sonderschauen: 1000 qm; B Kriegsmarine-Museum: 6275 qm; C Institut und Museum für Meereskunde: I Diensträume: 670 qm, II-IV Gemeinschaftlich (keine Angaben), V Museum (Sammlungsbereiche): 3100 qm. BA Potsdam, R 4901/1655, Bl. 277-290.
67 HUB UA, Institut für Meereskunde, Nr. 199, o.S.: Brief von Prof. Dr. Thilo Krumbach an Defant vom 2. Februar 1944.
68 Ebd., Brief vom 7. 2.1944.
69 Ebd.

Bugzier mit mecklenburgischem Wappen aus dem 18. Jh. (MVT)

AUSLAGERN, EINLAGERN, VERLAGERN

Einleitung

Der von Deutschland entfesselte Zweite Weltkrieg kostete über 50 Millionen Menschen das Leben, verwüstete große Teile Europas und ist mit einem in der Geschichte beispiellosen und unvergleichbaren Völkermord verknüpft, bei dem über sechs Millionen Menschen in Konzentrationslagern ermordet wurden. Der Krieg wurde dabei nicht nur gegen Soldaten, sondern auch gegen die Zivilbevölkerung geführt. Bereits im spanischen Bürgerkrieg war diese Art der Kriegführung deutlich geworden, als deutsche Bombenflugzeuge der sogenannten „Legion Condor" 1937 die Stadt Guernica y Luno fast vollständig zerstörten und einen Großteil der Einwohner dabei töteten. Ein ähnliches Schicksal erlitt die britische Stadt Coventry (in der Grafschaft Warwick südöstlich von Birmingham) am 14./15. November 1940.

Dieser von der deutschen Luftwaffe entfachte Bombenterror gegen feindliche Städte sollte in vielfachem Ausmaß auf das Deutsche Reich zurückschlagen. Hamburg, Dresden, Bremen und Berlin als Reichshauptstadt waren mehreren schweren Luftangriffen der Alliierten ausgesetzt, so daß bei Kriegsende ein sehr hoher Prozentsatz der Gebäude und Verkehrsverbindungen vollständig zerstört oder schwer beschädigt waren. Auch kulturelle Einrichtungen wurden hiervon betroffen

Die ersten alliierten Luftangriffe auf Berlin fanden 1941 statt. Bereits zu diesem Zeitpunkt wurden Überlegungen angestellt, Kulturgüter aus der Stadt in sicherere Auslagerungsorte zu verbringen, um sie vor der Zerstörung zu bewahren. Als 1943 die Luftangriffe immer mehr zunahmen, wurden im Museum für Meereskunde konkrete Schritte eingeleitet, die wertvollsten Exponate zu verlagern. Damit begann für diese Museumsobjekte eine wahre Odyssee, die sich heute im einzelnen nicht mehr genau rekonstruieren läßt und zum Teil auch noch nicht abgeschlossen ist.

Auslagerung

Leider sind nicht alle Verlagerungsprotokolle heute noch erhalten, so daß es nicht möglich ist, bei allen Exponaten die Verlagerungsorte zu bestimmen oder die Verlagerungsgeschichte vollständig zu rekonstruieren. Die Auflistung der noch bestimmbaren Exponate des Museums für Meereskunde am Ende dieses Buches enthält unter der Rubrik „Verlagerung" Angaben zu diesem Punkt.

Für das Museum für Meereskunde waren verschiedene Auslagerungsorte vorgesehen. So wurden Gemälde und Skizzenbücher am 12. August 1943 nach Schloß Kynau im Kreis Schweidnitz und am 28. September 1943 nach Schloß Ullersdorf im Kreis Glatz gebracht.[1] Flaggen, Dokumente, Uniformen und Erinnerungsstücke der Marine, „darunter die Kammern des Schulschiffs Niobe" [2], kamen auf die Festungsanlagen von Posen[3], fünf Objekte wurden in Schloß Stollberg im Harz untergebracht[4] und in einer Empfangsbescheinigung vom 22. Dezember 1944 wird die Übergabe des Pumpenmodells der S.M.S ROSTOCK und des Modells des U-Boot-Begleitschiffes SAAR einschließlich Tisch und Vitrine an die Marinekriegsschule Heiligenhafen in Holstein bestätigt.[5] Von der Schiffsartillerieschule Saßnitz-Dwarsieden wurde am 13. November 1944 die Übergabe von 17 Schiffsmodellen der Kriegsmarine quittiert.[6] Röhr nennt noch weitere Auslagerungsorte (die 4. Schiffsstammabteilung in Stralsund: Modelle und Bilder, die Marineschule in Heiligendamm in Mecklenburg: Modelle und Bilder, die Marineärztliche Akademie in Tübingen: Bilder, die Marinekriegsschule in Husum: Modelle und Bilder und die Marineschule in Mürwik: Modelle, Gemälde, Bilder, Erinnerungsstücke aus dem Ersten Weltkrieg und die Siegelsammlung)[7], über die in den Verlagerungsakten jedoch keine Hinweise zu finden sind.

Der bei weitem wichtigste Auslagerungsort waren jedoch die Redenbruch-Stollen im Untertagewerk der Preußischen Bergwerks- und Hütten-AG (Preußag) in Rüdersdorf östlich von Berlin.[8] Neben einem Großteil der Bibliothek [9] wurden viele der Schiffsmodelle und Teile der Instrumentensammlung im September 1943 in den Stollen eingelagert.

Dieser Auslagerungsort war für das Museum in Anbetracht der Umstände sehr günstig, da er sich in unmittelbarer Nähe Berlins befand und die Objekte einigermaßen gut zugänglich waren. Dieser relativ befriedigende Zustand sollte allerdings nicht lange währen, da das Rüstungsministerium unter Albert Speer Anspruch auf die Redenbruch-Stollen anmeldete. Die Vereinigten Kugellagerfabriken AG, die durch alliierte Luftangriffe beschädigt worden waren, sollten ihre Produktion in die Stollen verlegen. Es kam zu einer regelrechten Auseinandersetzung mit dem Rüstungsministerium, bei der von seiten des Museums für Meereskunde versucht wurde, die Kriegsmarine zugunsten des Museums einzuschalten, doch letztlich hatte die als „kriegswichtig" eingestufte Produktion von Kugellagern Vorrang vor dem Schutz von Kulturgütern. Im März 1944 wurde angeordnet, daß das Museum die Stollen zu räumen habe, was in einem Brief der Preußag vom 19. Mai 1944 noch einmal bestätigt wurde:

„Streng vertraulich!
Betrifft: Räumung der Redenbruchstollen
Wir bestätigen Ihnen hiermit, dass Sie auf Grund der Verfügung des Reichsverteidigungskommisars für den Reichsverteidigungsbezirk Mark Brandenburg vom 21.3.1944 -R.V.I Rö/Sz.- unsere Ihnen als Ausweichunterkunft zur Verfügung gestellten Stollen räumen müssen." [10]

Bereits am 3. April war bei dem Direktor des Marineobservatoriums, Dr. G. Böhnecke, der sich für die Beibehaltung der Kalkstollen als Auslagerungsort für das Museum für Meereskunde eingesetzt hatte, mitgeteilt worden: „Rüdersdorf muss geräumt werden, da kann uns auch die Marine nicht helfen."[11] Erste Schritte zum Abtransport der Objekte aus Rüdersdorf wurden eingeleitet, und die Angestellten des Museums machten sich auf die Suche nach Alternativstandorten zur Auslagerung. So war am 9. Mai Dr. Waltraut Schötz, eine Assistentin des Instituts, vom Direktor beauftragt worden, „nach geeigneten Baulichkeiten - Höhlen, Felsenkellern, Schlössern, Handelsmagazinen oder dgl. - zu suchen (...)".[12]

Verschiedene neue Auslagerungsorte konnten als Ergebnis dieser Reise gefunden werden, so daß im Juni mit dem Abtransport aus Rüdersdorf begonnen werden konnte. Das Museumsgut wurde nach Woltersdorf gebracht und dort auf Lastkähne verladen.[13] Die Fahrt ging zunächst nach Berlin-Mitte zum Kupfergraben. Was dann geschah, läßt sich heute vermutlich nicht mehr genau klären. Röhr schildert folgenden Vorfall: „Während diese (die Kähne) in einer Nacht in Berlin an der Jannowitzbrücke lagen, gerieten sie in einen Luftangriff, wobei zwei Zillen sanken. Ein Teil der darauf befindlichen Modelle wurde danach durch Taucher geborgen."[14]

In den Archivunterlagen lassen sich allerdings keine Hinweise auf diesen Vorfall finden, obwohl der Abtransport aus Rüdersdorf vergleichsweise gut dokumentiert ist. Es kann durchaus bezweifelt werden, ob man sich Mitte 1944 in Berlin, das andauernden Luftangriffen ausgesetzt war, die Mühe gemacht hätte, die Exponate durch aufwendige Tauchgänge zu bergen. Auch lassen sich heute bei den im Museum für Verkehr und Technik befindlichen Modellen keine Wasserschäden nachweisen, die nicht auf Lagerung bei zu hoher Luftfeuchtigkeit zurückzuführen sind. Dabei muß allerdings berücksichtigt werden, daß die Objekte in der Zwischenzeit mehrfach restauriert wurden. Auf jeden Fall wurden die Exponate von Berlin aus in zwei verschiedene Richtungen abtransportiert: ostwärts nach Sellnow in Posen (im heutigen Polen) und südwestwärts in verschiedene Orte in Oberfranken, die nun getrennt betrachtet werden sollen.

Ein Großteil der Schiffsmodelle, „1 Partei Modelle = 165 cbm" [15], wurde auf der M/S Helios unter Kapitän Greiser zum Gesamtpreis von 957,50 RM von Berlin nach Driesen an der Netze gebracht.[16] Von Driesen aus transportierte man die Modelle auf dem Landweg nach Sellnow bei Arnswalde (siehe Schemazeichnung). In über 20 Kisten wurde das Museumsgut dort in einer Scheune gelagert.

Die Bibliothek, Archivmaterial, ein weiterer Posten von Schiffsmodellen, einige Instrumente sowie weiteres Museumsgut wurden ebenfalls per Schiff von Berlin aus abtransportiert, wobei diesmal die Fahrt nach Süden ging. In Aussig an der Elbe wurden die Kähne entladen und das Frachtgut gelangte auf dem Landweg nach Wunsiedel und nach Seußen in Oberfranken (siehe Schemazeichnung). In den Papieren des Schleppkahns 34 werden als „1 Ladung Verlagerungsgut nach Wunsiedel (Bayern) resp. Seussen"[17] insgesamt 13 Kisten erwähnt. Während das Bibliotheks- und Archivmaterial nach Wunsiedel kam, wurde der Großteil der übrigen Objekte anscheinend zur Vereinigten Fichtelgebirgs Granit-, Syanit- und Marmorwerke AG in Seußen gebracht. Leider sind keine genauen Unterlagen über diesen Verlagerungsort zu finden, wobei es jedoch eine Liste der in Plassenburg/Kulmbach eingelagerten Gegenstände gibt.[18] Diese drei Auslagerungsorte in Oberfranken (Wunsiedel, Seußen und Plassenburg/Kulmbach) liegen in einem Umkreis von nur etwa 50 Kilometern, so daß es sowohl möglich ist, daß Exponate von Seußen nach Kulmbach gebracht wurden, als auch, daß von vornherein alle drei Auslagerungsstätten genutzt wurden.

Nicht alle Exponate konnten ausgelagert werden, so daß ein großer Teil im Museum für Meereskunde bleiben mußte, was sie der Beschädigung oder sogar Zerstörung durch die Kriegseinwirkungen aussetzte. Man kann davon ausgehen, daß ein nicht unerheblicher Teil der in Berlin verbliebenen Objekte dadurch verloren ging. Wie im vorangegangenen Kapitel berichtet, wurde das Museum für Meereskunde am 30. Januar 1944 erstmals durch eine Luftmine beschädigt. Am 20. Oktober 1944 wurde die Biologische Abteilung durch einem Bombentreffer fast vollständig zerstört, und am 30. April 1945 geriet der Mittelbau während der Kämpfe um Berlin in Brand, wodurch „die noch verbliebenen Reste der Biologischen, der Ozeanographischen und der Instrumenten-Sammlung zerstört"[19] wurden. Da sich unter den bis heute ermittelten und noch erhaltenen Objekten kaum Stücke aus den angeführten Sammlungen befinden, ist es wahrscheinlich, daß diese pessimistische Einschätzung Röhrs leider den Tatsachen entspricht. Die Geschichte der ausgelagerten Objekte war jedoch noch nicht beendet; zudem gingen nicht alle noch im Museum befindlichen Exponate verloren.

Kriegsbeute

Nach dem Ende des Zweiten Weltkriegs und der Befreiung von der nationalsozialistischen Schreckensherrschaft wurde das Deutsche Reich in vier Besatzungszonen eingeteilt, die von den vier alliierten Siegermächten verwaltet wurden. Die Objekte aus dem Museum für Meereskunde befanden sich in verschiedenen Zonen. Das Museumsgebäude in der Georgenstraße in Berlin-Mitte gehörte wie auch Sellnow zum sowjetisch kontrollierten Gebiet, während von den übrigen bedeutenden Auslagerungsorten die drei in Oberfranken (Wunsiedel, Seußen und Plassenburg/Kulmbach) in der amerikanischen Zone lagen. Nach geltendem internationalen Recht ist eindeutig festgelegt, wie mit diesen Objekten hätte verfahren werden müssen:

„Das Eigentum der Gemeinden und der dem Gottesdienste, der Wohltätigkeit, dem Unterrichte, der Kunst und der Wissenschaft gewidmeten Anstalten, auch wenn diese dem Staate gehören, ist als Privateigentum zu behandeln. Jede Beschlagnahme, jede absichtliche Zerstörung oder Beschädigung von derartigen Anstalten, von geschichtlichen Denkmälern oder von Werken der Kunst und Wissenschaft ist untersagt und soll geahndet werden."

Dies ist der Wortlaut von Artikel 56 der Haager Landkriegsordnung, die 1907 verabschiedet worden ist. Deutschland sowie die meisten der Nationen, die vom Zweiten Weltkrieg betroffen waren, hatten dieses Dokument unterzeichnet und sich somit zur Einhaltung auch des Artikels 56 verpflichtet. Angesichts des vielfachen Rechtsbruchs, der Kriegsverbrechen und der ungeheuerlichen Verbrechen gegen die Menschlichkeit, die im Namen des deutschen Volkes begangen wurden, mag es wohl kaum verwundern, daß das nationalsozialistische Deutsche Reich sich in keiner Weise um die Einhaltung dieses Artikels bemühte. Weil im Vergleich zu diesen Taten der Verstoß gegen Artikel 56 als völlig untergeordnet zu betrachten ist, blieb dieser Rechtsbruch lange Zeit nahezu unbeachtet, bis in jüngster Vergangenheit Klaus Goldmann und Günter Wermusch eine umfassende Dokumentation hierzu vorlegten. [20]

Während des Zweiten Weltkrieges wurden für den sogenannten „Führerauftrag Linz" von den Nationalsozialisten Kommandoeinheiten aufgestellt, die private und öffentliche Kulturgüter heranschafften, um damit nach Kriegsende ein von Hitler geplantes gigantomanisches Museum in Linz zu bestücken. In den in Westeuropa besetzten Gebieten wurde bei diesem Vorgehen noch eine Scheinlegalität gewahrt, indem die Kulturgüter aufgekauft wurden, wobei das Geld allerdings aus Besatzungstributen stammte. Nach Kriegsende wurden viele dieser „Ankäufe" im nachhinein legalisiert, so daß sich aus diesen Beständen auch heute noch 1533 Gemälde, „100 Plastiken, 1600 Objekte antiker und neuzeitlicher Kleinkunst, 1200 Graphiken und etwa 7000 bibliophile Erstausgaben" [21] in deutschen Kulturinstitutionen befinden. Bei den in Osteuropa überfallenen Ländern wurde nicht einmal versucht, den Anschein der Rechtmäßigkeit zu bewahren. Hier war „die Plünderung öffentlicher Museen, Bibliotheken und Archive von vornherein Programm".[22]

Nach Kriegsende wurde zumindest ein Teil der von den Deutschen geraubten Kunstschätze den Eigentümern wieder zurückgegeben, wobei aber viele Objekte verlorengegangen oder zumindest nicht mehr auffindbar waren. Frankreich machte am 22. Januar 1946 der „Reparations, Deliveries and Restitution Division" im Alliierten Kontrollrat den Vorschlag, als Ersatz für diese Objekte gleichwertige Kunstschätze aus deutschen Beständen zu beschlagnahmen. Dieser Vorschlag wurde jedoch von den Vereinigten Staaten abgelehnt, da dies Reparationszahlungen gleichgekommen wäre und man sich aufgrund der Erfahrungen nach dem Ersten Weltkrieg dazu entschlossen hatte, auf solche Zahlungen zu verzichten.[23]

Auch die UdSSR lehnte den Vorschlag Frankreichs ab, allerdings hauptsächlich deshalb, weil amerikanische Truppen einige Depots, die in der späteren sowjetischen Besatzungszone lagen, vorher vollständig geräumt hatten. Die Sowjetunion wollte sich zwar auch an Artikel 56 der Haager Landkriegsordnung halten, beanspruchte aber Ersatz für verlorengegangene einzigartige Kulturgüter („unique cultural works" [24]). Für die Auswahl dieser „Ersatzkulturgüter" wurde eine sogenannte „Trophäenkommission" eingesetzt.[25]

Hatte die UdSSR aufgrund der Vorgehensweise der deutschen Truppen in den Ostgebieten noch am ehesten ein zumindest moralisches Recht, auf diese Weise zu verfahren, so galt dies nicht für die USA, die ebenfalls systematisch Kulturgut „sicherstellten". In seinem umfangreichen Artikel „The Great Betrayal" [26] behauptet Sol Chaneles (emeritierter Hochschullehrer für Rechtswissenschaften und ehemaliger Rechtsberater der Regierung Nixon), daß das von den Nationalsozialisten erbeutete Kulturgut von den Amerikanern noch einmal geplündert worden sei.

Es soll an dieser Stelle noch einmal ausdrücklich betont werden, daß dieser Kunstraub auf dem Hintergrund der Verbrechen des nationalsozialistischen Deutschland geradezu marginal erscheint und bei einer möglichen Rückführung selbstverständlich auch die schon angeführten, noch in Deutschland befindlichen Objekte eingeschlossen werden müßten. Trotzdem ist er eindeutig als Bruch internationalen Rechts zu betrachten.

Die Frage, ob auch bei den Objekten aus dem Museum für Meereskunde nach der oben geschilderten Praxis verfahren wurde, läßt sich nicht eindeutig beantworten. Es ist nicht bekannt, ob amerikanische Truppen Exponate aus den Auslagerungsstätten in Oberfranken abtransportierten. Anders verhält es sich bei den Objekten, die sich in der sowjetischen Zone befanden. Sowohl die Schiffsmodelle aus Sellnow als auch ein Teil der noch im Museum für Meereskunde lagernden Exponate wurden 1946 von der sowjetischen Armee beschlagnahmt und in das Zentrale Meeres Militärmuseum nach Leningrad gebracht, wobei allerdings unklar ist, ob alle Exponate hiervon betroffen waren. In diesem Fall kann man zumindest bei den noch in Berlin befindlichen Stücken tatsächlich mit einigem Recht von einer „Sicherstellung" [27] sprechen, da das Museumsgebäude stark beschädigt war und die Objekte den Witterungseinflüssen und Plünderern relativ schutzlos ausgesetzt waren. Zudem wurden die beschädigten Exponate in Leningrad restauriert, wie bei der späteren Rückgabe festgestellt wurde.

Neuverteilung

In den Nachkriegsjahren hatte die Berliner Bevölkerung verständlicherweise andere Sorgen, als sich um die Rettung von musealem Kulturgut zu kümmern. Ältere Berlinerinnen und Berliner berichten, daß besonders in den harten Wintern unmittelbar nach Kriegsende die noch stehenden Gebäude des Museums für Meereskunde mehrfach geplündert wurden. So kann man davon ausgehen, daß einige der noch erhaltenen Museumsstücke als Brennmaterial oder Tauschobjekte für den Schwarzmarkt endeten.

Die Bestände, die nicht auf diese Weise verschwanden bzw. die nicht zuvor nach Leningrad abtransportiert worden waren, befanden sich bis 1951 in den nur bautechnisch gesicherten Ruinen des Museums. Auf Betreiben von Prof. Macklin wurden sie in jenem Jahr zur schiffbautechnischen Fakultät der Universität Rostock gebracht und dort restauriert. Nach dem Tod Macklins wurden sie an das 1952 gegründete Museum für Deutsche Geschichte im Zeughaus in Berlin abgegeben. Ein Teil wurde dort als Bestand des ehemaligen Museums für Meereskunde im Inventar erfaßt, der Rest wurde nach Rostock zurückgebracht und in das Schiffahrtsmuseum überführt.

In den fünfziger Jahren begann die Sowjetunion damit, einen Teil des „sichergestellten" Kulturguts an die damalige DDR zurückzugeben. Dazu gehörten auch Objekte, die aus Sellnow und aus Berlin abgeholt worden waren. Friedrich Elchlepp, der vom 1. Januar 1958 bis zum 31. Dezember 1959 Erster Stellvertretender Kommandeur der Seeoffiziersschule Stralsund-Schwedenschanze war, erinnerte sich im Gespräch, daß in jener Zeit ungefähr 100 bis 120 Kisten aus dem Zentralen Meeres Militärmuseum Leningrad in Stralsund angeliefert wurden. Die Kisten blieben zunächst geschlossen, und ihm wurde mitgeteilt, daß sich in ihnen etwa 120 Modelle und einige Bilder aus deutschen Museen befänden. Die Modelle seien in Leningrad restauriert worden. Später erhielt Elchlepp den Befehl, die Kisten zu öffnen und den Inhalt zu prüfen. Dabei wurde festgestellt, daß es sich hauptsächlich um Schiffsmodelle aus dem Museum für Meereskunde handelte.

Die Kisten aus Leningrad kamen 1961 in das neu gegründete Deutsche Armeemuseum in Potsdam und von dort aus in verschiedene Institutionen der ehemaligen DDR. Diese Umverteilung wurde 1963/64 abgeschlossen, wobei die meisten militärischen Objekte in das Armeemuseum Dresden überführt wurden und ein Großteil der zivilen Objekte in das Museum für Deutsche Geschichte kam. Geringere Bestände wurden auch ins Meereskundliche Museum Stralsund und ins Schiffahrtsmuseum Rostock gebracht. Ein Teil der Exponate wurde in die ständigen Ausstellungen der genannten Museen eingegliedert, und das Museum für Deutsche Geschichte gestaltete 1971 eine Sonderausstellung mit dem Titel „Schiffahrt und Seehandel" hauptsächlich aus den dort vorhandenen Beständen des Museums für Meereskunde.

Läßt sich die Verlagerungsgeschichte der in Berlin verbliebenen und nach Sellnow gebrachten Objekte relativ gut nachvollziehen, so gilt dies nur zum Teil für die in Oberfranken eingelagerten Objekte. Während der Verbleib des Bibliotheks- und Archivmaterials besser belegt ist,[28] bleibt bis heute unklar, was mit den Exponaten in Seußen und Plassenburg/Kulmbach geschehen ist. Weitere Nachforschungen sollen hier in nächster Zukunft zu mehr Klarheit führen.

Das Museum für Meereskunde im Museum für Verkehr und Technik

War ein Teil des Museumsguts über die Wirren der Kriegs- und Nachkriegszeit gerettet worden, so gilt dies leider nicht für das Museum für Meereskunde als Institution. Die beschädigten Gebäude in der Georgenstraße wurden angeblich 1959 abgerissen, und nur ein Nebengebäude in der Clara-Zetkin-Straße ist erhalten geblieben. Weder im damaligen West-Berlin noch im damaligen Ostteil der Stadt erwog man ernsthaft die Wiedererrichtung des alten Museums. In Westdeutschland wurde 1975 in Bremerhaven das Deutsche Schiffahrtsmuseum eröffnet, das als zentrales Schiffahrtsmuseum einen Teil der Aufgaben des Museums für Meereskunde übernehmen sollte. In West-Berlin setzte der Senat den Notar Edmund Pattberg als Notvertreter für die Friedrich-Wilhelms-Universität ein, der damit auch das Museum für Meereskunde juristisch repräsentierte. Wie in vielen anderen Bereichen der Kulturgeschichte der Technik blieb aber inhaltlich auch diese durch den Krieg gerissene Lücke bestehen.

Um zumindest einen Teil der vielen technischen Sammlungen und Museen, die es einst in Berlin gegeben hatte, wiederzubeleben, wurde 1982 im damaligen Westteil der Stadt das Museum für Verkehr und Technik gegründet, dessen erster Bauabschnitt im Dezember 1983 eröffnet werden konnte. Auftrag dieses zentralen Technikmuseums ist es, die Nachfolge der früheren Einzelmuseen anzutreten. Demgemäß wurde in der Abteilung Schiffahrt des Museums für Verkehr und Technik damit begonnen, die Geschichte des Museums für Meereskunde aufzuarbeiten und dem Verbleib seiner Bestände nachzugehen.

Da sowohl die für diese Recherche relevanten Archivunterlagen als auch die noch vorhandenen Bestände auf beide deutschen Staaten verteilt waren, konnte diese Aufgabe zunächst nicht befriedigend erfüllt werden. Mit der Öffnung der Grenzen und der daraus resultierenden Möglichkeit, zu Museen, Archiven und anderen Institutionen in der ehemaligen DDR Zutritt zu erhalten, konnten zumindest einige der Wissenslücken geschlossen werden. Noch 1989 wurden Kontakte zum damaligen Museum für Deutsche Geschichte im Zeughaus aufgenommen, um die dort lagernden Exponate aus dem Museum für Meereskunde zu erfassen. Mit dem Deutschen Historischen Museum, das kurz darauf das Zeughaus übernahm, wurde 1991 vereinbart, diese Exponate in das Museum für Verkehr und Technik zu verlagern. Seit dieser Zeit werden sie restauriert und sind zum Teil in die ständige Ausstellung integriert.

Zwei wichtige Ereignisse beeinflußten die weitere Geschichte der Exponate positiv: Ende 1994 wurde der Erweiterungsbau für die Abteilungen Schiffahrt und Luftfahrt begonnen; Anfang 1994 war die Treuhänderschaft auf das Museum für Verkehr und Technik durch die Humboldt-Universität übertragen worden, die als Nachfolgerin der Friedrich-Wilhelms-Universität als Eigentümerin der Bestände des Museums für Meereskunde anzusehen ist. Somit ist es jetzt möglich geworden, einen Großteil der geretteten Exponate demnächst in einem angemessenen Rahmen der Öffentlichkeit wieder zugänglich zu machen.

Dem Verbleib der übrigen Ausstellungstücke soll weiter nachgegangen werden, um möglichst umfassend dokumentieren zu können, welche Objekte aus dem Museum für Meereskunde heute noch existieren und wo sie zu finden sind. Dabei ist es nicht das Ziel, auf juristischem Weg Exponate aus ständigen Ausstellungen anderer Museen herauszulösen und nach Berlin zu bringen, sondern vielmehr ein Stück bisher vernachlässigter Museumsgeschichte aufzuarbeiten. Durch kollegiale Zusammenarbeit der betroffenen Institutionen wird es sicherlich möglich sein, diese Aufgabe zu erfüllen.

Dirk Böndel

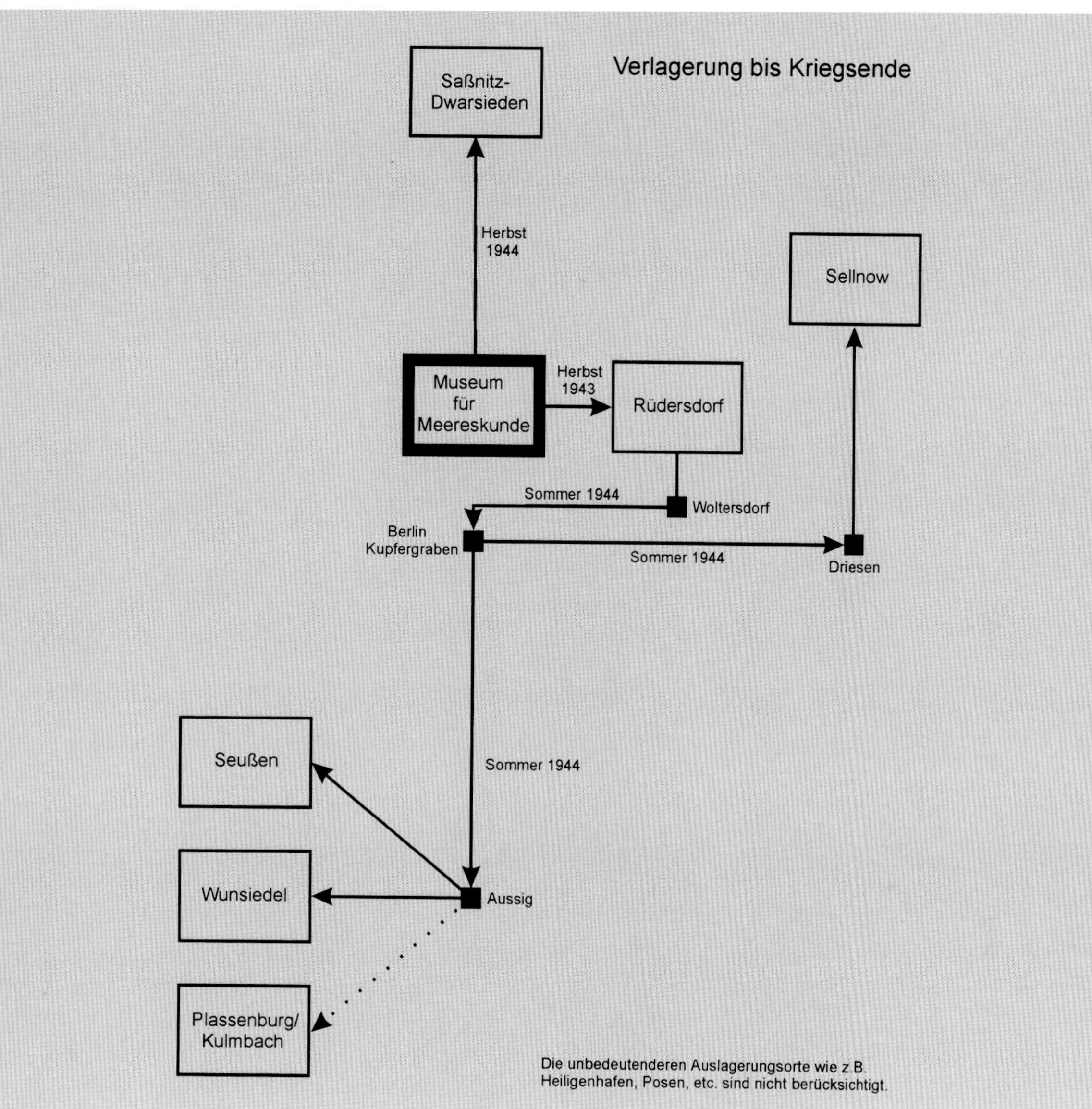

Verlagerung bis Kriegsende
Saßnitz-
Dwarsieden
Herbst
1944
Sellnow
Museum
für
Meereskunde
Herbst
1943
Rüdersdorf
Sommer 1944
Woltersdorf
Berlin
Kupfergraben
Sommer 1944
Driesen
Seußen
Sommer 1944
Wunsiedel
Aussig
Plassenburg/
Kulmbach
Die unbedeutenderen Auslagerungsorte wie z.B.
Heiligenhafen, Posen, etc. sind nicht berücksichtigt.

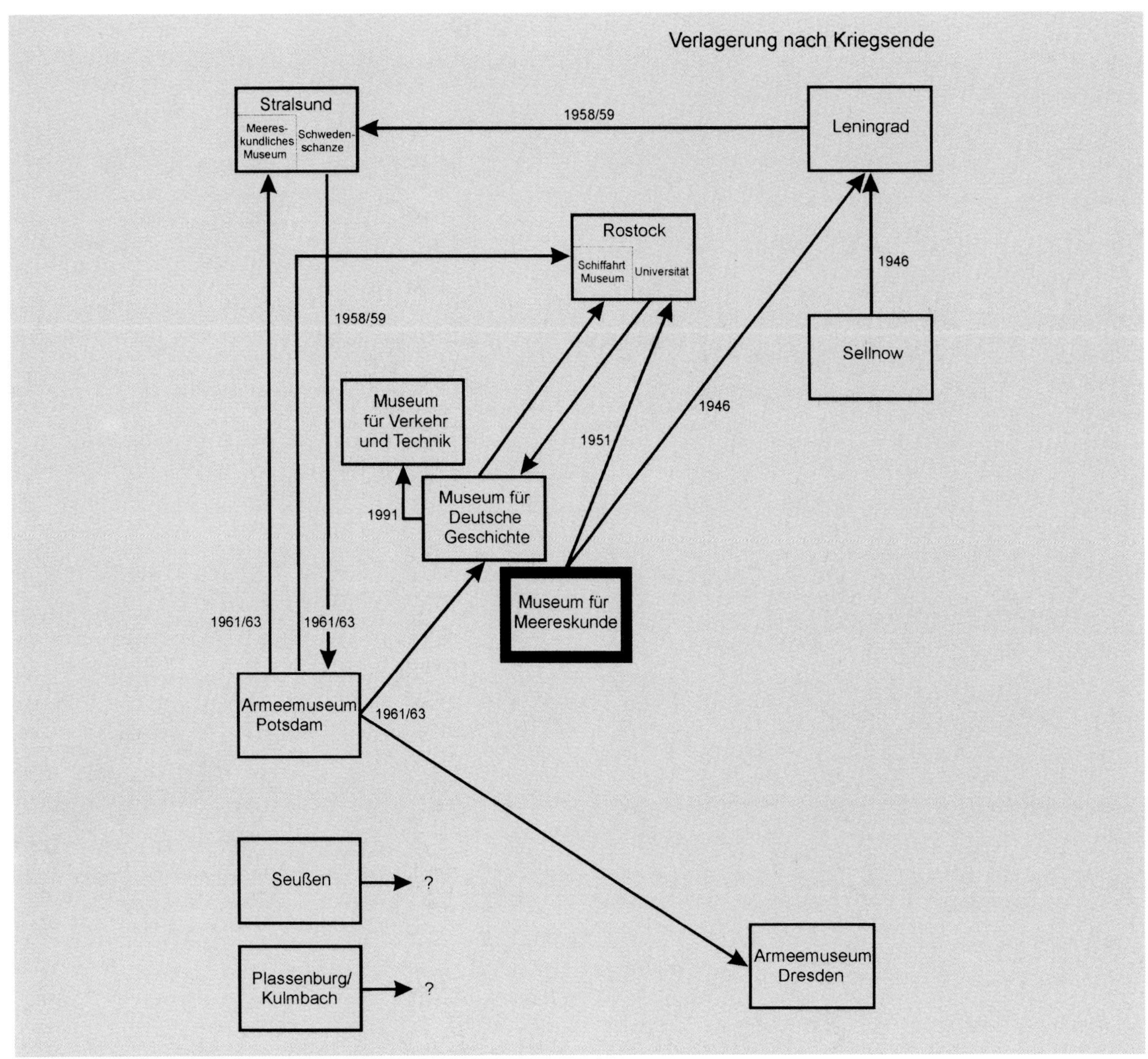

1 HUB UA Institut für Meereskunde, Nr. 5: Umzug Wunsiedel, Blatt 12. Röhr führt noch weitere Schlösser in Schlesien als Auslagerungsorte für Gemälde an (Kynau im Kreis Waldenburg, Eckersdorf im Kreis Glatz, Oberquell im Kreis Glogau, Erdmannsdorf im Kreis Hirschberg und Carolath bei Neusatz an der Oder; siehe Röhr, Albert: Bilder aus dem Museum für Meereskunde 1906-1945, Bremerhaven 1981, S. 37), für die sich jedoch in den Verlagerungsakten keine Belege finden lassen.
2 Röhr, Albert, wie Anm. 1, S. 37.
3 HUB UA Institut für Meereskunde, Nr. 5: Umzug Wunsiedel, Blatt 29.
4 HUB UA Institut für Meereskunde, Nr. 5: Umzug Wunsiedel, Blatt 30.
5 HUB UA Institut für Meereskunde, Nr. 5: Umzug Wunsiedel, Blatt 32; Röhr gibt an, daß darüber hinaus auch Bilder dorthin ausgelagert wurden. Siehe Röhr, Albert, wie Anm. 1, S.37.
6 HUB UA Institut für Meereskunde, Nr. 5: Umzug Wunsiedel, Blatt 31.
7 Röhr, Albert, wie Anm. 1, S. 37.
8 Siehe hierzu z.B. HUB UA Institut für Meereskunde, Nr. 5: Umzug Wunsiedel, Blatt 44.
9 Siehe hierzu den Beitrag von Andreas Curtius.
10 HUB UA Institut für Meereskunde, Nr. 5: R 19 Rüdersdorf - Kalkstollen, Blatt 2.
11 HUB UA Institut für Meereskunde, Nr. 5: Auslagerung, Blatt 29.
12 HUB UA Institut für Meereskunde, Nr. 5: Auslagerung, Blatt 37.
13 Siehe HUB UA Institut für Meereskunde, Nr. 5: Auslagerung, Blatt 38: Rechnung von Selli Karbe vom 30.6.44 über Verladung der Kisten in den Lastkahn.
14 Röhr, Albert, wie Anm. 1, S.36.
15 HUB UA Institut für Meereskunde, Nr. 5 Auslagerung, Blatt 6: Rechnung der Transportgenossenschaft zu Berlin.
16 Siehe ebd.
17 HUB UA Institut für Meereskunde, Nr. 5: Umzug Wunsiedel, Blatt 27/28.
18 HUB UA Institut für Meereskunde, Nr. 5: Ausstellungen, Liste der in Plassenburg / Kulmbach ausgelagerten Gegenstände.
19 Röhr, Albert, wie Anm. 1, S. 37.
20 Goldmann, Klaus und Günter Wermusch: Vernichtet Verschollen Vermarktet. Kunstschätze im Visier von Politik und Geschäft, Asendorf 1992.
21 Goldmann, Klaus und Günter Wermusch, wie Anm. 20, S.13.
22 Goldmann, Klaus und Günter Wermusch, wie Anm. 20, S. 9.
23 Goldmann, Klaus und Günter Wermusch, wie Anm. 20, S. 16.
24 Goldmann, Klaus und Günter Wermusch, wie Anm. 20, S. 14.
25 Vgl. Goldmann, Klaus und Günter Wermusch, wie Anm. 20, S.14.
26 In „Art & Antiques" vom Dezember 1987.
27 Nach der Haager Landkriegsordnung ist es erlaubt, Kulturgüter sicherzustellen, wenn sie möglicherweise Kriegsauswirkungen ausgesetzt sind. Dieser Begriff der Sicherstellung läßt sich mit einigem Recht auch dann verwenden, wenn Exponate dringend der Restaurierung bedürfen oder nur unzulässig untergebracht sind.
28 Siehe hierzu die Beiträge von Andreas Curtius und Jörg Schmalfuß.

Präparat eines Königspinguins. (MVT)

Vierflunkenbootsanker (Draggen) aus dem 19. Jh. (MVT)

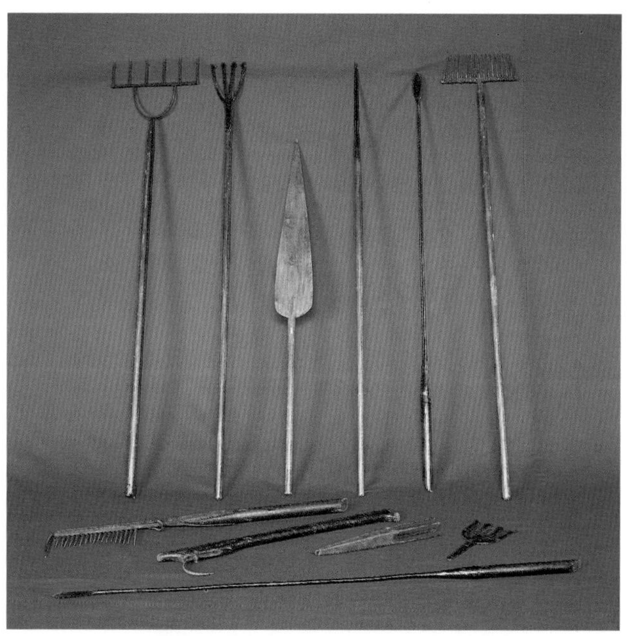

Sammlung von Fischfanggeräten, Walspeeren und Paddeln. (MVT)

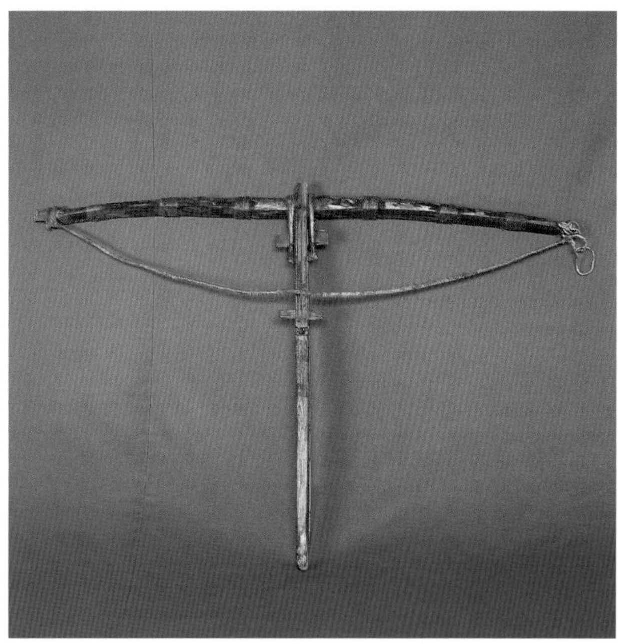

Armbrust für den Walfang. (MVT)

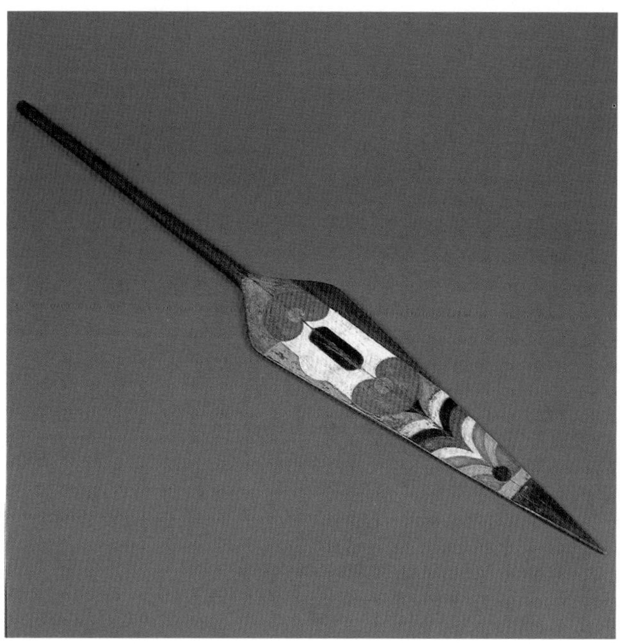

Paddel aus der Südsee. (MVT)

Schnittmodell des deutschen Fischkutters H.F.233 um 1925. (MVT)

Modell der deutschen Yacht FAMILIE DADE von 1875. (MVT)

Modell des deutschen Dreimast-Gaffelschoners ANNA MARIA von 1907. (MVT)

Modell des deutschen Fracht- und Passagierschiffes Osiris von 1910, Bugansicht. (MVT)

Modell des deutschen Fracht- und Passagierschiffes Osiris von 1910, Heckansicht. (MVT)

Modell des deutschen Fracht- und Passagierschiffes Osiris von 1910, Brücke. (MVT)

Modell des deutschen Fracht- und Passagierdampfschiffes Osiris von 1910. (MVT)

Modell des deutschen Fracht- und Passagierschiffes Blücher von 1902

Modell des deutschen Fracht- und Passagierdampfschiffes Tijuca. (MVT)

Modell der Dampfmaschine der KAISERADLER von 1876. (MVT)

Kettenglied der Ankerkette des deutschen Passagierschiffes BREMEN von 1919. (MVT)

Haken. (MVT)

Zweischeibiger Holzblock aus dem 19. Jh. (MVT)

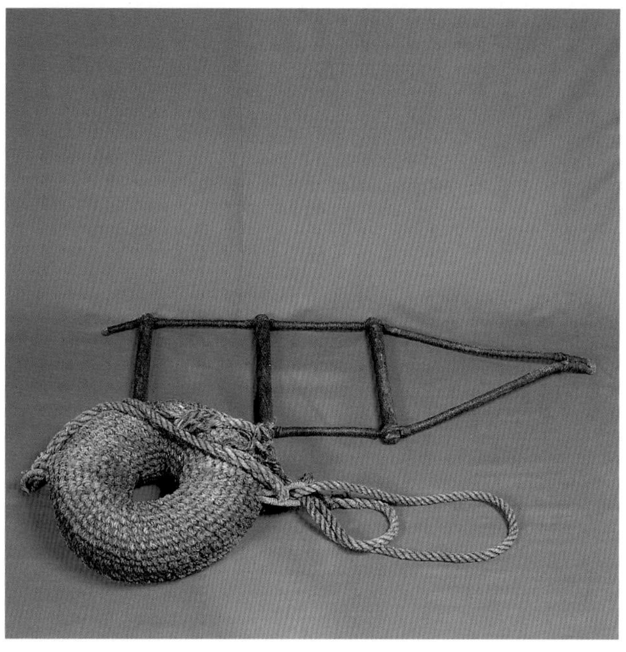

Tau-Fender und Teil eines Fallreeps. (MVT)

Modell der deutschen Schlup Wagrien von 1879. (MVT)

Diorama eines Hafens. (MVT)

Modell des Danziger Krantors von 1444. (MVT)

Trockenkompaß mit Kompaßsäule um 1900. (MVT)

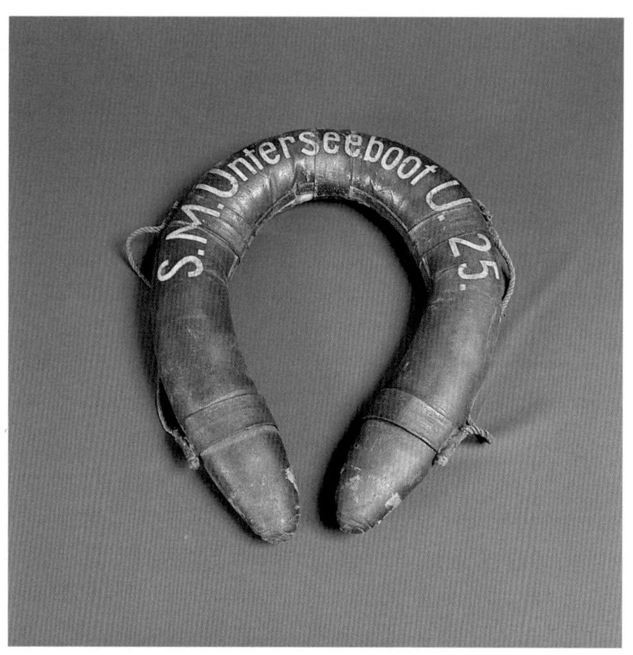

Rettungsring des deutschen U-Boots U 25. (MVT)

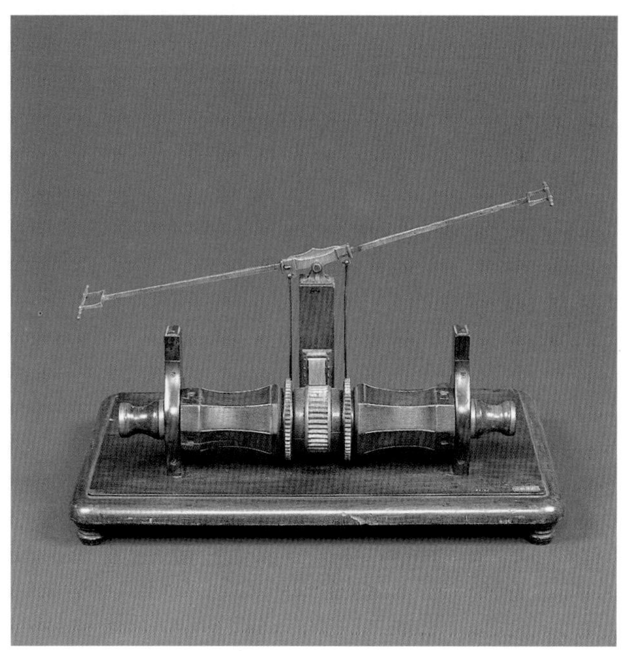

Modell eines Ankerspills von 1821. (MVT)

Schwimmboje, Ende des 19. Jh. (MVT)

Querschnittmodell des Schlachtschiffes Braunschweig von 1902. (MVT)

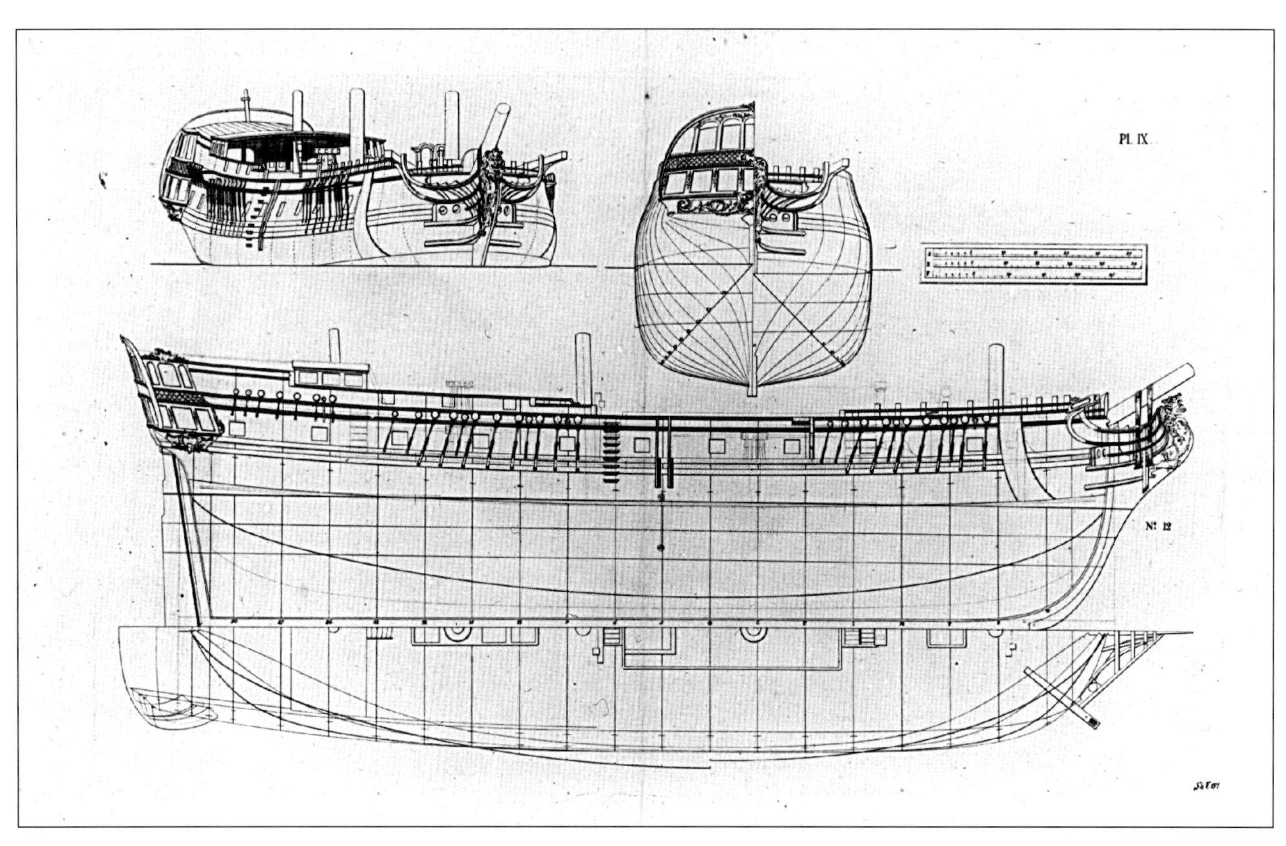

Fredrik af Chapman: Heckboot (2.Klasse) mit Fregatt-Takelung, Kupferstich, 1775. (MVT)

DIE ARCHIVALISCHE ÜBERLIEFERUNG DES INSTITUTS UND MUSEUMS FÜR MEERESKUNDE

Die Akten

Im September 1951 mußte der Archivar beim Deutschen Zentralarchiv in Potsdam, Fritz Blum, in seiner Vorbemerkung zum Verzeichnis der Archivalien des ehemaligen Instituts und Museums für Meereskunde feststellen: „Von dem gesamten Aktenbestand des Instituts für Meereskunde wurden 1944 2/3 ausgelagert, diese sind durch Kriegseinwirkung in Verlust geraten. Ein kleiner Bestand, der in den Kellerräumen des Instituts untergebracht war, wurde nach einer vorangegangenen Kassation am 13. Februar 1951 in das Deutsche Zentralarchiv in Potsdam überführt. Die Akten - ca. 300 Bände - befinden sich in gutem Zustand."[1]

Die vom Deutschen Zentralarchiv aus den Räumen des IMfM in der Georgenstraße 34-36 geborgenen Akten überlieferten nahezu vollständig die gemeinsam von Institut und Museum geführte zentrale Registratur. Die Bergung erfolgte mit Genehmigung der Hauptabteilung Hochschulen und wissenschaftliche Einrichtungen des Ministeriums für Volksbildung der DDR. Bis zum November 1950 lag die Zuständigkeit für die Auflösung und Räumung des IMfM bei der Hauptabteilung Kunst und Literatur.

Erstmals geregelt wurde die Verwaltung der Registratur durch den Erlaß einer „Aktenordnung des Museums für Meereskunde", die am 1. August 1909 in Kraft trat.[2] Sie sah vor, daß alle zuvor entstandenen Aktenbände der Abteilungen Biologie (B), Fischerei (F), Instrumente (I), Küsten- und Hafenwesen (KH), Maschinen (M), Ozeanographie (O), Meeresprodukte (P), Rettungswesen (Rt), Schiffbau (S), Schiffahrt, historisch u. ethnographisch (Sh), aufzulösen seien, um sie dann, getrennt in „Einzel- und allgemeine Akten", weiterzuführen. Erstere bezogen sich auf Schriftgut zu einzelnen Inventarstücken und waren in den Diensträumen der jeweiligen Abteilungsleiter aufzubewahren. Letztere betrafen alle anderen Akten der Abteilungen des Museums sowie des Instituts und wurden in der Geschäftsstelle unter Verschluß gehalten.

Für das gesamte Schriftgut, welches sich auf die Reichs-Marine-Sammlung bezog, fand eine solche Trennung ausdrücklich nicht statt. Alle Vorgänge mußten zu den „allgemeinen Akten" bei der Geschäftsstelle genommen werden. Was Eingang in die Einzelakten finden durfte, wurde durch die Aktenordnung penibel geregelt. Aufzunehmen waren:

„A. Alle Aktenstücke und sonstigen Papiere, die das betreffende Inventarstück, seinen Eingang ins Museum, seine Vorgeschichte, seine Aufstellung und seine Geschichte seit dem Eingang ins Museum betreffen. Von den dazu etwa erforderlichen ausführlichen Rechnungen liefert das Büro auf Wunsch eine Abschrift oder einen Auszug. Die Originalrechnungen verbleiben in dem Jahrgang der Rechnungen, wo sie alphabetisch geordnet sind.
B. Hinweise auf andere Aktennachweise, in denen auf das betreffende Inventarstück Bezug genommen ist.
C. Ein Exemplar des zugehörigen gedruckten Etiketts.
D. Etwa vorhandene Photographien oder Abbildungen des Inventarstücks.
E. Etwa vorhandene Publikationen über das Stück oder Hinweise auf solche."[3]

Dabei waren die Aktenzeichen der auf diese Weise formierten Objektakten so zu bilden, daß sie mit den Inventarnummern der Sammlungstücke übereinstimmten. Auch für Objekte, zu denen keine Akten existierten, mußten Aktennachweise angelegt werden, die dann lediglich die Inventarnummern als Aktenzeichen trugen.

Die Verantwortung für die Aktenbildung und -führung lag bei den einzelnen Kustoden. Sie wurde wiederum durch eine entsprechende Dienstordnung aus demselben Jahr geregelt. Demnach gehörte es „im besonderen" zu den ständigen Arbeiten und Pflichten der Kustoden, „... das Inventar für die ihnen anvertrauten Abteilungen der Sammlungen zu führen und die zugehörigen Akten zu ordnen und zu bewahren".[4]

Die räumliche Trennung des Schriftgutes in allgemeine Akten bei der Geschäftsstelle und Einzel- bzw. Objektakten bei den zuständigen Abteilungsvorständen wurde wohl bis zum Einsetzen der umfangreichen Verlagerungen des wertvollsten Teils der beweglichen Sammlungen im Jahre 1943 beibehalten. Die Verwaltung des IMfM verblieb jedoch trotz schwerer Bombenschäden am Museumsgebäude auch nach der Auslagerung des größten Teils der Objekte mit der Geschäftsstelle und den dort verwahrten Dienstakten bis zum Ende des Krieges in der Georgenstraße. Nicht in Berlin blieben hingegen die Objektakten der einzelnen Ausstellungsabteilungen, die, folgt man den Angaben Fritz Blums, zu den zwei Dritteln der ausgelagerten und durch Kriegseinwirkung in Verlust geratenen Akten gerechnet werden müssen. Ihr Verbleib konnte bis heute nicht ermittelt werden. Ebenfalls als verloren galten 1951 die Kartensammlung mit ca. 5000 Blatt Seekarten, die photographische Sammlung mit ca. 5000 Aufnahmen und die Sammlung von etwa 8000 Diapositiven.

Im Zuge der Gründung des Archivs der Humboldt-Universität (HU) zu Berlin im April 1954, in dessen Sprengel der Gesamtbereich der Universität einschließlich aller ihrer Vorgängerinstitutionen fiel[5], wurde das Archiv des IMfM im April 1955 zuständigkeitshalber vom Deutschen Zentralarchiv Potsdam (DZA) der HU übergeben. Der übernommene Bestand umfaßte einschließlich der Personalakten 256 Nummern.[6]

In dem behörden- und bestandsgeschichtlichen Vermerk des DZA vom 4. August 1955 zum Archivbestand, der der HU im Nachgang zur Abgabe überlassen wurde, hieß es zu den kriegsbedingten Verlusten: „Bibliothek (30-40.000 Bände, 600-700 laufende Meter), Kartotheken, Zeichnungen, Manuskripte, Mikroskope und kostbare Modelle des Institutes wurden im November 1943 in den Redenbruchstollen der Preußischen Bergwerks- und Hütten-Aktiengesellschaft (Preußag) am Heinitzsee bei Rüdersdorf (über Berlin) und von dort im Jahre 1944 nach Wunsiedel (Oberfranken) ausgelagert. Nach Mitteilung des Stadtrates Wunsiedel wurde dieses Material unter Leitung eines Herrn Dr. Böhnicke nach Kriegsende nach Hamburg transportiert."[7]

Darüber hinaus wurde noch einmal festgehalten, daß 1950 bei der Bergung der Akten archivunwürdiges Schriftgut im Keller des IMfM durch Frau Dr. Lotte Knabe vom DZA ausgesondert, „Schriftgut wissenschaftlichen oder musealen Inhalts" jedoch nicht zurückgelassen wurde.[8]

Während der Aktenbestand im Archiv der Humboldt-Universität nahezu geschlossen die Verwaltungsgeschichte des IMfM für den Zeitraum zwischen 1900 und 1943 überliefert, existiert für die folgenden Jahre kaum noch Schriftgut. Eine gewisse Ausnahme bilden die Verlagerungsakten der Bibliothek, die auch Angaben zu Teilen der einzelnen verlagerten Sammlungen des Museums enthalten. Im Januar 1945 wurden jedoch auch diese Akten geschlossen.[9]

Obwohl bis zur endgültigen Räumung der Ruine im Jahre 1950 für die Betreuung der verbliebenen mehr oder minder stark beschädigten Objekte ein Wissenschaftler verantwortlich war[10], haben sich entsprechende Unterlagen in den einschlägigen Archiven bisher nur für die Jahre 1945 und 1946 nachweisen lassen. Bis zum 18. Dezember 1945 unterstand das IMfM der Abteilung für Volksbildung des Magistrats von Berlin, bevor es wieder der HU unterstellt wurde. Mit Wirkung vom 29. Januar 1946 erfolgte dann die Zuordnung zur Deutschen Zentralverwaltung für Volksbildung. Dabei war es in dem kurzen Zeitraum der direkten Zuständigkeit des Magistrats für das IMfM nicht zu umfangreichen Aktenbildungen gekommen. Die Akten enthalten Schriftgut zur Geschäftsverteilung, zu Personalangelegenheiten und Unterstellungsfragen.[11]

Weitere Bestandssplitter tauchten im Zusammenhang mit Recherchen zum Verbleib der Sammlungen und Archivalien des IMfM auf dem Gebiet der BRD auf. So teilte die Oberfinanzdirektion Hamburg mit Schreiben vom 16. März 1965 dem Bundesschatzminister in Bad Godesberg mit, daß „am 19.7.1961 die geretteten Akten des Museums für Meereskunde dem Bundesarchiv übersandt (wurden), das sie zur Archivierung an das zuständige Hauptarchiv (ehemaliges Preußisches Geheimes Staatsarchiv in Berlin) abgegeben hat."[12] Bei dem aus sieben Bestellnummern bestehenden Splitterbestand, der einzelne Schreiben, Vermerke, Berichte und Hausordnungen sowie einen Aktenband aus den Jahren 1939 - 1944 enthält, soll es sich um Restakten aus dem Besitz eines früheren Abteilungsleiter am IMfM gehandelt haben. Der Bestand wird noch heute in der I. Hauptabteilung als Repositur 208c, Institut und Museum für Meereskunde, im Geheimen Staatsarchiv Preußischer Kulturbesitz verwahrt.

Die Karten- und die Bildersammlung

Bereits in der Drucksache „Die Begründung eines Instituts für Meereskunde und eines Marinemuseums zu Berlin" an der Königlichen Friedrich-Wilhelms-Universität vom April 1900 war die Einrichtung einer Kartensammlung vorgesehen, die See- und Schiffahrtskarten sowie Karten der Strömungen, Flora und Fauna, meteorologische Karten, Fischereikarten, Karten der politischen und Wirtschaftsgeographie (Stützpunkte, Kohlestationen, Verkehrswesen und -linien etc.) enthalten sollte.[13] Mit der Anlage der Kartensammlung und einer parallel aufzubauenden Sammlung von „Anschauungsmitteln" - damit waren Photographien und Diapositive gemeint, die sich auf das Meer, die Meeresküsten, die marine Biologie, die Seefischerei und Schiffahrt bezogen - konnte noch im selben Jahr begonnen werden. 1907 stellte der wissenschaftliche Assistent Dr. Gustav W. von Zahn beide Sammlungsbereiche in dem Periodikum „Berliner Akademische Wochenschrift" erstmals einer breiteren Öffentlichkeit vor: „Die Kartensammlung umfaßt etwa 1800 Blatt. Sie enthält Seekarten der verschiedensten seefahrenden Nationen, und es werden bei der Anschaffung vor allem zwei Zwecke verfolgt, einmal eine möglichst lückenlose kartographische Darstellung aller Küstenstrecken zu erwerben, um dann die Möglichkeit zu bieten, an Hand der Karten derselben Küsten, die nach Art und Zeit der Darstellungen verschiedenen sind, wertvolle Vergleiche anstellen zu können. In der Ausgestaltung begriffen sind eine Lehrsammlung von Ansichten und von Diapositiven. Diese Sammlungen sind im zweiten Stockwerk des Gebäudes Georgenstraße 34-36 untergebracht, wo sich neben der Bibliothek mit Arbeitsplätzen für Studierende zwei weitere Arbeitsräume, in denen die Karten und die Diapositivsammlung aufgestellt sind, ein kleiner Hörsaal mit 100 Sitzplätzen, ein Kolloquiumzimmer, ein Zeichensaal für kartographische Arbeiten und ein photographisches Laboratorium befinden."[14]

Über den tatsächlichen Umfang der Karten- und photographischen Sammlung bei Verlagerungsbeginn lassen sich keine verläßlichen Angaben machen. Allgemein ging man nach dem Ende des Zweiten Weltkrieges davon aus, daß die Sammlung aus ca. 5000 Karten sowie etwa gleichviel Photographien und etwa 8000 Diapositiven bestand. Zumindest ein größerer Teil dieser Bestände mußte zusammen mit der Bibliothek nach Oberfranken verlagert worden sein; er befand sich nach dem Ende des Krieges in Wunsiedel.

Im April 1946 erfolgte auf Weisung der britischen und amerikanischen Besatzungsbehörden die Übergabe des gesamten Materials an das Deutsche Hydrographische Institut (DHI) in Hamburg zur treuhänderischen Verwaltung. Anfang 1957 wiederum wurden dem Altonaer Museum in Hamburg vom DHI „verschiedene Risse, Zeichnungen, Ansichten, Schnitte u.a. in- und ausländischer Segel- und Dampfschiffe, Rettungsboote u.a., Fotografien über die Geschichte der Schiffahrt, des Schiffbaus, über Segel-, Dampfschiffe und Motorschiffe, über Dienst und Leben an Bord, Innenräume, Nautik, Hafenbetrieb und Hafenbau, Kabel- und Signalwesen, Seeflug, Seezeichen, Schiffsunfälle, Wassersport, Schiffahrtsmuseen, Meereskunde, Fischerei, Hafenbilder u.a. überlassen."[15]

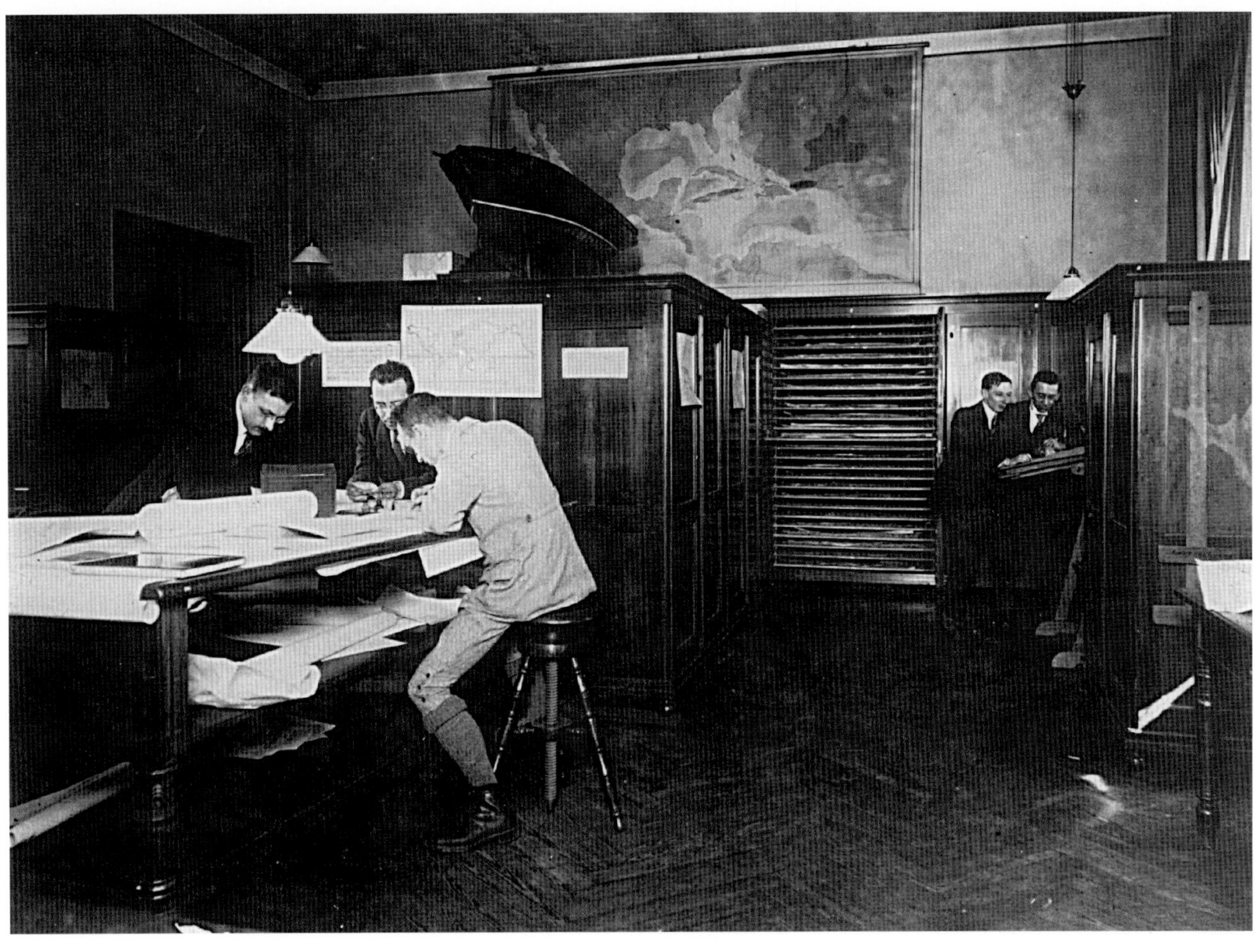

Raum der Seekartensammlung des Instituts und Museums für Meereskunde. (MVT)

A. Die Kartensammlung

Anders verfuhr man im DHI dagegen mit der verbliebenen Sammlung von Seekarten des IMfM. Als mit dem „Gesetz über die Aufgaben des Bundes auf dem Gebiet der Seeschifffahrt" vom 24.5.1965 die Herstellung und Herausgabe amtlicher Seekarten auf das DHI überging, wurden die Karten als Ersatz für die im Krieg zerstörten eigenen Bestände der Plankammer genommen. Um die Provenienz des Bestandes zu kennzeichnen, setzte man zuvor auf alle Karten den Stempel „Aus dem Besitz des ehemaligen Instituts für Meereskunde". In die Plankammer des DHI wurden auf diese Weise 753 deutsche, 68 ausländische Seekarten sowie 71 topographische Karten integriert. Die restlichen 1974 ausländischen Karten hatten für das Institut nur noch Makulaturwert. Sie gelangten an das Institut für Landeskunde in der Bundesanstalt für Landeskunde und Raumforschung in Bad Godesberg.[16]

Im Sommer 1991 erhielt das Museum für Verkehr und Technik aus dem Berliner Antiquariatshandel das Angebot über ein umfangreiches Konvolut, das überwiegend ausländische Seekarten enthielt. Nahezu alle Karten waren mehrfach gestempelt, wobei die größte Zahl der Karten den Stempel des DHI trug. Auf einem kleineren, aus 12 Karten bestehenden Teil fand sich das Siegel des IMfM. Da kein Zweifel an der Provenienz dieser Seekarten bestand, wurden sie erworben.[17]

Anschließende Nachforschungen ergaben, daß diese Karten zu einem Bestand von ca. 10.000 Seekarten gehörten, die das DHI im Dezember 1972, diesmal mit Zustimmung des Bundesarchivs, dem Institut für Geographie der Technischen Universität in Berlin als Dauerleihgabe überlassen hatte.

Mit dem kurz aufeinanderfolgenden Tod von zwei Institutsangehörigen, die sich hauptsächlich mit diesen Seekarten beschäftigten, gerieten der Bestand rasch in Vergessenheit und einige Karten wohl auch aus dem Geschäftsgang. Erst mit dem Umzug des Instituts im Oktober 1980 in neue Räume mit beschränkten Lagerungsmöglichkeiten wurde der weitaus größte Teil der Karten an die Kartenabteilung der Staatsbibliothek Preußischer Kulturbesitz in der Potsdamer Straße abgegeben. Dabei war nicht mehr bekannt, wieviel dieser Karten noch einen Stempel des IMfM trugen.[18] In den kommenden Monaten soll in einem gemeinsam von der Staatsbibliothek Preußischer Kulturbesitz und dem MVT getragenen Projekt der ehemalige Seekartenbestand aus der Bundesanstalt für Landeskunde und Raumforschung gesichtet werden, um schließlich alle die Karten zu ermitteln, die einst zur Kartensammlung des IMfM zählten.

B. Die Bildersammlung

Das Schicksal der Bildersammlung, die wie die Kartensammlung bereits im Gründungsjahr des IMfM angelegt wurde, ist nur schwer zu rekonstruieren. Das Repertorium der HU weist in der Gruppe „Sh. Schiffahrt historisch und ethnographisch" das Verzeichnis einer Schiffsbildersammlung (Nr. 143) sowie in der Gruppe „V. Verschiedenes, Veröffentlichungen anderer Institute, Vorträge und Verzeichnisse" ein Verzeichnis von Photoplatten (Nr. 192) und ein Verzeichnis von Photos und Bildern (Nr. 193) nach.

Nach Kriegsende übernahm das DHI zusammen mit der „Wunsiedel-Bibliothek" im größeren Umfang auch Photographien und Schiffsrisse. 1957 gehörte das Konvolut wiederum zu den Restbeständen des IMfM, die an das Altonaer Museum in Hamburg abgegeben wurden. Genaue Angaben zum Umfang des Bestandes fanden sich erstmals in einem Vermerk des Berliner Senators für Wissenschaft und Kunst vom September 1968, der festhielt, daß es sich hierbei um 7969 Photographien in 23 Mappen und 577 Risse handelte.[19] Das oben erwähnte Inventar der Schiffsbildersammlung gibt den Umfang des Bildbestandes für den August 1935 mit 8152 Photographien und die innerhalb des Bildbestandes mit „z" signierten und verzeichneten Risse mit 712 an.

1986 wurden im Zuge der Bestandsbereinigung zwischen dem Altonaer Museum und dem MVT auch der Photobestand und Teile der Risse übernommen. Eine Revision und Neuordnung des gesamten Bestandes im Jahre 1989 ergab, daß von den 7969 Aufnahmen, die nach den kriegsbedingten Verlagerungen in Hamburg existierten, heute noch 7459 Bilder vorhanden sind. Komplizierter verhielt es sich mit der Klärung des Verbleibs der 712 Risse. Da die im Altonaer Museum lagernden schiffsbautechnischen Zeichnungen nicht als eine „geschlossene Sammlung" betrachtet wurden, erfolgte eine Einzelaufteilung, wobei das MVT einen systematischen Querschnitt des Bestandes und die „historisch wichtigen Stücke" übernahm. Risse von besonderem regionalen Interesse, die sich auf norddeutsche Küsten- und Fischereifahrzeuge bezogen, verblieben in Hamburg. Die Zahl der so übernommenen Zeichnungen betrug 176 Positionen mit insgesamt 255 Blättern.

Anfang der 60er Jahre wurde in der DDR auf Beschluß des Ministeriums für Hoch- und Fachschulwesen, das sich dort als juristischer Nachfolger und Verfügungsberechtigter über die Bestände des ehemaligen IMfM sah, an verschiedene Museen entsprechendes Museumsgut abgegeben. Zu den bedachten Einrichtungen gehörten das Armeemuseum Potsdam, das Völkerkundemuseum Leipzig und auch das Museum für Deutsche Geschichte in Berlin (Ost). Letzteres übernahm zwischen 1963 und 1964 wesentliche Teilbestände des IMfM, zu denen Photographien, Glasnegative, Glasdiapositive und Photoalben und 23 Rollen mit 112 Zeichnungen, Konstruktions- und Bauunterlagen für die verschiedensten Schiffstypen gehörten.[20] Im Frühjahr 1991 übergab das Deutsche Historische Museum als Rechtsnachfolger des Museums für Deutsche Geschichte dem MVT die gerollten Zeichnungen zum ständigen Verbleib. Nach dem Abschluß der Verzeichnungsarbeiten umfaßt der Teilbestand heute 64 Positionen mit 182 Blättern.

Da nicht mehr zu rekonstruieren ist, in welcher Form die mehrfach verlagerten Rollen mit Schiffszeichnungen durchgezählt bzw. provisorisch verzeichnet wurden, bleibt nur festzustellen, daß sich heute zu 240 Schiffen oder Schiffstypen 437 Blatt Zeichnungen im MVT befinden.

Das Verzeichnis der Photoplatten (Nr. 192) enthielt Eintragungen aller zugegangenen Platten und Negative für den Zeitraum zwischen dem 22. September 1933 und dem 29. Januar 1945. Dabei wurden die Inventarnummern 3812 bis 8014 vergeben. Trotz gleicher Bilderzahl korrespondieren beide Bestände nicht. Die Vermutung liegt nahe, daß es sich hierbei um einen Teil des Gesamtverzeichnisses von 7763 Glasnegativen handelt, die sich heute unter der Signatur „Bild 134 Institut für Meereskunde" im Bundesarchiv Koblenz befinden. Die Negative wurden 1969 vom Militärgeschichtlichen Forschungsamt zunächst an das Bundesarchiv, Abteilung VI. - Militärarchiv (beide Freiburg) abgegeben. Über die Herkunft des Bestandes konnte das Bundesarchiv keine Angaben machen. Da die Platten im Verzeichnis R-Signaturen (z.B. R.IX. 3812) tragen, werden die fraglichen Glasnegative sehr wahrscheinlich zu den Beständen der Reichs-Marine-Sammlung bzw. des Reichsmuseums der Kriegsmarine zu zählen sein.

Über den Verbleib einer entsprechenden Sammlung von Photographien lassen sich keine Angaben machen. Hier liegt nur ein Zugangsbuch R.VIII.A (Nr. 193) für die Zeit vom 10. September 1938 bis zum 22. November 1944 vor, das die Eingänge der Bilder 17.351 bis 19.855 verzeichnet.

Jörg Schmalfuß

1 HUB UA, Repertorium zum Bestand „Institut für Meereskunde", S. 4.
2 GStA, I.HA Rep. 208c Institut und Museum für Meereskunde, Nr. 2.
3 Ebd.
4 Ebd.
5 Archiv der Humboldt-Universität zu Berlin, Berlin 1976, S. 3.
6 Übergabeprotokoll vom 5. April 1955, BA Potsdam DO 6, Zentrales Staatsarchiv, Nr. 202.
7 Institut für Meereskunde, Behörden- und Bestandsgeschichtliche Einleitung, o.J., ebd., S. 3.
8 Ebd., S.4.
9 HUB UA, Institut für Meereskunde, Nr. 5.
10 Aktennotiz von Abteilungsleiter Kiau betr. Bestände des früheren Meereskunde-Museums Berlin vom 24.4.1965, DHM, Archiv MfDG, Abt. Sammlung, ohne Signatur.
11 Schreiben LAB (STA) vom 2.8.1995.
12 Zitiert nach Kopie in den Dienstakten der Abteilung Schiffahrt, MVT.
13 HUB UA, Institut für Meereskunde, Nr. 37, Bl. 152.
14 von Zahn, Gustav W.: Das Institut für Meereskunde an der Universität Berlin, in: Berliner Akademische Wochenschrift, Nr. 25, 6.5.1907, S. 195f.
15 Schreiben der Oberfinanzdirektion Hamburg an den Bundesschatzminister/Bad Godesberg vom 16.3.1965, wie Anm. 12.
16 Schreiben DHI an Senator für Wissenschaft und Kunst vom 24.6.1966, wie Anm. 12.
17 MVT, Acc. 1991/270.
18 Schreiben TU Berlin an Senator für Wissenschaft und Forschung vom 27.7.1983, wie Anm. 12.
19 Vermerk des Senators für Wissenschaft und Kunst vom 30.9.1968, wie Anm. 12.
20 Vorläufige Bestandsübersicht über museale Exponate des ehemaligen Museums für Meereskunde, die 1963/64 vom Museum für Deutsche Geschichte übernommen wurden, vom 16.10.1968, DHM, Archiv MfDG, Abt. Sammlung, ohne Signatur.

Das Logo des Museums für Meereskunde. (MVT)

Van Yk, Cornelius: De nederlandsche Scheeps-bouw-konst open gestelt. Amsterdam, Hoorn, 1697. (MVT)

DIE BIBLIOTHEK DES INSTITUTS FÜR MEERESKUNDE

Ein wesentlicher Bestandteil des Museums für Meereskunde war seine Bibliothek, die in den 44 Jahren ihres Bestehens in der Georgenstrasse 34-36 einen Umfang von über 40.000 Bänden erreichte. Durch umfangreiche Ankäufe und zahlreiche Spenden konnte hier ein weit über die Landesgrenzen hinaus bekannter und genutzter Bestand gesammelt werden. Von Kriegsschäden weitgehend verschont, doch mehrmals verlagert, existiert die Bibliothek bis auf einen kleinen verschollenen Teil noch heute, wenn auch verteilt auf mehrere Standorte.

Bereits in der Gründungsphase des Museums wurde sie als feste Abteilung miteingeplant. Schon 1897 fanden die ersten Überlegungen über Inhalt, Aufgabe und Umfang der anzulegenden Büchersammlung statt.[1] Im Jahrbuch „Nauticus" aus dem Jahre 1900 wird zum ersten Mal das neue Museum mit seinen Bereichen einer breiten Öffentlichkeit vorgestellt. Zur Abteilung Bibliothek und Kartensammlung ist hier zu lesen: „Die Bibliothek soll eine Sammlung von Büchern, welche sich auf das Seewesen beziehen (Schiffahrt, Schiffbau, Fischerei, Hafenwesen, Seehandelsgeschichte, Seehandel, Seekriegsgeschichte, Seekriegswesen, Seerecht, Seekriegsrecht [sic] ec.) und ferner alle einschlägigen naturwissenschaftlich-mathematischen Werke enthalten." [2]

Sie wurde als reine Präsenzbibliothek mit einem jedem Besucher öffentlich zugänglichen Lesesaal konzipiert. Man begann im Winter 1900 unter der Leitung von Kustos Dr. Paul Dinse mit dem Aufbau der Sammlung. 1902 wurde die Bibliothek für die Studenten der Friedrich-Wilhelms-Universität geöffnet. Der Öffentlichkeit blieb der Zugang bis zur Eröffnung des Museums im Jahre 1906 verschlossen. Die erste Eintragung in das Eingangsbuch der Bibliothek erfolgte am 30.7.1900. Dank einer großzügigen Anschaffungspolitik, gelang es, den Bestand in den folgenden fünf Jahren auf 3473 Bände auszubauen. Durchschnittlich konnten im Jahr zwischen 500-600 Werke neu eingearbeitet werden. Den größten Zuwachs verzeichnet das Eingangsbuch für die Jahre 1919 (1402 Titel) und 1920 (1439 Titel). Zusätzlich erhielt das Museum zahlreiche Buchspenden von privater und öffentlicher Seite, unter anderem von verschiedenen Institutionen aus den Vereinigten Staaten (mit denen man während einer Dienstreise Kontakt aufgenommen hatte), von Fridtjof Nansen und Prinz Albert de Monaco sowie Teile des Nachlasses des ersten Direktors Ferdinand Freiherr von Richthofen.[3] In späteren Jahren nahm der Schriftentausch eigener Publikationen mit anderen Einrichtungen einen nicht unerheblichen Anteil am Gesamtbestand der Bibliothek ein.[4]

Provisorisch untergebracht war die Bibliothek des Instituts für Meereskunde in einer langen, schmalen Galerie im Oberteil eines der beiden Seitenflügel, räumlich getrennt von der Bibliothek des Geographischen Instituts. 1906 konnten nach Fertigstellung des zweiten Obergeschosses des Gebäudes die endgültigen Räume bezogen werden. Zu dieser Zeit waren der alphabetische Katalog auf den aktuellen Stand gebracht und die Arbeiten am systematischen Katalog abgeschlossen. Die Hauptgruppen des mehrfach überarbeiteten systematischen Anordnungsplans der Bibliothek schlüsseln sich wie folgt auf:

- A. Allgemeine literarische Hilfsmittel - Nachschlagewerke, Wörterbücher
- B. Geschichte der Geographie und der Entdeckungen – Geschichte der Kartographie
- Bh. Exakte Hilfswissenschaften
- C. Allgemeine Erdkunde
- D. Meereskunde: Allgemeines
- E. Meereskunde: Morphologie und Hydrographie - Hilfsmittel - Schiffsjournale
- F. Die Meere: Atlantischer Ozean und Nebenmeere (und Inseln)
- G. Die Meere: Indischer und Stiller Ozean, Polargebiete
- Gi. Seen und Moore
- Gf. Flüsse
- H. Marine Biologie
- Hi. Landbiologie
- Hs. Süsswasserbiologie
- J. Fischerei: Gewinnung und Verwertung von Fischen und anderen Produkten des Meeres und der süssen Gewässer
- K. Das Seewesen im Allgemeinen
- L. Allgemeine Schiffahrtskunde
- M. Die Marine im Allgemeinen
- N. Die deutsche Marine
- O. Die Seemacht fremder Nationen
- P. Die Kauffahrtei im Allgemeinen
- Q. Die deutsche Kauffahrtei
- Qa. Kauffahrtei fremder Nationen
- Qb. Wassersport
- Qc. Luftschiffahrt
- R. Verkehrsmittel
- S. Welthandel und Weltverkehr
- t. Länderkunde und regionale Wirtschaftsgeographie
- T. Vermischtes
- Z. Periodische Veröffentlichungen
- Atl. Atlanten

Mit dem Beginn der Luftangriffe auf Berlin bemühten sich die Museumsleitung und die Mitarbeiter um einen Ausweichort für die Objekte und die Bibliothek. Besonders die Unterbringung der Bücher erwies sich als sehr kompliziert. Avisierte Stellplätze waren unter anderem das Forsthaus des Grafen Schaffgotsch in Warmbrunn sowie die Stadt Eisleben. Tatsächlich zog man aber im Winter 1943 mit dem größten Teil des Bibliotheksbestandes in das Kalkbergwerk in Rüdersdorf, in dem bereits die Bibliothek der Deutsch-Chemischen Gesellschaft untergekommen war. Hauptaugenmerk wurde dabei auf die weitere Benutzbarkeit der Bestände gelegt. Die inzwischen von der nautisch-wissenschaftlichen Abteilung des Oberkommandos der Kriegsmarine beschlagnahmte Bibliothek wurde, verpackt in unzähligen 20-kg-Paketen, in sechs eigens hergerichteten und mit Strom versorgten Stollen des Kalkbergwerks untergebracht. Der hohe Stellenwert, den die Bibliothek besonders für das Militär hatte, geht deutlich aus einem Brief des Generalbauinspektors Brückner an das Institut für Meereskunde hervor: „Die Bibliothek des Instituts für Meereskunde an der Universität Berlin ist vor Luftangriffen in einem Kalkstollen am Heinitzsee bei Rüdersdorf/Berlin sichergestellt. Sie ist in ihrer Zusammenstellung wie im Vorhandensein vieler fachwissenschaftlicher Bücher und Zeitschriftenreihen in Europa einmalig und wird gerade während des Krieges von hohen militärischen Stellen und Behörden (Nautisch-wissenschaftliche Abteilung beim Oberkommando der Kriegsmarine, Marineobservatorium Greifswald, Deutsche Seewarte Hamburg, Reichsamt für Wetterdienst usw.) dringend benötigt und muß nutzbar sein ..." [5]

Die Bibliothek verteilte sich zu diesem Zeitpunkt auf drei Orte. In Rüdersdorf befanden sich der Hauptteil der Bibliothek, der alphabetische Katalog, die Kartei der hydrographischen Literatur für die Wasserstraßen (Direktion Potsdam), die Inventarbücher, das Zeitschriftenverzeichnis und die Schriftentauschliste, außerdem die Privatbibliothek des damaligen Direktors Albert Defant sowie Teile der Bibliothek Breitfuss (Arktisches Archiv). Im Berliner Museumsgebäude verblieb in den Kellerräumen eine kleine Handbibliothek.[6]

Mittlerweile hatte der Direktorialassistent Thilo Krumbach die Leitung des Instituts in Vertretung für den nach Wien abgeordneten Direktor Albert Defant übernommen.

Nach Sakrow hatte man den systematischen Katalog und einen kleinen Teil der Bücher verlagert.

Sehr bald jedoch mußte man sich um neue Räumlichkeiten kümmern. Mitte März 1944 wurde die Kugellagerfabrik in Erkner durch Bomben total zerstört und sollte auf Anforderung der Rüstungsinspektion Speer die Rüdersdorfer Kalkstollen belegen. Die Überlegung, dort für das Museum neue Stollen in den Fels zu sprengen, wurde sehr bald verworfen, und so begann die erneute Suche nach geeigneten Stellplätzen. Wieder bemühte man sich, in Greifswald oder Warmbrunn unterzukommen. Wie schwierig es in jenen Tagen war, einen derart großen Bestand konservatorisch vertretbar und benutzbar unterzubringen, läßt eine Urkunde des Instituts vom 9.5.1944 erahnen: „Fräulein Dr. Waltraud Schötz Assistentin am Institut und Museum für Meereskunde an der Universität Berlin wird hiermit beauftragt, auf einer Rundreise durch das mittlere Deutschland nach geeigneten Baulichkeiten - Höhlen, Felsenkellern, Schlössern, Handelsmagazinen oder dgl. - zu suchen, in denen wir unsere Bibliothek oder Teile des Museums unterbringen können ..." Schließlich gelang es, im Hospital der Stadt Wunsiedel sowie in Garderobenräumen der dortigen Luisenbühne und in einer Werkhalle in Sessen im Fichtelgebirge Lagerräume zu bekommen. Per Schiff über Aussig und anschließend mit der Bahn wurde die Bibliothek von Rüdersdorf nach Wunsiedel und Seußen verlagert. Mit dabei: die Seekartensammlung, Schiffsmodelle und diverse andere wertvolle Objekte aus dem Museumsgebäude in Berlin, dessen Ausstellungsräume mittlerweile durch Bombenabwürfe zum Teil zerstört waren. Anfang Oktober 1944 wurde mit dem Aufstellen der Bücher begonnen. Zu diesem Zeitpunkt war ein korrekter Überblick über den gesamten Buchbestand aufgrund der zahlreichen Umzüge bereits nicht mehr möglich. Aus heutiger Sicht betrachtet, mutet es äußerst seltsam an, daß man sich in diesen Kriegstagen detaillierte Gedanken über den Geschäftsgang neu eintreffender Zeitschriftenhefte und Bücher machte. Diese mußten erst in das Berliner Institut geschickt werden, dann nach Wunsiedel weitergeleitet, um dort bis zu ihrer möglichen späteren Inventarisierung unter Verschluß gehalten zu werden. Auch den Schriftentausch hielt man, allerdings beschränkt auf deutsche Tauschpartner, bis zur letzten Publikation des Instituts (1944) aufrecht. Die letzte Eintragung in das Eingangsbuch der Bibliothek fand am 15.11.1944 statt. Der Gesamtbestand der Bibliothek war in den Jahren ihres Bestehens auf ca. 23.000 Werke mit 40.000 Bänden angewachsen.

Im April 1946 wurden die nach Wunsiedel verlagerten Teile der Bibliothek auf Weisung der britischen und amerikanischen Besatzungsbehörden dem Deutschen Hydrographischen Institut in Hamburg (DHI) zur treuhänderischen Verwaltung übergeben.

Ab November 1948 begann man die Bestände zu verteilen. In einem Vertrag vom 26.11.1948 zwischen dem Hydrographischen Institut und der Schulbehörde (Hochschulabteilung) der Hansestadt Hamburg wurde unter anderem festgelegt: „1. Das Deutsche Hydrographische Institut, das von den Besatzungsbehörden mit der Verwaltung der Bibliothek des ehemaligen Instituts für Meereskunde der Universität Berlin beauftragt ist, überläßt mit Genehmigung des Managers des Deutschen Hydrographischen Instituts der Schulbehörde - Hochschulabteilung - als Leihgabe die Abschnitte Wirtschaft, Verkehr und Allgemeine Länderkunde der genannten Bibliothek. 2. Die Hochschulabteilung überträgt die Verwaltung der Bücher dem Wirtschaftsgeographischen Institut der Mathematisch-Naturwissenschaftlichen Fakultät der Universität Hamburg ... 4. Die Bücher, Sonderdrucke und Zeitschriften werden im Wirtschaftsgeographischen Institut aufgestellt, so daß sie auf Abruf jederzeit zurückgegeben werden können." Dieses Institut erhielt insgesamt 2.178 Sonderdrucke, 1.340 Bücher und 3.354 Bände bzw. Hefte von Zeitschriften und Reihen. Der Buchbestand, der alphabetische Katalog und der Anordnungsplan der Bibliothek sind später dem Museum für Verkehr und Technik übergeben worden. In einem zweiten Vertrag vom 16.4.1953 wurde die leihweise Übergabe von 243 Bänden der Polarliteratur an das Institut für Geographie und Wirtschaftsgeographie vereinbart.

Das Institut für Meereskunde der Universität Kiel, das seinen gesamten Buchbestand durch Kriegseinwirkung verloren hatte, lieh am 11.1. und 23.11.1952 aus den Berliner Beständen die Bereiche Marine-, Land- und Süsswasserbiologie, Fischerei sowie Seen und Moore (ca. 35 laufende Meter).

Der Lesesaal im Institut und Museum für Meereskunde. (MVT)

Anfang 1961 ergänzte das DHI, mit Zustimmung des Bundesministers für Verkehr und des Bundesministers für Verteidigung, seine eigenen Bestände an Seehandbüchern aus dem treuhänderischen Bestand. Ein Teil des Bereiches Schiffskunde (ca. 650 Bücher) ging im Oktober 1959 an das Altonaer Museum in Hamburg. Diese wurden 1986 an das MVT übergeben. Im Oktober 1962 erhielt die Marineschule in Flensburg-Mürwik 10.065 Bücher, Broschüren und Zeitschriften aus den Sachgebieten Seekriegsgeschichte, allgemeine Marinefragen, maritime Meteorologie, allgemeine Erdkunde, Geschichte der Geographie, exakte Hilfswissenschaften, Segelsport, allgemeine Schiffahrtskunde und Ozeanographie.

1959 wurde im Einvernehmen mit den Berliner Senatoren für Justiz und für Finanzen der Berliner Rechtsanwalt und Notar Professor Küster als Notvertreter von der Friedrich-Wilhelms-Universität eingesetzt. Er sollte die Rechtsansprüche des Nachfolgers des Instituts und Museums für Meereskunde vertreten und die aktuellen Standorte der Objekte, Bücher und Archivalien recherchieren. Nach seinem Tod übernahm 1963 der Rechtsanwalt und Notar Pattberg diese Aufgabe.[7]

Nachdem die Stiftung Preußischer Kulturbesitz kein Eigentumsrecht an den Buchbeständen geltend gemacht hatte, wurden der verbliebene Rest der „Wunsiedel-Bibliothek" (ca. 6.000 Bände) sowie vier zum Teil beschädigte Schiffsmodelle der „Gesellschaft für die Wiedererrichtung eines Verkehrsmuseums in Berlin e.V." überlassen. Zunächst lagerte die Bibliothek, in Bündeln verpackt, provisorisch in einem von der Verwaltung des ehemaligen Reichsbahnvermögens zur Verfügung gestellten Kellerraum. Später wurden die Bücher in das Museumsgebäude in der Trebbiner Straße verlagert und dort nach den historischen Signaturen aufgestellt.

Das Museum für Verkehr und Technik sieht sich in der Tradition der zahlreichen ehemaligen großen und kleinen technikhistorischen Berliner Institutionen und ist seit seiner Gründung bemüht, noch erhaltene Objekte, Bücher und Archivalien aus den damaligen Häusern zusammenzuführen.

Die Bibliothek des MVT ist im Besitz des kompletten alphabetischen Kataloges der Meereskundebibliothek. Somit ist ein Überblick über den damaligen Gesamtbestand und eine Bewertung der vom Institut verfolgten Sammlungspolitik möglich. Der Hauptanteil der Bücher ist in der Zeit zwischen 1880 und 1930 erschienen. Sehr umfangreich vertreten sind die Bereiche Wirtschaftsgeographie (hier besonders Literatur über die ehemaligen deutschen Kolonien), Meteorologie, Marine, Schiffbau und Expeditionsberichte. Obwohl man von Anfang an bestrebt war, Literatur in möglichst allen wichtigen Sprachen zu sammeln, ließ sich das nur für die Periodika verwirklichen. Gut die Hälfte des Monographienbestandes ist deutschsprachig.

Aus dem bereits erfaßten Berliner Bibliotheksanteil seien stellvertretend einige interessante Titel genannt:

Uggla, G. L.: Anleitung zum Schiffbau, Hamburg, Perthes, Besser & Mauke. 1850.

Duhamel du Monceau, H.L.: Anfangsgründe der Schiffbaukunst oder praktische Abhandlung über den Schiffbau, Berlin, Pauli, 1791.

Edye, John: Calculations relating to the equipment, displacement, etc. of ships and vessels of war, London, Hodgson. 1832.

Bouguer, M.: Traité du navire, de sa construction, et de ses mouvemens, Paris, Jombert. 1746.

Einen großen Prozentsatz der Bibliothek nehmen Zeitschriften, Jahrbücher und Sonderdrucke ein, deren überwiegender Teil im MVT vorhanden ist. Auch hier in Auswahl einige Titel:

Preußisches Handelsarchiv, Berlin, Reimer [u.a.]. 1850-1880. Centralblatt der Bauverwaltung, Berlin, Ernst & Korn, 1881-1943.

Tägliche synoptische Wetterkarten für den Nordatlantischen Ozean und die anliegenden Theile der Kontinente, Kopenhagen [u.a.], Dänisches Meteorologisches Institut [u.a.], 1884-1895.

Die Flotte. Monatsblatt des Deutschen Flotten-Vereins, Berlin, Deutscher Flotten-Verein, 1902- 1919.

Germanischer Lloyd. Verzeichnis der im Jahre ... auf deutschen Schiffswerften, sowie für deutsche Rechnung im Auslande erbauten Schiffe und Fahrzeuge, einschließlich derjenigen, welche sich im Dezember ... noch im Bau befanden, Berlin, 1898-1909.

Der ostasiatische Lloyd. Organ für die deutschen Interessen im fernen Osten, Shanghai, Ostasiatischer Lloyd, 1904-1916.

Der im MVT befindliche Teil der Bibliothek wird mit Einweihung des Erweiterungsbaues für Luftfahrt und Schiffahrt, Historisches Archiv und Bibliothek der Öffentlichkeit zugänglich sein. Zur Zeit werden die Monographien mit Hilfe der EDV neu erfaßt und verschlagwortet. Aufgrund der bewegten Geschichte der Bibliotheksbestände ist der Zustand der Bücher und Zeitschriften zu großen Teilen stark restaurierungsbedürftig. Das MVT hat bereits mit der Restaurierung der wichtigsten Publikationen begonnen. In Zeiten medialer Vernetzung scheint es nicht mehr vorrangig, die Bestände physisch zusammenzuführen. Eine wichtige Aufgabe der nächsten Jahre wird es sein, die Bibliothek mit ihren Standorten, soweit heute noch nachvollziehbar, möglichst lückenlos nachzuweisen und so künftigen Nutzern verfügbar zu machen.

Andreas Curtius

1 Abschrift aus den Akten des Reichs-Marine-Amts: Entwurf zum Immediatvortrag über die Einrichtung eines Marinemuseums zu Berlin. 15.1.1897.

2 Die Begründung eines Instituts für Meereskunde und eines Marinemuseums in Berlin. In: Nauticus. Jahrbuch für Deutschlands Seeinteressen, Berlin, Mittler, 1900, S. 35-40.

3 Bericht über die Sammlungen und Ausstellungen in den Vereinigten Staaten von Amerika welche für die Ausgestaltung des Instituts für Meereskunde und Marinemuseum zu Berlin von Bedeutung sind, Berlin, Greve. 1901.

4 1903 beginnt das Institut für Meereskunde mit der Publikation eingener Schriften. Bis 1944 erscheinen in verschiedenen Reihen ca. 250 Publikationen. Siehe Bibliographie im Anhang.

5 Brief vom 13.1.1944 von Generalbauinspektor Brückner, in dem er die Errichtung einer Baracke als Aufenthaltsraum und zur Benutzung der Bücher fordert.

6 Obwohl der überwiegende Teil der Objekte und die Bibliothek ausgelagert wurden und das Museumsgebäude am 30.1.1944 seinen ersten erheblichen Bombenschaden erlitt, verblieb die Verwaltung und somit die offizielle Adresse in Berlin.

7 Auf die Verhandlungen, betreffend den Austausch von kriegsverlagerten Kulturgütern zwischen der BRD und der DDR ab Mitte der achtziger Jahre, wird im Beitrag „Auslagern, Einlagern, Verlagern" eingegangen.

Arbeitszimmer der Bibliothek. (MVT)

Die Teilnehmer an der Vorexpedition mit A. Merz (vordere Reihe, 4.v.l.) und F.Spieß (vordere Reihe, 6. v.l.). (MVT)

FORSCHUNGSAKTIVITÄTEN DES INSTITUTS FÜR MEERESKUNDE IN BERLIN

Bei Gründung des Instituts für Meereskunde stand die Forschung nicht im Vordergrund, sondern es ging vorrangig um die Errichtung eines Museums zum Thema „Deutschland zur See" sowie um die Lehre - „Kunde", wie es damals hieß - über alle meeresbezogenen Bereiche, insbesondere auch über die „volkswirtschaftlich-historische Wissenschaft des Meeres... die Benutzung des Meeres und seiner Küsten durch den Menschen für Schiffahrt, Handel, Verkehr, Landesvertheidigung, Machtausbreitung und Erwerb nutzbarer Erzeugnisse." [1]

Der Gründungsdirektor, Ferdinand von Richthofen, setzte jedoch bereits mit Heft 1 und 2 der neuen Reihe „Veröffentlichungen des Instituts für Meereskunde und des Geographischen Instituts"[2] ein deutliches Signal für die Forschung, indem er sie der Deutschen Südpolar-Expedition 1901-1903 unter Erich von Drygalski widmete. Drygalski war Schüler von Richthofen und Abteilungsvorsteher der geographisch-naturwissenschaftlichen Abteilung des Instituts. Er folgte 1906 einem Ruf nach München, von wo aus er die Herausgabe des 20bändigen Expeditionswerks betreute. Eine eingehende Würdigung seiner Leistung für die Polarforschung hat C. Lüdecke 1995 [3] unternommen.

War die von Drygalski geleitete Expedition in die Antarktis schon vor Gründung des Instituts auf Initiative geographischer Gesellschaften und anderer Kreise in Deutschland beschlossen worden und somit nicht ein Produkt der Forschungsaktivität des Instituts, geht auf seinen Nachfolger Alfred Grund die erste Initiative zu einem systematischen Forschungsansatz des Instituts zurück. Grund hatte zuvor nichts mit Meeresforschung zu tun gehabt. Er eignete sich jedoch die Methoden ozeanographischer Forschung an und erwarb praktische Erfahrungen vor Norwegen während eines Sommerkurses in Bergen. 1909 schlug er der Biologischen Anstalt auf Helgoland gemeinsame systematische Untersuchungen auf den Feuerschiffen BORKUMRIFF, NORDERNEY, WESER, ELBE I und AMRUMBANK vor. Temperatur, Salzgehalt, Strömung, Planktongehalt sowie Fischeier und -larven sollten im Jahreszyklus verfolgt werden. Dabei sollten möglichst gleichzeitig auf den Feuerschiffen jeweils 24stündige, gezeitenübergreifende Messungen vorgenommen werden. Noch bevor dieser Vorschlag umgesetzt wurde, verließ Grund Berlin, um einem Ruf nach Prag zu folgen. Sein Nachfolger Alfred Merz – der bereits mit vergeichbaren methodischen Ansätzen bei Untersuchungen in der Adria hervorgetreten war – begann, die Kooperation mit Helgoland zu praktizieren. Erste gemeinsame Ergebnisse wurden im Rahmen einer Doktorarbeit [4] veröffentlicht, der ersten seit Bestehen des Instituts. Die Beziehung zur Biologischen Anstalt Helgoland entwickelte sich jedoch nicht wie erhofft. Helgoland befürchtete – und das nicht unbegründet –, zu einer Außenstation Berlins degradiert zu werden, was durch hinhaltendes Verhandeln erfolgreich abgewehrt wurde.[5]

Merz dehnte die Untersuchungen auf die gesamte Nordsee (Mitfahrten auf dem Fischereischutzboot ZIETEN) und auf die westliche Ostsee (Feuerschiff FEHMARNBELT) aus. Dies erregte das Interesse des Reichsmarineamts in Berlin, das anfragte, ob bei derartigen Arbeiten auch Wünsche der Kaiserlichen Marine in Betracht gezogen werden könnten. In seiner Antwort formulierte das Institut seine generelle zukünftige Forschungsausrichtung.[6] Zunächst wurde in Abgrenzung zu den Aufgaben der bereits existierenden Einrichtungen (Deutsche Seewarte in Hamburg, Kaiserliches Observatorium in Wilhelmshaven, Biologische Anstalt Helgoland, Kommission zur Erforschung der Deutschen Meere in Kiel) festgestellt, daß es in Berlin bei der Meeresforschung um der Forschung selbst willen ging - also um Grundlagenforschung im heutigen Sprachgebrauch. Im einzelnen wurden die zeitlichen Veränderungen in der Beschaffenheit der Meere an festgelegten Orten, Wasserhaushalt des Ozeans (z.B. über Verdunstungsmessungen auf deutschen Handelsschiffen), Wellen des Meeres sowie Formen der ozeanischen Räume und Küsten benannt. Auf Grund enger Kontakte zur Zoologischen Station der Kaiser-Wilhelm-Gesellschaft in Rovigno/Istrien sollte auch mit biologischen Forschungen begonnen werden, nämlich über die Beziehungen zwischen „Lebensraum und Lebenserfüllung". Hätte es damals schon den Begriff der Meeresökologie gegeben, wäre er hier sicherlich gefallen.

Der Ausbruch des Ersten Weltkrieges stoppte diese „zweckfreie" Forschung. Das Berliner Institut hatte jetzt ganz konkrete Aufgaben zu erfüllen: „Im Auftrag des Reichs-Marine-Amtes hat er (Merz) zunächst Untersuchungen über das Fortschreiten und über die Hubhöhen der Gezeitenwellen in den nordwesteuropäischen Meeren ausgeführt. Hatten unsere Minenkommandos der Nordsee schon auf die Ergebnisse der Feuerschiffsuntersuchungen Wert gelegt und aus den ermittelten Strömungsverhältnissen im Krieg wichtige Schlüsse für ihr Verhalten gegenüber den englischen ‚Torpedominen', die in unsere Flußmündungen eindringen sollten, ziehen können, so wurde es erst durch diese Merzsche Untersuchungen möglich, zuverläßliche Wasserstandserrechnungskarten, ein für das Minenwesen und die U-Bootnavigation unentbehrliches Hilfsmittel, zu schaffen." [7]

Merz schrieb Artikel über die Nord- und Ostsee sowie über das Mittelmeer als Kriegsschauplatz und führte auf Bitten der türkischen Regierung Untersuchungen über die hydrographischen Verhältnisse im Bosporus und in den Dardanellen durch, um das Auslegen von Minen gegen das Eindringen von Unterseebooten zu optimieren.[8]

Verbunden mit dem Ausgang des Ersten Weltkrieges erhielt das Berliner Institut eine einmalige Chance, seine auf

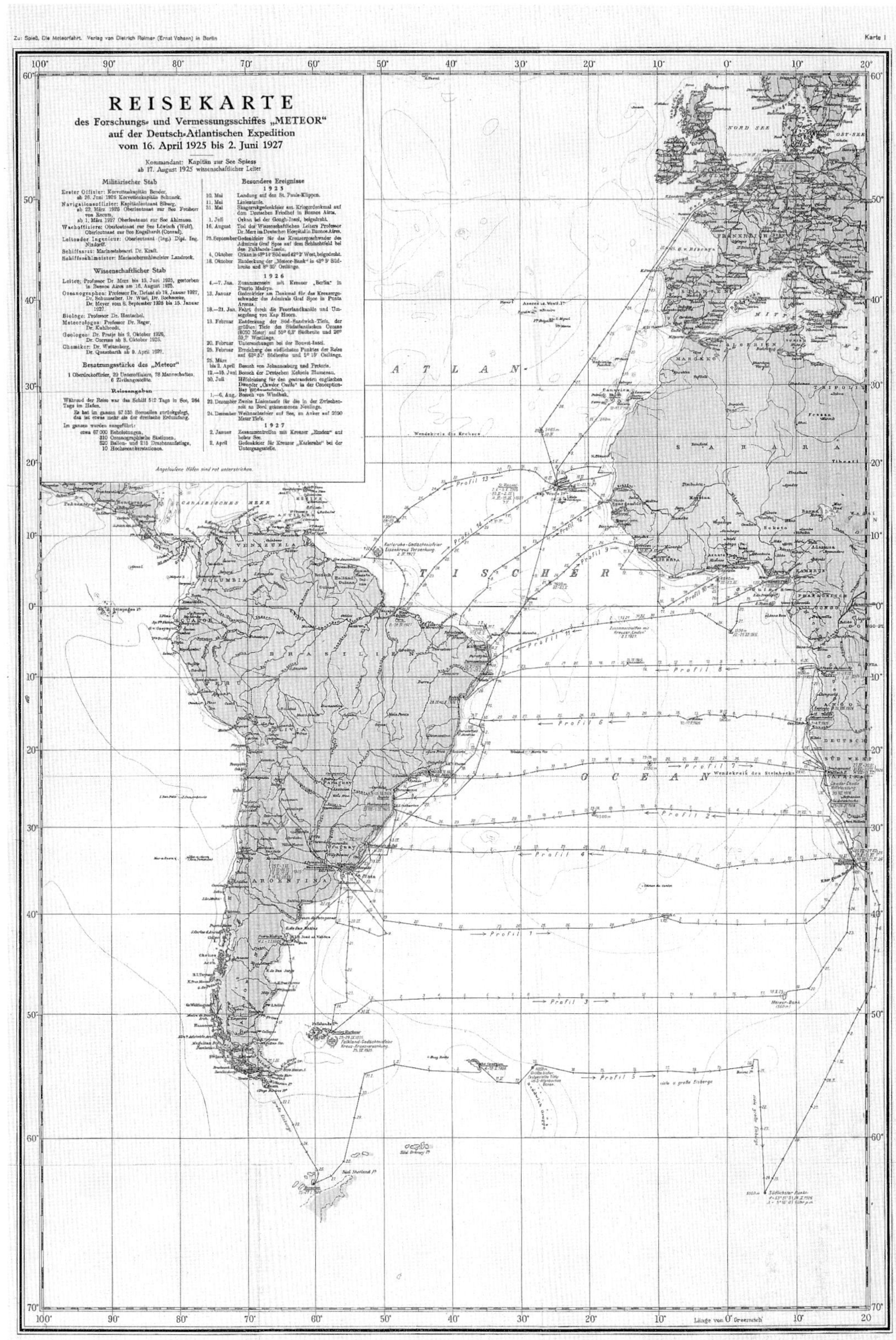

Reisekarte des Forschungs- und Vermessungsschiffes METEOR. (MVT)

das Weltmeer ausgerichteten Forschungsinteressen zu realisieren. Als nach dem Tode des Gründungsdirektors von Richthofen die Leitung des Instituts 1906 in die Hände von Albrecht Penck gelegt wurde, war von der ihn einstellenden Preußischen Unterrichtsbehörde der Wunsch geäußert worden, daß er in seiner Amtsperiode eine größere ozeanische Expedition durchführen sollte. Jetzt suchte die Reichsmarine einen Anlaß, so schnell wie möglich wieder ihre Flagge auf dem Weltmeer zeigen zu können - z.B. im Rahmen einer Expedition mit einer zivilen Zielsetzung. Penck, der selber keine ozeanographischen Forschungsambitionen hatte, delegierte diesen „Auftrag" an seinen Abteilungsvorstand Alfred Merz, der sich sogleich daran machte, zur Vorbereitung eines Forschungsprogrammes alle verfügbaren Meßdaten aus dem Weltozean zusammenzutragen, wobei ihm sein Assistent Georg Wüst half. 1922 präsentierte Merz, dem Penck die Leitung des Instituts übergeben hatte, um ihn in Berlin zu halten, die Daten und ihre Analyse in einem Vortrag über die ozeanische Zirkulation auf der Jahrhundertfeier der deutschen Naturforscher und Ärzte in Leipzig. Er schlug eine vierjährige Expedition in den Pazifischen Ozean vor, weil dieser bis dahin am wenigsten erforscht war.

Die wirtschaftliche Rezession in Deutschland ließ solche Pläne jedoch nicht zu, und stattdessen wurde eine stark reduzierte Variante für den Südatlantik gewählt. Merz zeigte sich flexibel und entwarf dafür ein Programm zur Vermessung der Zirkulation von 20° N bis zur antarktischen Eisgrenze. Dieses Muster gab der Reichsmarine, die das Schiff stellte, vielfach Gelegenheit, Häfen an den Küsten von Südamerika und Südafrika zu besuchen, wo teilweise sehr viele Deutsche lebten. Die METEOR [9] war ein im Krieg nicht mehr vollendeter Kanonenbootsneubau, der durch die Argumentation, daraus ein Vermessungs- und Forschungsschiff zu machen, aus dem Kriegsschiff-Verschrottungsprogramm des Versailler Vertrages herausgenommen worden war. Die Deutsche Bank spendete 100.000 Reichsmark für die wissenschaftliche Ausrüstung,

Die METEOR nach dem Umbau. (MVT)

und die Notgemeinschaft der Deutschen Wissenschaft finanzierte das zweijährige Unternehmen, das die Deutsche Südatlantische Expedition genannt wurde. Später sprach man von der METEOR-Expedition 1925-1927.

Trotz seiner angeschlagenen Gesundheit wollte Merz selbst Expeditionsleiter sein. Kurz nach der Ausfahrt von Buenos Aires zum ersten Querschnitt über den Südatlantik erkrankte er an Lungenentzündung, so daß die Expedition unterbrochen werden mußte, um ihn nach Buenos Aires zurückzubringen. Er starb dort im deutschen Krankenhaus am 16. 8. 1925, während die Expedition unter der wissenschaftlichen Leitung des Ozeanographen Wüst und unter der Gesamtleitung des Kapitäns Fritz Spieß fortgeführt wurde. Spieß hatte es nicht nur verstanden, im Laufe der zweijährigen Expedition allen individuellen Wünschen der Beteiligten Rechnung zu tragen, sondern auch für eine allgemein verständliche Vermittlung des Forschungsvorhaben zu sorgen.[10] Auch wenn Merz nicht an der Durchführung der Expedition und an der Auswertung der Ergebnisse teilhaben konnte, geht der Erfolg dieses Unternehmens überwiegend auf seine bis ins letzte Detail gehende Planung zurück.

Alfred Merz. (MVT)

Auf der Basis des engmaschigen Netzes der Meßstationen konnten nicht nur das dreidimensionale Feld der Meeresströmung erfaßt, sondern zusätzlich auch Probleme des gesamten Wasser- und Wärmehaushalts, der Chemie, der Biologie und der Geologie geklärt werden. Mit diesen Aufgaben waren auch Wissenschaftler von anderen Universitäten (Hamburg, Königsberg) und staatlichen Einrichtungen (Deutsche Seewarte, Hamburg; Geologische Landesanstalt, Berlin; Kaiser-Wilhelm-Institut für physikalische und Elektrophysik, Berlin-Dahlem; Aeronautisches Observatorium, Lindenberg) betraut. Das Schiffspersonal unterstützte die Probennahme der Wissenschaftler in vielfältiger Weise, die fast alle nur über wenige oder gar keine Erfahrungen auf See verfügten. Dies klingt aus heutiger Sicht befremdlich, war damals jedoch häufig der Fall. Erstens waren die Gelegenheiten dafür nur selten vorhanden, da Preußen nur den Reichsforschungsdampfer Poseidon für fischereibiologische Untersuchungen unterhielt. Zweitens dauerten die Expeditionen so lange, daß genügend Zeit blieb für die Eingewöhnung. Im Fall der METEOR-Expedition wurde allerdings eine Vorexpedition durchgeführt, die jedoch mehr der Erprobung des Schiffes und der wissenschaftlichen Einrichtungen als der Schulung der Wissenschaftler diente.

Die letzte Abbildung zeigt beispielhaft, wie detailliert die Probennahme auf den 14 Querschnitten durch den Südatlantik erfolgte. Eine Systematik in diesem Ausmaß hatte es bis dahin nicht gegeben. Sie fand in Wissenschaftlerkreisen international besondere Beachtung und begründete die Phase der systematischen Erforschung der Meere.[11]

Die Ergebnisse der METEOR-Expedition sind in zahlreichen Bänden niedergelegt, um deren möglichst vollständige Herausgabe sich der Nachfolger von Merz, der österreichische Geophysiker Albert Defant, besonders bemühte. Defant hatte selber nur in der Schlußphase an der Expedition teilgenommen hatte. Bis in die 1960er Jahre wurden noch einzelne Nachträge veröffentlicht. Die wichtigsten Beiträge von Wüst und Defant über die Schichtung des Meeres wurden später auch ins Englische übersetzt. Da die ozeanische Wasserhülle denselben physikalischen Gesetzen unterliegt wie die atmosphärische Lufthülle, übertrugen Defant und Wüst auch die Begriffe der Meteorologie auf die Ozeanographie. Sie sprachen z.B. von der „Troposphäre", der obersten, wärmeren Schicht.

In den anschließenden Jahren nach der Südatlantik-Expedition bis zum Beginn des Zweiten Weltkrieges versuchte das Berliner Institut auch den Nordatlantik in der bewährten systematischen Weise zu vermessen und schlug dafür eine Deutsche Nordatlantische Expedition vor. Deren Realisierung gelang jedoch nur teilweise, weil die METEOR zunehmend für kriegsvorbereitende Untersuchungen in Anspruch genommen wurde.[12] Deshalb suchte Defant nach Alternativen und fand sie in der international vorgeschlagenen Golfstrom-Expedition, an der sich das Berliner Institut 1938 mit dem gecharterten Handelsschiff ALTAIR beteiligte. Die herausragende Forschungsleistung lag in den Strömungsmessungen in großen Tiefen, wofür das Schiff in der Tiefsee verankert werden mußte - ein Verfahren, das bereits während der METEOR-Expedition 1925-1927 erprobt worden war.

Defant komprimierte die deutschen und internationalen ozeanographischen Forschungsergebnisse zu einem zweibändigen Handbuch mit dem Titel „Dynamical Oceanography". Es machte ihn so berühmt, daß er nach dem Zweiten Weltkrieg für die Leitung des damals weltweit wohl bedeutendsten Meeresforschungsinstituts in San Diego, Kalifornien vorgeschlagen wurde. Die Berufung scheiterte jedoch an seinen fehlenden englischen Sprachkenntnissen; das Handbuch hatten amerikanische Kollegen für ihn übersetzt.

1946 wurde das weitgehend zerstörte Institut und Museum für Meereskunde in Berlin für den Besucherverkehr geschlossen. Eine Weiterführung der Berliner Tradition beanspruchten anschließend das Institut für Meereskunde in Kiel [13] wie auch das Institut für Meereskunde in Warnemünde.[14]

Walter Lenz

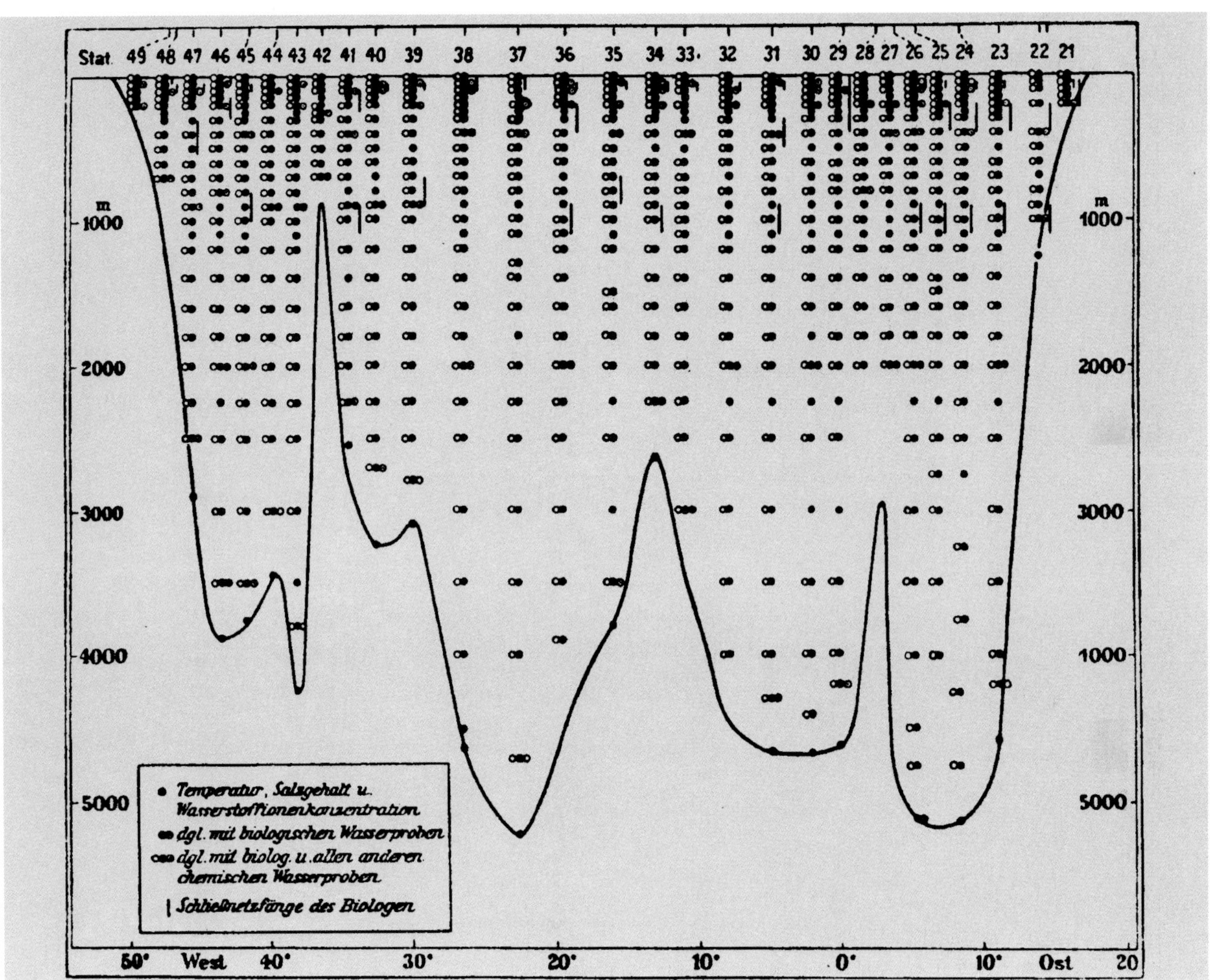

Die Arbeiten der METEOR auf Profil II. (MVT)

1 Denkschrift über die Begründung und Ausgestaltung des Instituts und Museums für Meereskunde zu Berlin, Berlin 1901, S. 5.
2 Richthofen leitete beide Institute in Personalunion.
3 Lüdecke, C.: Die deutsche Polarforschung seit der Jahrhundertwende und der Einfluß Erich von Drygalskis, in: Ber. Polarforsch., Nr. 158, 1995.
4 Wendicke, F.: Hydrographische und biologische Untersuchungen auf den deutschen Feuerschiffen der Nordsee, 1910/11. Veröff. Inst. Meeresk. Univ. Berlin, (A) 3, 1913, S. 1-123.
5 Lenz, W.: On the relation between the Institut für Meereskunde in Berlin and the Biologische Anstalt Helgoland, in: Helgoländer Meeresunters. 49, 1995, S. 121-124.
6 Penck, A.: Brief vom 8.6.1914 an den Staatssekretär des Reichs-Marine-Amts. HUB UA, Institut für Meereskunde, Nr. 152 (Meereskundliche Untersuchungen und Expeditionen).
7 Stahlberg, W.: Das Institut und Museum für Meereskunde an der Friedrich Wilhelms-Universität in Berlin, Berlin 1929, S. 14.
8 Lenz, W.: German marine research in the Atlantic Ocean between World War I and II. Dt. hydrogr. Z. Erg.-H. B, Nr. 22, 1990, S. 114-121.
9 Damals sagte man noch der Meteor.
10 Spieß, F.: Die Meteor-Fahrt: Forschungen und Erlebnisse der Deutschen Atlantischen Expedition 1925-1927, Berlin 1928.
11 Wüst, G.: The major deep-sea expeditions and research vessels 1873-1960. Progress in Oceanography, Vol. 2, 1964, S. 3-52. Und Emery, W.J.: The Meteor Expedition, an ocean survey. In Oceanography, The Past (ed. M. Sears & D. Merriman). New York - Heidelberg - Berlin 1980, S. 690-702.
12 Lenz, wie Anm. 8.
13 Krauß, W.: The Institute of Marine Research in Kiel. Dt. hydrogr. Z. Erg.-H. B., Nr. 22, 1990, S. 131-140.
14 Brosin, H.-J.: Vom Institut für Meereskunde Berlin zum Institut für Meereskunde Warnemünde. Historisch-Meereskundliches Jahrbuch, Stralsund 1995, S. 3. (Im Druck)

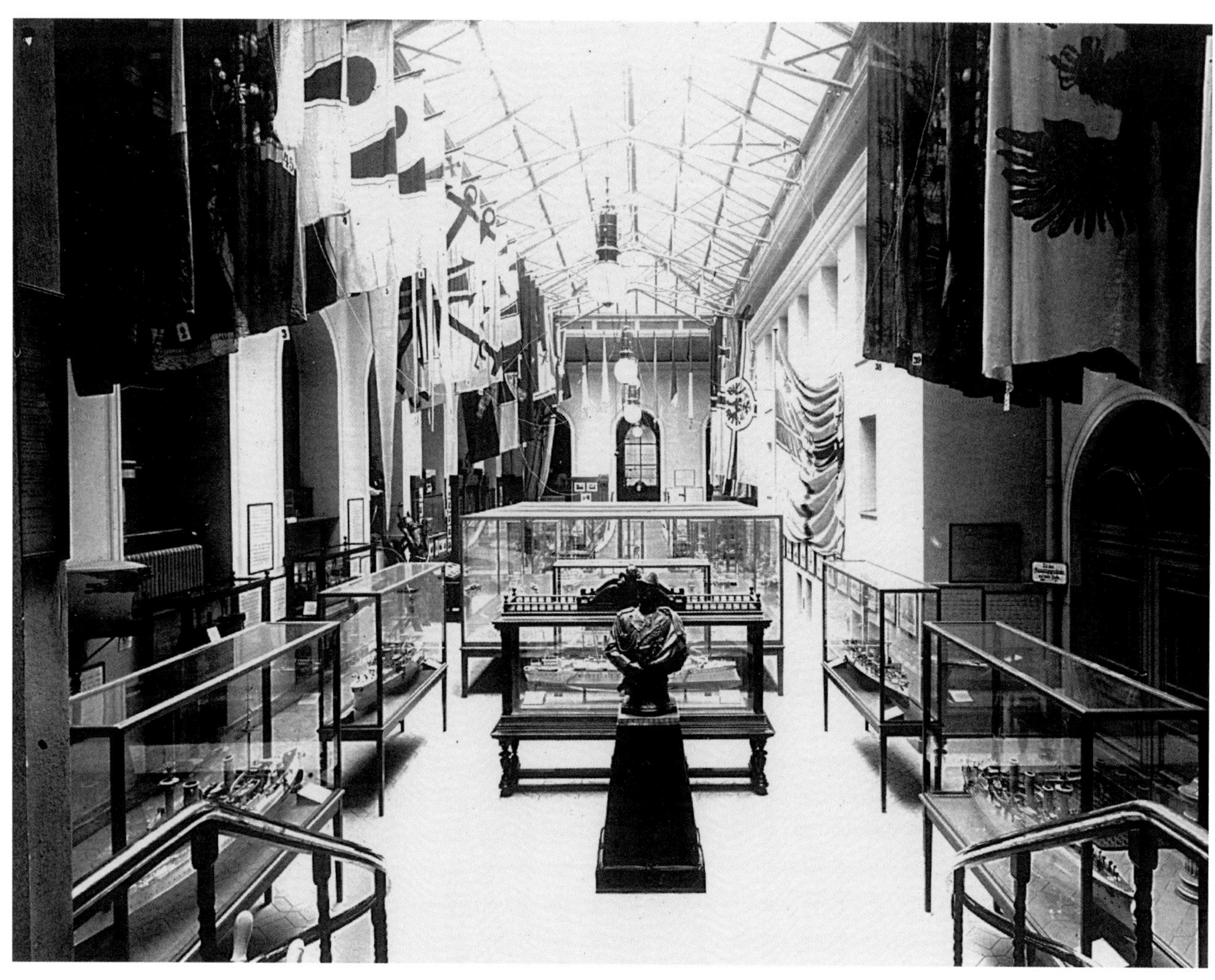

Lichthof der Reichs-Marine-Sammlung, Originalaufnahme um 1939. (MHM Dresden)

DIE MARINESAMMLUNG DES MILITÄRHISTORISCHEN MUSEUMS

Eine chronologische Dokumentation

Die Marinesammlung des Militärhistorischen Museums der Bundeswehr Dresden (MHM) ist aus der Reichs-Marine-Sammlung des Museums für Meereskunde/Museum der Kriegsmarine Berlin hervorgegangen. Eine Geschichte der Marinemuseen in Deutschland wie auch die Geschichte der Reichs-Marine-Sammlung ist noch nicht geschrieben worden. Die vorhandenen Materialien, d. h. die bekannten Archivalien, ihre Überlieferungsdichte sowie die durch Kriegsverluste und die Nachkriegswirren stark dezimierten Exponatbestände ließen einen umfassenden Überblick bisher nicht zu.

Erfolgte Nachforschungen machten noch zu viele graue Zonen sichtbar. Um bei der Bearbeitung der musealen maritimen Bestände am Militärhistorischen Museum voranzukommen und insbesondere auch Verluste an Altbeständen aufzuklären, galt es, diesem Mangel zunächst durch eine Zusammenstellung aller einschlägigen Erkenntnisse abzuhelfen.

Die hier vorgestellte Sammlung von Daten, Fakten und Erinnerungen und deren Zusammenfassung in der chronologischen Dokumentation ist der Versuch, Zusammenhänge der marinegeschichtlichen Sammlungsbewegung zu fixieren. Für die Chronik wurden zunächst vorwiegend Fachliteratur wie auch Zeitungs- und Zeitschriftenaufsätze ausgewertet. Hervorgehobenes Interesse fand dabei der „BRANDTAUCHER" Wilhelm Bauers. Bei Auszügen aus Beiträgen wurde die Wortstellung deshalb auch möglichst unverändert gelassen, um somit das Werden und Wachsen der Marinesammlung besser rekonstruierbar machen zu können. Dank der Sachkenntnis namhafter Marinehistoriker wurde es so möglich, manches im Dunkeln liegende Detail zu erhellen.

Die Skizzierung von Eckdaten des Marinemuseumswesens sollte zugleich eine bessere Einordnung der noch verbliebenen Reste der ehemaligen Reichs-Marine-Sammlung und späterer Neuerwerbungen ermöglichen.

Die Fortführung der Zeittafel bis auf unsere Tage soll verdeutlichen: Die vor 90 Jahren mit der Reichs-Marine-Sammlung zugrunde gelegten Konzepte der Sammlung, musealen Darstellung und wissenschaftlichen Nutzung des maritimen Materials finden heute im Militärhistorischen Museum der Bundeswehr eine würdige Fortsetzung. Die Mitarbeiter zeigen sich bemüht, den Fonds zu mehren und zu bewahren. Sie hegen so auch die Hoffnung, daß es gelingt, verlorengegangene Altbestände der ehemaligen Reichs-Marine-Sammlung/ Museum der Kriegsmarine noch ausfindig machen zu können und diese für künftige Ausstellungsvorhaben im erweiterten Militärhistorischen Museum erschließen zu können. Die Ermittlung der Verluste und ihre Zusammenfassung in Verlustlisten sollte ein Anliegen aller Freunde der ehemaligen Reichs-Marine-Sammlung sein, denn es ist nicht auszuschließen, daß sich Teile der Sammlung in Privatbesitz befinden, u. U. ins Ausland verbracht wurden oder dort unrechtmäßig zurückgehalten werden.

Ab Mitte des 19. Jh. entstanden in verschiedenen Ländern zunehmend mehr spezielle Armee- und Marinemuseen als eine Untergruppe von Geschichts- oder Technikmuseen. Große seefahrende Nationen wie England, Frankreich, die Niederlande und Rußland schufen sich in mehr oder weniger geeigneten Räumen - z. T. als Abteilungen der Nationalmuseen - Sammlungen und Ausstellungen zur Marinegeschichte. Sie dienten der Sammlung und Bewahrung des gesamten Erbes der Marinegeschichte, das in Ausstellungen zur Belehrung und Erbauung der Besucher und zur Förderung der Seeinteressen des jeweiligen Landes dargeboten wurde.

Während in den deutschen Staaten in Berlin, München, Dresden, Stuttgart u. a. bis Ende des 19. Jh. Armeemuseen entstanden, wurden die maritimen Sachzeugen sehr verstreut gesammelt und nur in kleinen Räumen und kaum öffentlich, z. B. in der Marineakademie Kiel, präsentiert.

1850 Der in die Schleswig-Holsteinische Armee Ende Januar übergetretene bayerische Artillerie-Uffz. Wilhelm Bauer reichte dem Departement des Krieges Pläne für einen Brand-Tauch-Apparat, einen submarinen Apparat, ein. Die Pläne wurden geprüft und genehmigt und mit Mitteln der Armee ein Modell finanziert. Noch im gleichen Jahr begann bei der

Der BRANDTAUCHER im Museum für Meereskunde, Originalaufnahme um 1939. (MHM Dresden)

Hollerschen Carlshütte in Rendsburg und danach bei Schweffel und Howaldt in Kiel der Bau eines „BRANDTAUCHERS", wie er später kurz genannt wurde, mit Subskriptionsmitteln und 3.000 Mark aus der Staatskasse. Der „Brander" wurde durch freiwillige Beiträge der Schleswig-Holsteinischen Armee - jeder Soldat gab eine Tageslöhnung –, mit Unterstützung der Marine und durch Spenden mehrerer Privatleute fertiggebaut. Da die Geldmittel nicht in der erwarteten Höhe flossen, wurden Materialeinsparungen notwendig, die die Festigkeit und Manövrierfähigkeit des Rumpfes beeinträchtigten.[1] Geplant war der „BRANDTAUCHER" als „unterseeisches Zerstörungsmittel". Damit wurde das erste deutsche Unterseeboot geschaffen, heute ein Spitzenexponat im Militärhistorischen Museum der Bundeswehr Dresden

Der englische Marineschriftsteller Burgoyne schrieb, „Deutschland" könne „mit Recht stolz darauf sein, einen Mann hervorgebracht zu haben, der zur Lösung des Problems der unterseeischen Schiffahrt mehr beigetragen hat, als irgend ein anderer Erfinder." [2]

Am 18. Dezember wurde das Tauchboot zu Wasser gelassen und am gleichen Tage nahm Bauer eine Erprobung ohne Tauchversuch vor. Das Schiff erwies sich trotz Treibeis als steuerbar.

1851 Am 1. Februar 1851 begann der erste Tauchversuch Bauers mit dem „BRANDTAUCHER". Das Boot sank bei diesem Versuch im Kieler Hafen. Am 15. Februar übernahm die Schleswig-Holsteinische Marine-Kommission den „BRANDTAUCHER".

Versuche, das Tauchboot zu heben, scheiterten aus Mangel an geeigneten technischen Mitteln.

1855 Am 27. 5. führte Bauer mit dem Unterwasserschiff „SEETEUFEL", das er unter Protektion des russischen Großfürsten Konstantin erbaut hatte, im Kriegshafen von Kronstadt erfolgreich Tauch- und Bewegungsmanöver durch. Da das Projekt seine Bewährung voll bestand, wurde Wilhelm Bauer zum Kaiserlich Russischen Submarine-Ingenieur mit dem Range eines Majors ernannt.

1856 Anläßlich der Krönung Zar Alexanders II. am 7. 9. stiegen vier Musiker an Bord des „SEETEUFEL" und intonierten in 12 Meter Tiefe die Zarenhymne.

1857 Auf der 134. Übungsfahrt sank der „SEETEUFEL". Die Ursache war eine Grundberührung im Verbund mit falschem Verhalten im Havariefall.

1872 Auf Anregung des Chefs der Admiralität, von Stosch, erging im März 1872 die Anordnung Kaiser Wilhelms I., in Kiel eine Marineakademie einzurichten. Die Akademie nahm im Oktober des Jahres die Tätigkeit in der Marineschule auf.

1875 Am 20. Juni verstarb Wilhelm Bauer (geb. am 23. 12. 1822 als Sohn eines Korporals und späteren Wachtmeisters zu Dillingen/Donau) in München und wurde auf dem Nördlichen Friedhof begraben.

1887 Am 5. Juli 1887 wurde vom Grunde des Kieler Hafens mit Hilfe eines Schwimmkranes das Wrack des Bauerschen Tauchbootes geborgen und in einer Helling der Kaiserlichen Werft untergebracht. Über das gehobene Boot sollte die in München wohnende Witwe W. Bauers verfügen.(Man hatte vergessen, daß die Schleswig-Holsteinische Marine das Boot am 15. Februar 1851 übernommen hatte.)

Bauers Witwe wandte sich an den bayerischen Prinzregenten Luitpold mit der Bitte um Hilfe. Sie bat u. a., das Schiff mit Modellen Bauers zu vereinigen, dafür ein Museum zu stiften und damit das Schiff in Staatseigentum zu überführen. Statt der Eisenlast, mit der sie nichts anzufangen wußte, bat sie um eine bescheidene Pension. Gegen Versuche von Spekulanten, das Boot für ein Taschengeld zu erwerben und es als Schaustück in aller Welt herumzufahren, hatte sie sich gewandt.

1888 Am 29. Februar drängte die Kaiserliche Werft in Kiel auf baldigen Versand des Bootes. Inzwischen hatte man auch dem Kgl. Bayerischen Kriegsministerium eine Übernahme des „BRANDTAUCHERS" in das Bayerische Armeemuseum vorgeschlagen. Mit Bedauern lehnte dieses am 26.4.1888 ab, da die erforderlichen Geldmittel nicht vorhanden waren.[3]

1890 Der „BRANDTAUCHER" wurde auf der Nordwestdeutschen Marine-, Handels- und Kunstausstellung in Bremen gezeigt und dann einige Jahre im Garten der Marineakademie in Kiel aufgestellt. Die Marineakademie hatte im Oktober 1888 feierlich ihren Neubau am Düsternbrooker Weg in Kiel bezogen.

1897 Bereits im Winter des Jahres 1897/98 gab eine Marine-Modellausstellung Veranlassung zu dem Gedanken, eine ständige Ausstellung solcher Art, eine Art Marine-Museum, in Erwägung zu ziehen.[4]

1898 Der Direktor des Geographischen Instituts an der Kgl. Friedrich-Wilhelms-Universität Berlin, Prof. Dr. Freiherr von Richthofen, und der außerordentliche Universitätsprofessor Dr. von Halle entwarfen in Zusammenarbeit mit dem Kgl. Preußischen Ministerium der geistlichen, Unterrichts- und Medizinalangelegenheiten 1898 einen Plan zur Errichtung eines „Ozeanischen Instituts einschließlich einer Sammlung von Anschauungsmitteln" und zwar ursprünglich zur Angliederung an die Universität Kiel, da dort bereits die Marine-Akademie der Kaiserlichen Marine bestand.

Die Kaiserliche Marine trug sich unter Leitung des Konteradmirals von Tirpitz mit dem Gedanken der Errichtung eines „Marinemuseums mit angeschlossenem Institut für Seewissenschaft."

Kaiser Wilhelm II. veranlaßte das Reichsmarineamt gemeinsam mit dem Kgl. Preußischen Kultusministerium zur Ausarbeitung eines Entwurfs für ein solches Museum und Institut „zur besseren Unterweisung breiter Schichten des deutschen Volkes über die mit dem Seewesen zusammenhängenden Fragen."

Dieser Entwurf fand die Billigung des Kaisers, womit die Voraussetzungen für die Realisierung gegeben waren, und zwar in Berlin. Finanziell wurden die entstehenden Kosten in die Etats beider Behörden aufgenommen. Für die Oberaufsicht wurde ein Kuratorium gebildet, bestehend aus je einem Vertreter des Ministeriums und des Reichsmarineamtes, ferner aus dem Direktor des Geographischen Instituts.

1899 In der Zeitschrift „Überall" wurde das in den Räumen der Marine-Akademie Kiel befindliche Marine-Museum in Wort und Bild vorgestellt und festgestellt, daß „viel zu kleine Räume für Modelle aller unserer früheren und jetzigen Kriegsschiffe, alter und neuer Geschütze, Hafenanlagen, Montierungsstücke usw. vorhanden sind."

1900/01 Die Wissenschaftler Prof. Dr. Freiherr von Richthofen, Prof.Ernst von Halle, Dr. W. Meinardus und Dr. Dinse, die mit der Einrichtung des Museums befaßt waren, besuchten zu Studienzwecken die Marinemuseen Frankreichs, Englands und Hollands. In ihrem Bericht hieß es stichpunktartig: Das französische Marinemuseum im Louvre besteht aus sechszehn Sälen mit etwa 1800 m^2 Fläche. Die Sammlung bot eine historische Schaustellung der französischen Kriegsmarine, in besonderer Berücksichtigung der Periode 1690-1855 ... Anders wirkten auf den Besucher die Marinesammlungen des meerumbrandeten England. Nicht weniger als 132 Gemälde zeigte die Painted Hall des Greenwich-Hospitals. Hervorgegangen aus dem Invalidenhaus für Seeleute, war die Painted Hall eine Ruhmeshalle der englischen Marine geworden. Ein besonderer Saal war fast nur mit Erinnerungsstücken von Englands größtem Seehelden, Admiral Nelson, angefüllt. Es wurden in England weitere Museen besucht und in Holland vor allem das Rijksmuseum in Amsterdam.

1901 Die Beteiligung der Kaiserlichen Marine an dem künftigen Museum regelte eine Allerhöchste Kabinettsorder vom 21.12.1901. Die Kaiserliche Marine hatte das gesamte nicht für Lehrzwecke in ihren Bildungsanstalten und in der deutschen Seewarte erforderliche Material dorthin abzugeben. Im Museum selbst wurde für diese Exponate eine besondere Reichs-Marine-Sammlung gebildet.

Hinsichtlich der Kriegsschiffe der Kaiserlichen Marine hatte Kaiser Wilhelm II. angeordnet, von jeder neuen Schiffsklasse ein Modell für das Museum für Meereskunde vorzusehen. Diese Anordnung wurde auf das Deutsche Museum München, für das 1906 der Grundstein gelegt wurde, später ausgedehnt.

In dem „Überall" von 1901 wurde festgestellt, daß seit einigen Wochen das Institut und Museum für Meereskunde praktisch ins Leben gerufen worden war und mehrere Vorträge bereits stattgefunden hatten. Weitere Vorträge, so „Die Entwicklung und Verwendung des Kriegsschiffes" von Prof. Förster und „Die Bedeutung der Seemacht in der Geschichte" von Prof. Schmitt wurden angekündigt. Über die Bestände hieß es: „Noch ist ja das für die einzelnen Abteilungen zur Verfügung stehende Material nicht sehr umfangreich. Es kommen die Modellsammlungen der Marine aus Kiel, der deutschen Seewarte aus Hamburg, sowie einiger anderer Staatsinstitute hierher."

1902 Im Herbst 1902 konnte mit der Benutzung der 100 Räume, die dem Museum im Gebäude des Ersten Chemischen Instituts der Kgl. Friedrich-Wilhelms-Universität in der Berliner Georgenstr. 34/36 (Nähe Friedrichstr.) zur Verfügung standen, begonnen werden.

1903 Die Abt. 1, die Reichs-Marine-Sammlung, wurde von 1903-1924 von Kapitän zur See a.D. und Vorstand der Reichs-Marine-Sammlung Rudolf Wittmer geleitet.

1904 Dem Kaiser wurde der Organisationsplan zur Genehmigung vorgelegt. Er enthielt u.a. Festlegungen zu: „Reichs-Marine-Sammlung, umfassend die Geschichte und Organisation der Kriegsmarine im ganzen, ferner der Kriegsschiffe, deren Ausrüstung und Bewaffnung, sowie der Küstenverteidigung." (Albert Röhr, Marinezeitung „Leinen los" 1956, H.12)

1906 Am 5.3.1906 fand die offizielle Eröffnung des Museums für Meereskunde in Gegenwart Wilhelms II. statt. Das Museum setzte sich zusammen aus der Reichs-Marine-Sammlung, der Historisch-Volkswirtschaftlichen Sammlung, der Ozeanologischen Sammlung und der Biologischen Sammlung.

Im Erdgeschoß fand unter dem Motto „Deutschland zur See" die Reichs-Marine-Sammlung – eingeleitet mit einem „Historischen Saal", enthaltend die Darstellung von „Kämpfen, in denen die hanseatische, kurbrandenburgische, preußische, norddeutsche und endlich die deutsche Flotte verwickelt war" – Aufstellung. Im Lichthof wurden Modelle der Kriegsschiffe und von Handelsschiffen der neuesten Zeit, darüber Standarten, Flaggen und Kommandozeichen der Kaiserlichen Marine und Kontorflaggen der großen Schiffahrtsgesellschaften gezeigt.

Im offenen Hof kamen Schiffsteile, Rahen, Stänge, Panzerplatten, Schiffsschrauben und Bugzieren und der „Brandtaucher" zur Aufstellung. Der Keller auf der anderen Seite des Lichthofes nahm die naturgetreue Nachbildung der Innenräume der alten Schulfregatte Niobe, die Kommandantenkajüte und Schiffskammer eines Torpedobootes sowie die Kabine eines Passagierdampfers auf. Aus dem Lichthof gelangte der Besucher in den Waffensaal, welcher durch Kanonen, Torpedos und Schiffsminen sein Gepräge erhielt. Schließlich wurden in Nebenräumen ein Stück Batterie einer alten Holzfregatte, Signalapparate und Uniformen gezeigt.[5]

1907 Die Zeitschrift „Meereskunde, Sammlung volkstümlicher Vorträge zum Verständnis der nationalen Bedeutung von Meer und Seewesen" erscheint. Im ersten Heft wird von Prof. Dr. Albrecht Penck das Museum für Meereskunde zu Berlin vorgestellt.[6]

Penck stellt fest, daß es Prof. Freiherr von Richthofen, der die Leitung zur Verwirklichung der Konzeption des Museums übernommen hatte, gelungen war, einen neuen Typus von Museen zu schaffen. Richthofen stellte nach Penck „zu den bestehenden systematischen Sammlungen naturhistorischer und kulturhistorischer Gegenstände, zu den technischen Museen von Werkzeugen und Maschinen, zu den historischen Museen, welche verschiedene Objekte in ihrem geschichtlichen Zusammenhange zeigen, ein Museum, das vor Augen führt, welche Summe von Erscheinungen Beziehungen zu einem bestimmten Teil der Erdoberfläche haben. Ein solches Museum ist seinem inneren Wesen nach geographischer Art."[7] Mit dieser für heutige Erkenntnisse modernen Auffassung von einem komplexen Museum hat er der Museumsentwicklung in Deutschland wichtige Impulse gegeben. Diese moderne Auffassung war auch in den übrigen europäischen Meereskundemuseen so nicht vorzufinden.

Das Museum erfülle seine „nationale Aufgabe, daß es notwendigerweise die deutschen Seeinteressen, insbesondere die deutsche Kriegsflotte zur Anschauung bringe. Als Teil eines der Lehrinstitute der Berliner Universität gehöre es dem preußischen Staate und schließe als wichtigen Bestandteil die Marinesammlung des Reiches ein". Seit dem Tage der Eröffnung wurden im Zeitraum vom 1.4.1906 bis zum 1.3.1907 schon 100.000 Besucher gezählt, obwohl das Museum nur an vier Tagen maximal fünf Stunden geöffnet war.

Im zweiten Heft der Zeitschrift wurde ein Bild vom „BRANDTAUCHER" veröffentlicht, das den Schiffskörper mit Schäden großen Ausmaßes zeigt.

1908 Der Jg. 2 der „Meereskunde" wird „Dem tatkräftigen Organisator der deutschen Seemacht, Seiner Exzellenz Admiral von Tirpitz, dem Begründer der Reichs-Marine-Sammlung im Museum für Meereskunde, ehrerbietigst zugeeignet." (Vorsatzblatt)

1910 Die Marineschule wurde von Kiel nach Flensburg-Mürwik verlegt. Nach dem Zusammenbruch des Deutschen Reiches im November 1918 stellte die Marineschule ihre Unterrichtstätigkeit ein.[8]

1914-1918 Im Verlauf des Ersten Weltkrieges wurden museumswürdige Gegenstände der Kaiserlichen Marine, so u. a. Sachzeugen der Skagerrak-Schlacht, der Reichs-Marine-Sammlung zugeführt.

1920 In Mürwik begann im Herbst die Ausbildung von Seekadetten. Bis zum Jahre 1945 entwickelte sich die Marineschule zur bedeutendsten Ausbildungsstätte der deutschen Marine. Die Marineschule verfügte über attraktive Ausbildungs- und Anschauungsmittel zur deutschen Marinegeschichte von musealem Wert.

1924 Nachfolger im Amt des Leiters der Reichs-Marine-Sammlung wurde Konteradmiral a.D. Hermann Lorey.

1925 Ein vom ehemaligen Obermaat der Kaiserlichen Marine und Vorsitzenden des „Marine-Vereins Graf Spee" in Duisburg, Wilhelm Lammertz, eingebrachter Antrag, für die im Weltkrieg gebliebenen Kameraden ein Ehrenmal zu schaffen, wurde im August vom Bund Deutscher Marine-Vereine grundsätzlich gutgeheißen und zur Weiterverfolgung einem Ausschuß übergeben. Die Wahl für den Standort fiel auf Laboe bei Kiel. Die Grundsteinlegung erfolgte am 8. August 1927.

1931 Das Museum für Meereskunde erfuhr eine räumliche Erweiterung durch die Verlegung des Geographischen Instituts.

1932 Im Jahrbuch der Deutschen Museen wurde als „Vorstand der Reichs-Marine-Sammlung Konteradmiral a.D. Lorey" genannt.

1936 In Laboe erfolgte die Einweihung des Marine-Ehrenmals zum 20. Jahrestag der Skagerrakschlacht.

1938 Die Reichs-Marine-Sammlung wurde „zwischenzeitlich Kriegsmarinesammlung genannt."(Hahlweg 1938)

1940 Im Marineverordnungsblatt Heft 25 vom 15.6.1940 wurde verkündet: „Museum der Kriegsmarine, Der Oberbefehlshaber der Kriegsmarine hat im Einvernehmen mit dem Reichsminister für Wissenschaft, Erziehung und Volksbildung folgendes bestimmt:

1. Die bisherige Kriegsmarinesammlung beim Museum für Meereskunde wird unter Lösung der organisatorischen Bindung zum Institut für Meereskunde dem Oberkommando der Kriegsmarine unterstellt und erhält die Bezeichnung ‚Museum der Kriegsmarine.'
2. Der Leiter des Museums der Kriegsmarine führt die Bezeichnung ‚Direktor des Museums der Kriegsmarine'.
3. Das Museum der Kriegsmarine ist die Haupttraditions- und Erinnerungsstätte der Kriegsmarine. Ihr sind die hierfür geeigneten Gegenstände in erster Linie zuzuführen. Die Errichtung von Zweigstellen des Museums der Kriegsmarine bleibt vorbehalten." (31.5.40) Die Leitung des Museums der Kriegsmarine behielt Konteradmiral a.D. Lorey.

1942 Vom 13. Juni bis 30. September veranstaltete das Museum der Kriegsmarine eine Sonderschau als „Ausstellung - Unser Kampf zur See", in der in 16 Räumen Themen von „5000 Jahre Kampf zur See" bis zu „Dienstlaufbahnen der Kriegsmarine" dargestellt wurden. An der Ausstellung im Kaiser-Friedrich-Museum waren 73 Leihgeber beteiligt.

Die Ausstellung war die erste Ausstellung des Museums der Kriegsmarine als selbständiger Institution. Es erschien ein Katalog.

1943/44 Luftangriffe auf Berlin erforderten die Verlagerung wertvoller Sammlungsteile in, wie man hoffte, ungefährdete Orte des Reiches. Über ihr Schicksal ist nichts bekannt.[9]

1944 Am 30. Januar erlitten die Museumsgebäude in Berlin den ersten größeren Kriegsschaden durch Luftminentreffer im Lichthof. Der „BRANDTAUCHER" soll den Angriff ohne größere Schäden überstanden haben.[10]

1945 In der Kriegsmarinesammlung waren bis 1945 nach Röhr folgende Objekte zur Torpedogeschichte ausgestellt: „...ein Spierentorpedo für White-Boote, ein Wurftorpedo, ein Harvey-Torpedo, ein Whitehead-Torpedo 1872 (1. Versuchs-

Exponate der Reichs-Marine-Sammlung im Innenhof, Originalaufnahme um 1939. (MHM Dresden)

torpedo der Kaiserlichen Marine), die Stahltorpedos C/74, C/76, C/77, die Bronzetorpedos C/84 A, C/45/91, C/45/95, C/91, G/7, C/07, Bauteile von Torpedos und Torpedobooten, eine Tafel: Sprengwirkungen von Torpedoschüssen an Holzschiffen 1880/81, vier ältere Torpedoausstoßrohre, eine Nachbildung einer Hälfte der Kommandantenkajüte mit Inventar des Torpedobootes S 17 in natürlicher Größe, ferner Modelle von Torpedobooten und Zerstörern." [11]

Während der Kämpfe um Berlin brannte am 30. April 1945 der Mittelbau des Museumsgebäudes aus, wodurch die Reste der Ozeanographischen Abteilung sowie der Instrumentensammlung vernichtet wurden. Damit hörte das Museum praktisch auf zu bestehen. [12]

Reste des Museums für Meereskunde befanden sich noch im Gebäude des Museums. Es wurde jedoch schwach bewacht und infolge der Zerstörungen war es leicht zugänglich. Die Sowjetarmee brachte ihrerseits Gegenstände des ehemaligen Meereskundemuseums nach Leningrad (St. Petersburg), wo diese im Marinemuseum untergebracht wurden.

Albert Röhr und Friedrich Forberg versuchten, nach Abzug der die Museumsreste bewachenden Sowjetsoldaten, den nicht ausgelagerten „ ‚BRANDTAUCHER' für das Deutsche Museum in München zu sichern." (Röhr an Herold)

Eine Abgabe nach München wurde von den Ostberliner Behörden verwehrt.

1951 Der „BRANDTAUCHER" wurde nach Rostock überführt und im Hof der Gewerbeschule aufgestellt.

1952/56 Der Hilfsassistent von Prof. Macklin in Rostock, Hans-Georg Bethge, nahm eingehende Untersuchungen am „BRANDTAUCHER" vor. 1956 kamen erste Überlegungen für eine Rekonstruktion des Bootes auf. Es gab erneut Kontakte zu Friedrich Forberg zur Klärung des weiteren Schicksales des Bootes.

1954 Der Deutsche Marinebund übernahm das Ehrenmal Laboe wieder in seine Verantwortung. Es wurde nunmehr von dem Grundsatz ausgegangen, im Ehrenmal alle Toten des Krieges auf See zu würdigen.

1956 Die Wiedereröffnung der Marineschule in Flensburg-Mürwik erfolgte am 8. November.

1958 Das Bundesministerium der Verteidigung erteilte am 30. April den Auftrag, Traditionsgegenstände zu einer marinegeschichtlichen Lehrausstellung zusammenzutragen. Aufrufe und Anzeigen in Marinezeitschriften brachten viele Erinnerungsstücke, die in den Wirren der letzten Kriegstage und der Nachkriegszeit untergegangen waren, wieder zurück.[13]

Nach Albert Röhr gilt die Sammlung als eine der bedeutendsten der Gegenwart und erfüllt einen Teil der Aufgaben des früheren Museums für Meereskunde zu Berlin.[14]

1958/59 In die Sowjetunion ausgelagerte marinegeschichtliche Museumsobjekte wurden an die DDR übergeben.

Die in Berlin geschaffene Abteilung „Ständige Ausstellung der NVA", Vorläufer des 1961 geschaffenen Armeemuseums in Potsdam, die über keine geeigneten Magazinräume verfügte, übergab das Material zur sicheren Lagerung an die DDR-Seestreitkräfte nach Stralsund.

Nachdem in Potsdam die Voraussetzungen für die ordnungsgemäße Lagerung geschaffen waren, wurden die Marineexponate aus Stralsund in den musealen Bestand des Deutschen Armeemuseums übernommen.

Exponate, die früher im Stralsunder Museum ausgestellt waren, wurden dorthin abgegeben. Das Museum für Deutsche Geschichte zu Berlin erhielt für seine Ausstellungsvorhaben etwa 100 Exponate.

1960/63 Unter Trägerschaft des Ministeriums für Nationale Verteidigung der DDR befaßte sich H.-J. Bethge mit dem exakten Zustand des „BRANDTAUCHERS" und schuf die zeichnerischen Vorlagen für einen Neuaufbau des Rumpfes. Auf Grund der statischen und metallurgischen Befunde konnten nur wenige Rumpf-Originalteile in die Rekonstruktion einbezogen werden.

Nach Abschluß der Rekonstruktionsarbeiten auf der Neptunwerft in Rostock, von der NVA mit über 100.000 Mark finanziert, wurde 1965 der „BRANDTAUCHER" auf dem Landweg nach Potsdam in das damalige Deutsche Armeemuseum übergeführt.

1962 Eine Expertenkommission beurteilte den Erhaltungzustand der aus der Sowjetunion zurückgeführten Modelle und legte zwei Kategorien der Restaurierung fest:

1. Der „überwiegende Teil der Modelle, der starke Verschmutzungen, Beschädigungen des Farbanstriches und der Takelage", leichte Beschädigungen am Bootskörper, Fehlstellen in der Bestückung (Beiboote, Anker, Trossen etc.) aufwies, sollte in eigener Museumswerkstatt restauriert werden.

2. Bei 21 Objekten wurde empfohlen, die Restaurierung in Fremdwerkstätten durchzuführen. Dafür wurde ein Finanzbedarf von 47.200,– DM angesetzt und realisiert.

1972 Mit Einrichtung des Armeemuseums der DDR in Dresden wurde ein Militärmuseum mit dem Anspruch der komplexen Sammlung und Darstellung deutscher Militärgeschichte von den Anfängen bis zur Gegenwart geschaffen.

Damit war festgelegt worden, daß es auf absehbare Zeit kein Marine- oder Luftwaffenmuseum im Osten Deutschlands geben würde. Entsprechend verliefen die Sammlungs- und Ausstellungsaktivitäten. Das Museum erhielt z.B. von allen Schiffsneubauten der Volksmarine entsprechende Werftmodelle. In die 1972 eröffnete Ausstellung wurde eine Großzahl der Bestände des Museums der Kriegsmarine in die komplexe Darstellung der Wehrepochen deutscher Geschichte einbezogen. Damit war es in idealer Weise möglich, Ursachen, Voraussetzungen und Verlauf in einer Gesamtsicht militärmusealer Gestaltung zu realisieren. Der „BRANDTAUCHER" fand eine klimatisierte geschützte Aufstellung. Im Zeitabschnitt nach 1945 wurde u.a. ein Kleines Torpedoschnellboot, die Brücke vom Typ „Hai" und ein Flaggengestell der NVA-Seestreitkräfte gezeigt. Direktor des Museums wurde 1972 Konteradmiral Johannes Streubel.

1975 Eröffnung des Hauptgebäudes des Deutschen Schiffahrtsmuseums in Bremerhaven. In einer Abteilung Marine im Hauptgebäude und im Freilichtmuseum wurden Objekte der deutschen Marinegeschichte, darunter ein Klein-U-Boot „SEEHUND" der Kriegsmarine und das Schnellboot „KRANICH" der Bundesmarine (1974 außer Dienst gestellt), gezeigt.

Zum 100. Todestag Wilhelm Bauers wurde ab 20. Juli im Ehrensaal des Deutschen Museums München die Sonderausstellung „Wilhelm Bauer – zum 100. Todestag – Konstrukteur des ersten deutschen tauchfähigen Bootes" gezeigt. Am Grab Wilhelm Bauers wurden Kränze niedergelegt und zwei Chevaulegers in Traditionsuniformen hielten Ehrenwache.

Das Bayerische Amt für Denkmalpflege zeigte im gleichen Jahr eine Ausstellung zu Wilhelm Bauer in Moskau.

1980 In den 80er Jahren wurden das Schiffahrtsmuseum Rostock sowie das Schiffbaumuseum Rostock mit marinegeschichtlichen Sachzeugen aus Dresdener Beständen unterstützt. Die Bearbeitung der marinegeschichtlichen Themen oblag im Dresdener Museum Kapitänleutnant d.R. Krumsieg und Fregattenkapitän a.D. Schäfer.

1988 Unter dem Thema „Militärgeschichte-Modellbau" wurde unter Verwendung von Modellen der Kriegsmarinesammlung im Dresdener Armeemuseum eine Sonderausstellung gezeigt.

In Rostock liefen verstärkte Vorbereitungen für ein zentrales Traditionskabinett der Volksmarine, das im Ständehaus seinen Platz fand.

1989 Zur weiteren didaktischen Vermittlung des Bauerschen Werkes wurden im Bootsinnern des „BRANDTAUCHERS" drei Figurinen aufgestellt. Eine Videoprojektion sowie ergänzende Vitrinen erschlossen nunmehr dem Besucher die Geschichte und Restaurierung des Tauchbootes.

1990 Zwischen dem Museum für Verkehr und Technik Berlin und dem Militärhistorischen Museum Dresden entstanden unmittelbar nach der deutschen Wiedervereinigung erste Arbeitskontakte. Es wurde das gemeinsame Interesse an der Aufklärung des Schicksals der Bestände und Sicherung der noch vorhandenen Restbestände des Museums für Meereskunde/Museum der Kriegsmarine bekundet.

Mit der Auflösung der NVA und der Volksmarine wurden die für die museale Darstellung der Geschichte der Streitkräfte im Osten Deutschlands erforderlichen Sachzeugen durch das MHM Dresden übernommen. Ein sogenannter „Generalsammelauftrag" sollte somit auch eine lückenlose marinegeschichtliche Dokumentation der zweiten deutschen Marine im Nachkriegsdeutschland gewährleisten.

Das Militärhistorische Museum Dresden wurde von der Bundeswehr übernommen und von dieser fortgeführt.

Mit der Übernahme des Militärhistorischen Museums durch die Bundeswehr wurden auch die seit Gründung der Reichs-Marine-Sammlung lückenlos im Besitz des Deutschen Reiches befindlichen Sammlungsbestände in Bundeseigentum überführt.

Die bisherige oft einseitige und durch ideologische Vorgaben belastete Darstellung im MHM wurde überarbeitet, die uneingeschränkte Bewahrung von Luftwaffenmaterial angesichts der Existenz des Luftwaffenmuseums in Uetersen, heute Berlin-Gatow, zurückgenommen und besonders die unaktuelle Ausstellung mit der einseitigen Darstellung der deutschen Nachkriegsgeschichte geschlossen. Die Sammlung zur deutschen Nachkriegsgeschichte wurde fortan ausgewogen gehandhabt, wobei marinegeschichtliche Sachzeugen aufmerksam gesammelt und im notwendigen Umfang in die Darstellung einbezogen wurden.

1990/92 Der Bauersche „BRANDTAUCHER" wurde in Hamburg zur Messe (Oktober/November 1990) und später in Genua zur Kolumbus-Weltausstellung (Sommer 1992) erstmals nach 1965 außerhalb eines Museums gezeigt. Am Boot traten Transportschäden auf, die eine weitere Ausleihe verbieten. Es kam zum Bruch von Schweißnähten; die gesamte Beleuchtungsanlage im Innern mußte erneuert werden.

1991 Leiter des Militärhistorischen Museums Dresden wurde im April 1991 Fregattenkapitän Hans-Jürgen Heibei. Unter dessen Leitung erfuhr die Darstellung der Marinegeschichte aller Wehrepochen verstärkte Aufmerksamkeit.

Er nahm zur Freude marinegeschichtlich interessierter Besucher oft die Gelegenheit wahr, diese selbst fachkundig zu führen.

Von August bis Dezember fand im Sonderausstellungsraum des Militärhistorischen Museums eine Ausstellung zum Thema „Deutsche Admirale – Marinegeschichtliche Impressionen 1848 - 1980" unter Verwendung der Bestände der ehemaligen Sammlung des Museums der Kriegsmarine statt. Dazu erschien ein Katalog.

Das Bayerische Armeemuseum Ingolstadt erhielt zwei Schiffsmodelle zur Darstellung von marinegeschichtlichen Aspekten bayerischer Militärgeschichte im Ersten Weltkrieg.

Das MHM übernahm einen Geschützturm des Zerstörers Typ „FLETCHER" in den Sammlungsbestand.

1992 Der marinegeschichtliche Sammlungsbestand, speziell zur U-Boot-Geschichte, wurde durch die Übernahme, Restaurierung und Aufstellung eines Klein-U-Bootes vom Typ „HECHT" weiter ausgebaut.

Das MHM übernahm eine 15-cm-SK L/45 des Schlachtschiffes TIRPITZ und 28-bzw. 40,6-cm-Sprenggranaten für Schiffsgeschütze.

1993 Im MHM Dresden wurde eine Kabinettausstellung zur „Geschichte von Schiff und Besatzung des Kleinen Kreuzers „DRESDEN", die anschließend in Bremerhaven und Mürwik gezeigt wurde, eröffnet.

Die restliche Übernahme musealer Gegenstände zur Geschichte der Volksmarine wurde abgeschlossen. Die Flottenschule Mürwik erhielt die erforderlichen Leihgaben aus diesem Material für ihre fachliche Arbeit. Nach Abschluß einer Fachhochschularbeit des ehemaligen Restaurators des MHM, Martin Chudalla, wurde die restaurierte Schiffszier der HANNOVER im Museum in einem Ensemble mit weiteren Schiffszieren ausgestellt.

In der 5000 m^2 großen Freigelände-Ausstellung fanden durch die Aufstellung eines KTS-Bootes LIBELLE und weiterer Objekte auch Aspekte der Marinegeschichte angemessene Würdigung.

Im Technik-Museum Speyer wird nach der Rekonstruktion eines alten Werkstattgebäudes und der Übernahme eines U-Bootes der Bundesmarine ein Marinemuseumsteil eingerichtet. Im „Marinemuseum" ist eine Modellsammlung, ergänzt mit kleineren maritimen Gegenständen, zu sehen. Im Freigelände werden ein U 9-U-Boot der Bundesmarine (begehbar), ein Klein-U-Boot SEEHUND und ein Kleinst-U-Boot BIBER der Kriegsmarine gezeigt.

Originalaufnahme der Ausstellungsräume des Museums für Meereskunde Berlin, um 1939. Blick in die Sammlung der Torpedos und Minen. Hiervon sind ca. 50% erhalten geblieben und befinden sich heute im MHM Dresden. (MVT)

1994 Gemäß der am 14. Juni 1994 vom Bundesminister der Verteidigung unterzeichneten „Konzeption für das Museumswesen in der Bundeswehr" hat das Museumswesen der Bundeswehr die Militärgeschichte in ihrer Gesamtheit und im Zusammenhang mit der geschichtlichen Gesamtentwicklung der jeweiligen Epochen darzustellen und dabei die Wechselbeziehungen zwischen dem Militär und den Bereichen Staat, Politik, Gesellschaft, Recht, Kultur, Wirtschaft, Wissenschaft und Technik deutlich zu machen.

Das Militärhistorische Museum erhält den Namen Militärhistorisches Museum der Bundeswehr, Dresden.

Das Museum nimmt damit Kurs auf die Entwicklung einer komplexen Darstellung der Militärgeschichte unter Einschluß der Marinegeschichte.

Es beginnt der systematische, mehrere Jahre währende Aufbau der Ausstellungen nach einer vom Militärgeschichtlichen Forschungsamt der Bundeswehr bestätigten Grundkonzeption.

1995 Das Militärhistorische Museum eröffnete am 13. Dezember einen Ausstellungsabschnitt (Zeitabschnitt 1945-1962) zur militärischen deutschen Nachkriegsgeschichte.

Die Lehrsammlung der Marineschule Mürwik unterstützte das MHM mit Leihgaben zur frühen Entwicklung der Bundesmarine.

Die marinegeschichtliche Sammlung wurde durch die Übernahme eines Klein-U-Bootes MOLCH erweitert.

Hans Mehlhorn

1 Stolz, Gerd: Historische Stätten der Marine in Schleswig Holstein, Heide 1990.
2 Holzhauer, in: Meereskunde, Sammlung volkstümlicher Vorträge zum Verständnis der nationalen Bedeutung von Meer und Seewesen, Berlin 1907, S. 3.
3 Herold, Klaus: Der Kieler Brandtaucher. Wilhelm Bauers erstes Tauchboot. Ergebnisse einer Nachforschung, Bonn 1993.
4 Vgl. Albrecht Penck: Das Museum für Meereskunde zu Berlin, in: Meereskunde, Sammlung volkstümlicher Vorträge, Berlin 1907.
5 Ebd. Vgl. dort auch Grundriß vom Erdgeschoß und 1. Stockwerk sowie Abb. vom Lichthof und Historischem Saal.
6 Ebd.
7 Ebd.
8 Vgl. Stolz, wie Anm. 1.
9 Vgl. Albert Röhr: Vor 50 Jahren. Erinnerung an das Museum für Meereskunde Berlin, in: Marinezeitung „Leinen los!", Nr. 12, 1956, S. 419ff.
10 Ebd.
11 Röhr, Albert: Vorgeschichte und Chronik des Torpedowesens der deutschen Marine bis zum Ende des 19. Jhs., in: Schiff und Zeit, 1978.
12 Röhr, wie Anm. 9.
13 Stolz, wie Anm. 1.
14 Röhr, Albert: Handbuch der deutschen Marinegeschichte, Oldenburg, Hamburg 1963.

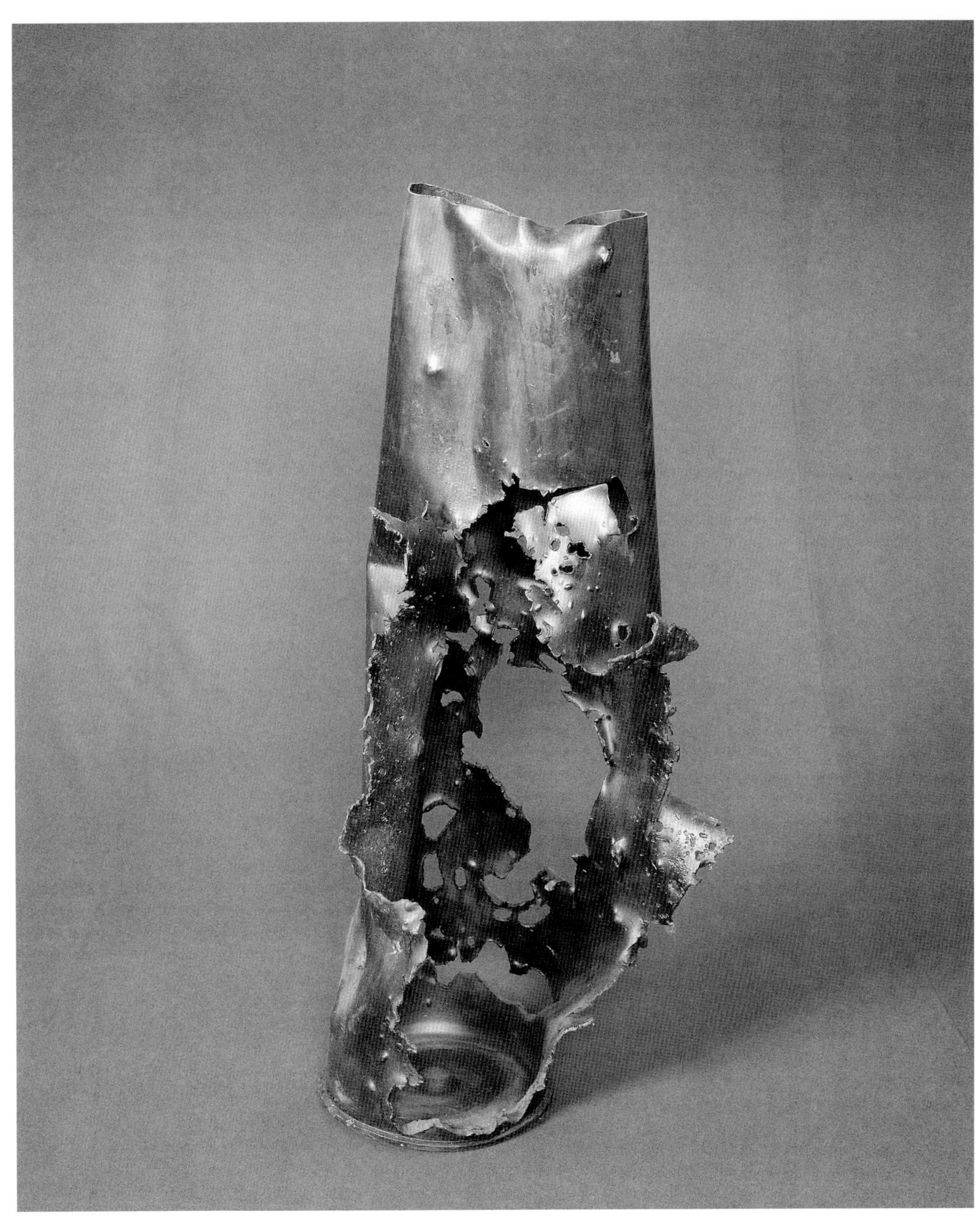

Zerstörte Kartusche der SEYDLITZ von 1911

EINZELOBJEKTE

Das Museum für Meereskunde war seinerzeit in Deutschland nicht nur das Schiffahrtsmuseum mit der größten Ausstellungsfläche, sondern verfügte auch über einige sehr seltene und kostbare Exponate; seine Bedeutung ergab sich also nicht nur aus dem Umfang des Fundus, sondern auch aus der Qualität der Einzelobjekte.

Ist in den bisherigen Beiträgen auf die allgemeine Geschichte dieses heute fast vergessenen Museums eingegangen worden, so sollen jetzt exemplarisch vier Objekte in kurzen Artikeln vorgestellt werden, die als herausragende Exponate des Museums für Meereskunde bezeichnet werden können. Dabei handelt es sich um die FRIEDRICH WILHELM DER 2te, ein Werftmodell einer preußischen Dreimast-Galiot von 1789, den BRANDTAUCHER, das älteste noch erhaltene Tauchboot von 1850/51, und die Cape-Cross-Säule, eine portugiesische Wappensäule (ein sogenannter Padrão) von 1485. In den einzelnen Artikeln sollen diese Ausstellungsstücke beschrieben und ihre Geschichte behandelt werden. Abgeschlossen wird dieses Kapitel durch einen Bericht über die Restaurierung des Modells der METEOR III, einer der Yachten des deutschen Kaisers von 1902, in dem auf die Problematik der konservatorischen und restauratorischen Behandlung der Objekte aus dem ehemaligen Museum für Meereskunde eingegangen werden soll.

Die Aufstellung des Werftmodells der FRIEDRICH WILHELM DER 2te im Museum für Meereskunde. Es ist die beplankte Steuerbordseite zu sehen, wobei gut zu erkennen ist, daß es sich bei der ursprünglichen Galionsfigur nicht um einen Löwen gehandelt hat. (MVT)

DAS WERFTMODELL DER FRIEDRICH WILHELM DER 2TE

Eines der auffälligsten, ältesten und zugleich kostbarsten Exponate, die im Museum für Meereskunde zu sehen waren, ist das Werftmodell der preußischen Dreimast-Galiot FRIEDRICH WILHELM DER 2te von 1789. Dieses Schiffsmodell wird im Zusammenhang mit dem Museum für Meereskunde erstmals in dem Museumsführer von 1907 bei der Beschreibung des Raumes X erwähnt:

„Von der Decke der Galerie herab hängt das mit vollständiger Takelage versehene Vollmodell eines Handelsschiffs aus dem Ende des 18. Jahrhunderts, FRIEDRICH WILHELM DER 2te von 1789, ein Erinnerungsstück an die langjährige Wirksamkeit der preußischen Schiffbauschule in Grabow bei Stettin." [1]

Wie die meisten Objekte aus dem ehemaligen Museum für Meereskunde hat auch dieses eine lange Odyssee hinter sich und befindet sich zur Zeit in der Eingangshalle des Museums für Verkehr und Technik. Später wird es einen festen Platz in der ständigen Ausstellung der Abteilung Schiffahrt finden, die sich über die ersten beiden Stockwerke des Museumsneubaus erstrecken wird.

Das Modell weist nicht nur eine interessante Geschichte auf, sondern es ist auch ein wertvolles und aussagekräftiges Dokument der Schiffahrtsgeschichte und daher für den Schiffbauhistoriker von besonderem Wert. Auf diese verschiedenen Aspekte der FRIEDRICH WILHELM DER 2te soll in diesem Artikel eingegangen werden.

Werftmodelle

Schiffe wurden bis weit ins 19. Jahrhundert hinein fast ausschließlich aus Holz gebaut und hatten daher nur eine begrenzte Lebensdauer. Daher sind nur sehr wenige Originalschiffe aus der Schiffahrtsgeschichte heute noch erhalten. Aus diesem Grund besitzen Schiffsmodelle eine große Bedeutung für den Schiffbauhistoriker, wenn es darum geht, alte Fahrzeuge zu rekonstruieren. Verständlicherweise ist diese Bedeutung um so größer, je genauer die Modelle ihren Vorbildern entsprechen. Bei der Auswertung eines vorliegenden Schiffsmodells besteht die erste Aufgabe des Schiffbauhistorikers darin, festzustellen, inwieweit dieses historische Authentizität besitzt. Der Grad der Authentizität hängt dabei maßgeblich von dem Zweck ab, für den das Modell gebaut wurde.

Das älteste bekannte Schiffsmodell, ein als Grabbeilage gebautes Tonmodell aus dem prädynastischen Ägypten, wird auf ein Alter von mindestens 6000 Jahren geschätzt.[2] Seitdem sind immer wieder Modelle von Schiffen angefertigt worden, wobei diese sehr unterschiedlichen Zwecken dienten. So wurde das erwähnte ägyptische Modell – wie auch die späteren Votivschiffe in christlichen Kirchen – für religiöse und kultische Zwecke gebaut und diente nicht dazu, ein Original möglichst genau wiederzugeben, was seine technikgeschichtliche Bedeutung mindert. Kein Modell kann als vollkommen authentisch betrachtet werden, sondern muß in jedem Fall einer kritischen historischen Analyse unterworfen werden, doch gibt es unter den vielen verschiedenen Arten von Schiffsmodellen eine, die für den Geschichtswissenschaftler den größten Aussagewert besitzt: die Gruppe der Werftmodelle bzw. Admiralty models.

Ursprung und genaue Zweckbestimmung dieser Modelle sind nicht einwandfrei geklärt, doch entstanden die ersten vermutlich in der Mitte des 17. Jahrhunderts in Großbritannien. In jener Zeit wurde damit begonnen, daß Werften, die den Auftrag zum Bau eines Schiffes bekommen hatten, ein Modell dieses Schiffes bauen ließen. Auch in anderen Ländern, wie in den Niederlanden, in Frankreich, in Dänemark und in Rußland, wurde bald nach dieser Praxis verfahren, allerdings wurden dort nicht im entferntesten so viele Modelle gebaut

Die Aufstellung des Modells im Museum für Meereskunde;
Blick leicht von achtern auf die teilweise unbeplankte Backbordseite.
(MVT)

wie in Großbritannien, wo bereits ab 1660 sehr häufig Modelle dieser Art angefertigt wurden. Aus diesem Grund hat sich auch für diese Modelle eine englische Bezeichnung durchgesetzt: „Navy Board models" oder „Admiralty models" [3].

Das augenfälligste Merkmal der meisten Werftmodelle besteht darin, daß Rumpf und Decks nur teilweise beplankt sind. Beim Laien kann dadurch der Eindruck erweckt werden, daß es sich um ein nicht fertig gebautes Modell handelt.

Tatsächlich wurde dieses Bauverfahren deshalb gewählt, um die Anordnung und Ausführung der Spanten und Decksbalken zu zeigen, die bei einem vollbeplankten Modell nicht sichtbar wären.[4] Da bei den Admiralty models auch diese internen Bauteile sehr genau dem Original entsprechend wiedergegeben sind, stellen sie eine hervorragende historische Quelle für die Baustruktur der damaligen Schiffe dar.

Bei den meisten Werftmodellen handelt es sich um Rumpfmodelle, d.h. die Masten, die Spieren und die Takelagen sind nicht ausgeführt. Die Takelage eines Segelschiffes wurde zu jener Zeit getrennt vom Schiffskörper betrachtet. Oft wurde sie zur Ausrüstung des Schiffes gerechnet und war im Bauvertrag der Werft nicht miteingeschlossen. Darüber hinaus unterlag sie häufigen Änderungen und wurde, falls das Schiff längere Zeit auf Reede lag, sogar vollständig entfernt, um sie vor Witterungseinflüssen zu schützen. Aus diesen Gründen betrachteten viele Schiffbauer die Takelage als nicht zum eigentlichen Schiff zugehörig.

Wie schon erwähnt, ist der Zweck, für den diese Modelle gebaut wurden, nicht genau bekannt.[5] Eine gängige Erklärung besteht darin, daß sie zusammen mit den Plänen, den Schiffsrissen, vor dem Bau des jeweiligen Originalschiffes vom Konstruktionsbüro an die Admiralität geschickt wurden, um einen dreidimensionalen Eindruck von dem späteren Schiff zu vermitteln und eine anschauliche Grundlage für Diskussionen über bauliche Modifikationen zu liefern. Diese Erklärung erscheint zunächst einleuchtend und mag in einigen Fällen auch den Tatsachen entsprechen; daß sie generell ausreichend ist, muß jedoch sehr bezweifelt werden. Bei fast allen bekannten Admiralty models handelt es sich um außerordentlich aufwendige Objekte, die mit großer Sachkenntnis und in großer Detailgenauigkeit angefertigt wurden. Auch wenn geübte Modellbauer mit dieser Aufgabe betraut waren, müssen für jedes dieser kleinen Kunstwerke mehrere tausend Arbeitsstunden eingerechnet werden. Daß ein solcher Aufwand betrieben wurde, nur um Detailfragen beim Entwurf oder der Ausrüstung der Schiffe zu besprechen, erscheint fraglich, zumal dies mit wesentlich einfacheren Modellen und anhand der Schiffsrisse auch möglich ist. Weiterhin scheint einiges darauf hinzudeuten, daß viele Admiralty models nicht vor dem Bau der Originale, sondern parallel oder sogar im nachhinein entstanden sind. Darüber hinaus existieren sogar Modelle, von denen keine Originale bekannt sind, was auch für die FRIEDRICH WILHELM DER 2te gilt.

Deshalb ist anzunehmen, daß es verschiedene Gründe waren, die zum Bau der Admiralty models führten. Sicherlich dienten sie auch ästhetischen und repräsentativen Zwecken und sollten eindrucksvoll die Arbeit der Schiffbauer dokumentieren.[6] Aufgrund ihrer besonderen Bauweise und ihrer großen Authentizität sind sie für die Dokumentation der Schiffbaugeschichte bedeutsamer als alle anderen Arten von Schiffsmodellen. Deshalb ist es bedauerlich, daß in Deutschland nur außerordentlich wenige Objekte dieser Art heute noch erhalten sind. Unter diesen Modellen nimmt die FRIEDRICH WILHELM DER 2te eine Sonderstellung ein, da sie in einem ungewöhnlich großen Maßstab gebaut und eines der äußerst seltenen zeitgenössischen Modelle einer Galiot ist.[7]

Der Schiffstyp der Galiot und seine Verbreitung

Die FRIEDRICH WILHELM DER 2te stellt eine Galiot mit Vollschiffstakelung dar. Da es sich hierbei um einen eher unbekannten Schiffstyp handelt, soll kurz auf Herkunft und Entwicklung der Galiot eingegangen werden.

Wie bei vielen anderen Schiffstypen ist die Entstehung der Galioten nicht genau bekannt. Mit Sicherheit wurden sie in den Niederlanden entwickelt und vermutlich gehen ihre Anfänge bis ins späte 16. oder frühe 17. Jahrhundert zurück. Etymologisch stammt das Wort „Galiot" wahrscheinlich aus den romanischen Sprachen, worauf hindeutet, daß im Mittelmeerraum zu jener Zeit kleinere, der Galeere und der Schebecke verwandte Fahrzeuge, die sowohl mit Segeln als auch mit Riemen ausgerüstet waren, „Galiotta" bzw. „Galeotta" genannt wurden. Außer daß eine Galeotta wie die ersten Galioten über zwei Masten verfügte[8], haben diese beiden Schiffstypen jedoch kaum etwas gemeinsam.

Ursprünglich wurden Galioten als Anderthalbmaster getakelt, d.h. außer dem Großmast wurde ein kleiner, ein sogenannter „halber" Mast sehr weit achtern geführt. Die nordeuropäische Galiot weist, insbesondere was die Rumpfform betrifft, Ähnlichkeit mit anderen im Nordseebereich eingesetzten Fahrzeugen, wie z.B. dem Bojer, auf.

Ein Merkmal der Galioten war das stark gerundete Vorschiff. Das Achterschiff war als Rundgatt gestaltet, d.h. die Galioten besaßen keinen Spiegel. Das Lebende Werk, das Unterwasserschiff, war schärfer geschnitten als bei vergleichbaren Lastenseglern, wie z.B. der Kuff [9], und verweist auf den Typ des Schoners. Damit stehen Galioten gleichsam zwischen reinen plattbodigen Küstenseglern und den schlankeren Hochseeschiffen.

Bis zur Mitte des vorigen Jahrhunderts waren Galioten in Norddeutschland außerordentlich weit verbreitet und können als der auf der Nordsee am häufigsten verwendete Schiffstyp betrachtet werden. Sie wurden nicht nur zur Küstenschiffahrt eingesetzt, sondern auch im Transatlantikdienst und als Wal- und Robbenfangmutterschiffe im Eismeer. Handelte es sich bei Galioten in erster Linie um Handelsschiffe, so gab es auch Varianten als Kriegsschiffe, die meistens mit einem oder zwei Mörsern im Vorschiffsbereich ausgerüstet waren.[10]

Im Dienst Brandenburg-Preußens sind Galioten sehr früh belegt. Als 1640 Friedrich Wilhelm die Regentschaft im Kurfürstentum Brandenburg übernahm, versuchte er eine Hochseeflotte nach niederländischem Vorbild aufzubauen, um Brandenburg in eine See- und Kolonialmacht zu verwandeln. In dieser Flotte sind mehrere Galioten als Transport- und Kriegsschiffe aufgeführt. Friedrich Wilhelms Nachfolger nahmen von diesem nicht sehr realistischen Plan Abschied. Die brandenburgische Flotte wurde stark verkleinert, womit auch die Anzahl der Galioten im brandenburgischen Staatsdienst zurückging. In der zivilen Schiffahrt des Ostseeraums fand dieser Schiffstyp jedoch zunehmend Verbreitung. Waren die späteren, im 19. Jahrhundert gebauten Galioten in Deutschland fast ausschließlich im Nordseeraum verbreitet, gilt dies nicht für die frühen Galioten des 17. und 18. Jahrhunderts. Zu jener Zeit wurden Galioten entlang der gesamten deutschen Küste von Emden bis Königsberg gebaut. So wurden bereits 1669 in einer Wismarer Schiffsliste, die 42 seegehende Fahrzeuge umfaßte, drei Galioten aufgeführt.[11]

Im 18. Jahrhundert gewann unter den preußischen Ostseehäfen Stettin besondere Bedeutung. Mehrere Schifffahrtsunternehmen, wie die Königlich Preußische Seehandlungsgesellschaft, wurden dort gegründet bzw. hatten dort ihren Hauptsitz. 1759 kam der in Paris geborene Schiffbaumeister Jean Louis Quantin nach Stettin und wurde sieben Jahre später zum Königlichen Schiffbaumeister ernannt. Für mehrere Jahrzehnte sollte er den gesamten Stettiner Schiffbau maßgeblich beeinflussen. So wurde er 1790 Direktor des Schiffsvermessungswesens. Geyer, Lexow und Sohn weisen darauf hin, daß zu dieser Zeit auch die Steuermannsschule gegründet wurde, der 1790 die FRIEDRICH WILHELM DER 2te für Schulungszwecke übergeben wurde. Da Quantin mehrere Schiffsmodelle besaß, ist der Ursprung der Berliner Galiot vermutlich bei diesem aus Frankreich stammenden Schiffbaumeister zu finden.[12]

Beschreibung des Modells

Vergleicht man die Berliner Galiot mit zwei niederländischen Dreimastgalioten, die bei Chapman bzw. Paris [13] wiedergegeben sind, ergeben sich folgende Besonderheiten: Die FRIEDRICH WILHELM DER 2te hat im Unterwasserschiff im Vorschiff eine schärfere Linienführung, Vorder- und Achtersteven sowie der Verlauf der Kielsponung und die kurze abgerundete Kimm erinnern an eine Kuff. Der tiefe Kiel und das im Vergleich zu anderen Dreimastgalioten geringere Längen-Breiten-Verhältnis verweisen dagegen auf andere im 18. Jahrhundert im Ostseeraum verbreiteten Schiffstypen. Nachmessungen am Modell ergaben folgende Werte:

Gesamtlänge des Modells:	2937 mm
Länge über Schiffskörper:	2380 mm
Länge über Steven:	2155 mm
Größte Breite über Beplankung:	605 mm
Seitenhöhe mittschiffs:	365 mm
Höhe von Unterkante Kiel bis Großtopp:	2498 mm
Höhe des Großmastes über Deck:	1955 mm
Länge der Großrah:	1045 mm
Durchmesser des Großmastes an Deck:	39 mm

Nur die Steuerbordseite der FRIEDRICH WILHELM DER 2te ist voll beplankt, während die Backbordseite lediglich einige Plankengänge vom Kiel aufwärts und vom Schanzkleid abwärts aufweist.[14] Dadurch sind die Spanten auf der Backbordseite gut zu sehen (Abb. S. 77 und S. 81). Ähnlich ist mit dem Großdeck verfahren worden: Auf der Steuerbordseite sind die Decksplanken angebracht, die Backbordseite ist offengelassen worden. Entsprechendes gilt auch für das Deckshaus. Mit Ausnahme des Galions, der (nachträglich hinzugefügten) Galionsfigur und des Ruders wurde als Bauholz ausschließlich Eiche verwendet.

Der aus einem Stück gefertigte Kiel geht sehr tief; ein Losekiel ist nicht angebracht. Die Spanten sind - wie bei Originalschiffen - gebaut, d.h. sie sind aus mehreren Teilen zusammengesetzt. Hierbei sind Holzteile verwendet worden, deren Wuchs dem Verlauf des Bauteils entspricht.[15] Die Verbindung der einzelnen Spantteile scheint etwas willkürlich zu sein: Einige überlappen sich und sind miteinander verbolzt, andere sind einfach auf Stoß gesetzt, was allerdings nicht der tatsächlichen Bauweise entspricht, da die Festigkeit des Schiffskörpers nicht gewährleistet wäre.

Das Ruder ist aus einem Stück gefertigt und mit fünf Ruderscharnieren am Achtersteven befestigt. Als Material ist in diesem Fall Nadelholz verwendet worden. Die am Ruderkopf ansetzende Pinne geht über das Schanzkleid und das Deck der Kajüte auf das Achterdeck (Abb. u. re. S. 84).

In das gerundete Achterschiff sind auf beiden Schiffsseiten jeweils zwei Rundbogenfenster eingearbeitet, die mit Reliefschnitzereien umrahmt sind. Unterhalb des rechten Fensters auf der Backbordseite ist das Inventarschild des Museums für Meereskunde (mit der Inventarnummer S B 77) angebracht, während sich oberhalb der Fenster der auf zwei Kartuschen angebrachte Namenszug mit dem Baudatum befindet: „1789 FRIEDRICH WILHELM DER 2te". Auf der Steuerbordseite befindet sich unmittelbar am Achtersteven ansetzend ein Durchbruch, der mit einem durch vier Knebel gehaltenen Brett, das erst später angefertigt worden ist, verschlossen ist (Abb. S. 83). Die Funktion dieses Durchbruchs ist nicht klar ersichtlich. Es könnte sich um eine Eigenart des Modells handeln, die dazu dient, besser in den Laderaum schauen zu können; es ist aber auch möglich, daß ein solcher Durchbruch auch bei Originalgalioten vorhanden war und als Ladeluke für sehr langes und sperriges Frachtgut diente. Für die zweite Möglichkeit spricht, daß eine solche Öffnung auch auf der Backbordseite der bereits erwähnten, von Chapman gezeichneten Dreimastgaliot zu sehen ist.

Am Vorder- und Achtersteven sind die Ahminge oder Marken angebracht, das in Fuß eingeteilte Maß, das den Tiefgang des Schiffes anzeigt. Die Marken gehen von VI bis XV am Achtersteven und von V bis XIII am Vordersteven, was verwunderlich ist, da die untersten Marken denselben Abstand zur Unterkante des Kiels aufweisen. Es konnte bisher nicht geklärt werden, ob es sich hierbei um einen Fehler handelt oder ob diese Differenz von einem Fuß auf die damalige Vermessungspraxis zurückzuführen ist.[16]

Das Galionsscheg setzt am Vordersteven an. Auf beiden Seiten befinden sich zwei untere und zwei obere Galionsregeln und zwei Schloiknie. Zwischen den beiden unteren Regeln ist eine Reliefschnitzerei zu sehen. Auf dem Scheg ist als Galionsfigur in vollplastischer Schnitzerei ein Löwe angebracht (Abb. o. li. S. 84). Hierbei handelt es sich aber um eine spätere Hinzufügung, was schon daraus ersichtlich ist, daß Balsaholz verwendet wurde. Ursprünglich stellte die Galionsfigur einen Triton dar, wie auf Abbildung S. 76 zu erkennen ist. An den Kranbalken auf beiden Seiten hängt jeweils ein Stockanker, deren Trossen durch Ankerklüsen binnenbords geführt sind.

Das Großdeck des Modells läuft nicht ununterbrochen von Bug bis Heck durch. Es endet vielmehr am Schott der

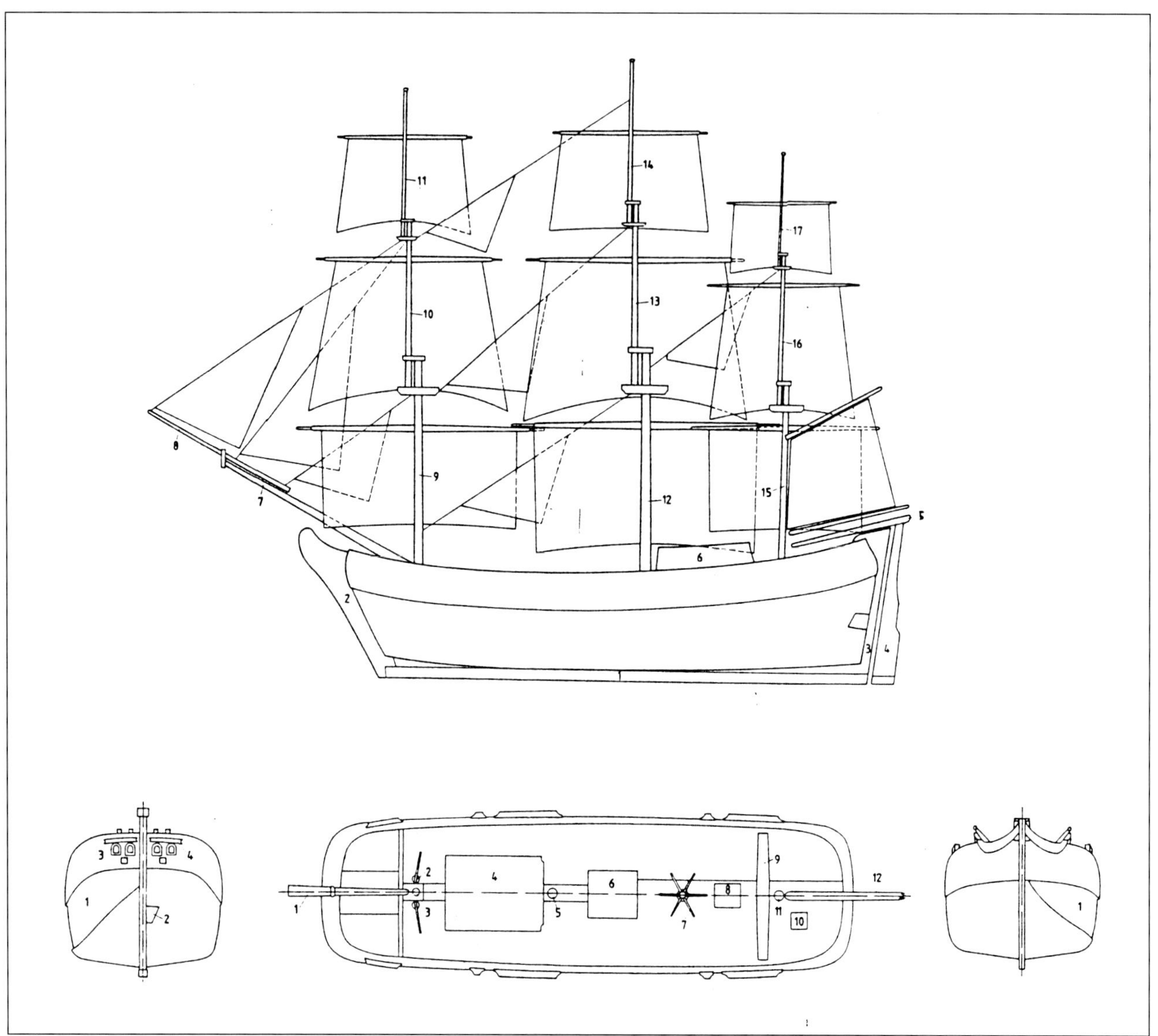

Seitenansicht mit Segelriß
1 Kiel; 2 Vordersteven mit Galionsscheg; 3 Achtersteven; 4 Ruder; 5 Pinne; 6 Deckshaus; 7 Bugspriet; 8 Klüverbaum; 9 Fockmast mit Fockrah und Focksegel; 10 Vormarsstenge mit Fockmarsrah und Fockmarssegel; 11 Vorbramstenge mit Fockbramrah und Fockbramsegel; 12 Großmast mit Großrah und Großsegel; 13 Großmarsstenge mit Großmarsrah und Großmarssegel; 14 Großbramstenge mit Großbramrah und Großbramsegel; 15 Besanmast mit Bagienrah und Besansegel sowie Gaffel, Gaffelbaum und Gaffelsegel; 16 Besanmarsstenge mit Besanmarsrah und Besanmarssegel; 17 Besanbramstenge mit Besanbramrah und Besanbramsegel

Decksansicht
1 Pinne; 2 Lenzpumpe; 3 Besanmast; 4 Deckshaus; 5 Großmast; 6 Große Ladeluke; 7 (maßstäblich zu klein ausgeführtes) Gangspill; 8 Kleine Ladeluke; 9 Bratspill, Nagelbank und Glockengalgen; 10 Kabelgattluke; 11 Fockmast; 12 Bugspriet

Bug- und Heckansicht
1 Der unbeplankte Teil der Backbordseite; 2 die lukenartige Öffnung am Achtersteven; 3 die Rundbogenfenster; 4 die Kartusche mit dem Namenszug

Zeichnungen von Barbara de Longueville nach Vorlagen von Geyer, Lexow und Sohn

Ansicht der Backbordseite des Modells im Museum für Verkehr und Technik. (MVT)

achterlichen Kajüte, deren Boden tiefer als das Großdeck liegt. Bucht und Sprung des Großdecks sind deutlich ausgeprägt. An Deck sind verschiedene Aufbauten und Ausrüstungsgegenstände angebracht: achtern eine Kajüte, das schon erwähnte Deckshaus, dessen Kochstelle gut zu erkennen ist (Abb. u. li. S. 84), zwei Lenzpumpen auf beiden Seiten des Besanmastes (Abb. u. re. S. 84), ein verhältnismäßig zu klein geratenes, erst später hinzugefügtes Gangspill und ein sehr großes, fast über die gesamte Decksbreite gehendes Bratspill, das mit einer Nagelbank und dem Glockengalgen zu einer baulichen Einheit zusammengefügt ist (Abb. o. re. S. 84). Zwischen Groß- und Fockmast befinden sich zwei Ladeluken; eine weitere Luke sieht man neben dem Bugspriet auf der Steuerbordseite. Da es sich hierbei um eine Kabelgattluke handelt, durch welche die Ankertrosse unter Deck geführt wurde, ist davon auszugehen, daß eine solche Öffnung auch auf der unbeplankten Backbordseite zu finden sein müßte.

Blickt man ins Innere des Modells, wird dessen Funktion als Schau- und Lehrobjekt deutlich. Die wesentlichen Teile wie Kielschwein, Wegerungen, etc. sind entsprechend der Originalbauweise ausgeführt.

Die Friedrich Wilhelm Der 2te ist als Dreimastgaliot getakelt, d.h. ihre Takelage entspricht der eines Vollschiffs [17] in jener Zeit. Neben Bugspriet und Klüverbaum verfügt die Friedrich Wilhelm Der 2te damit über Fock-, Groß- und Besanuntermast, die mit Mars- und Bramstengen verlängert sind. An allen Masten werden Unter-, Mars- und Bramsegel geführt, während der Besanmast zusätzlich das übliche Gaffelsegel besitzt. Außerdem sind an den Stagen insgesamt sieben Schratsegel gesetzt. Als Material wurde grobes Leinen verwendet. Leesegelspieren sind nicht vorhanden.

Die weitaus meisten Werftmodelle waren ohne Takelage ausgeführt. Dies war ursprünglich auch bei der Friedrich Wilhelm Der 2te der Fall, doch scheinen schon verhältnismäßig früh Untermasten, Stengen, Rahen, Gaffel und Gaffelbaum sowie Bugspriet und Klüverbaum mit dem dazugehörigen Rigg hinzugefügt worden zu sein. Die Ausführung dieser Bauteile läßt für diese Änderung den Zeitraum um 1800 vermuten.

Bei der Takelage handelt es sich um den empfindlichsten Teil eines Segelschiffsmodells, der am leichtesten beschädigt werden kann. Dies scheint bei der Galiot der Fall gewesen zu sein, so daß man sich gegen Mitte des vorigen Jahrhunderts entschloß, die Takelage zu restaurieren. Dabei wurden erhebliche Änderungen am Vorgeschirr und am Besanmast vorgenommen. So bekam der Besanmast eine Bramstenge und -rah, und die um 1800 übliche Blinderah am Bugspriet wurde nicht mehr ausgeführt, wie es der Praxis um 1850 entsprach. Wahrscheinlich ist das Modell auch zu jenem Zeitpunkt mit Segeln ausgerüstet worden. Man kann lediglich Vermutungen anstellen, warum diese Änderungen vorgenommen wurden, statt die eventuell beschädigten Teile originalgetreu zu ersetzen. Vielleicht sollten die Takelage wie auch der Schiffskörper für Schulungszwecke gebraucht werden und man hat sie deshalb der damaligen Zeit angepaßt.

Die meisten Werftmodelle sind im Maßstab 1:48 [18] gebaut, im gleichen Maßstab, in dem auch normalerweise die Baupläne gezeichnet sind. Bei der Friedrich Wilhelm Der 2te handelt es sich dagegen um ein großmaßstäbliches Modell, was sicherlich darauf zurückzuführen ist, daß es für Unterrichtszwecke genutzt werden sollte. Der Maßstab läßt sich nicht so leicht ermitteln, wie dies zunächst auf der Grundlage der Ahminge erscheint. Nachmessungen der neun Marken am Achtersteven ergaben, daß diese einen Gesamtabstand von 166,9 Millimetern aufweisen, woraus sich ein durchschnittlicher Abstand der Marken von 18,544 Millimetern ergibt. Wenn es unstrittig wäre, welche Maßeinheit durch die Ahminge wiedergegeben wird, könnte man den Maßstab jetzt leicht bestimmen, doch ist nicht klar, ob es sich bei diesen Angaben um Stettiner (283 Millimeter), preußische (314 Millimeter) oder schwedische Fuß (297 Millimeter) handelt.

Geyer, Lexow und Sohn gehen bei den Ahmingen von schwedischen Fuß aus, da Joachim Nettelbeck, der von 1787 bis 1821 Schiffsvermesser in Stettin und ein Mitarbeiter Quantins war, berichtete, „daß das unter dem Einfluß Chapmans in Schweden eingeführte Eichverfahren schon 1787 in Stettin angewendet wurde" [19]. Außerdem war, bedingt durch den Einfluß Schwedens nach dem 30jährigen Krieg auf die Ostseeküste, diese Maßeinheit unter Schiffbauern bis ins 19. Jahrhundert hinein verbreitet.[20] Sollte diese Vermutung stimmen, folgt daraus ein Maßstab von 1:16,016, so daß man im Rahmen der Meßgenauigkeit von einem Maßstab von 1:16 ausgehen kann.

Obwohl das Modell den Krieg und die Anfänge der Nachkriegszeit in den Überresten des Museums für Meereskunde verbracht hat, ist sein Erhaltungszustand erstaunlich gut. An einigen Stellen sind Dehnungsrisse und kleinere Verwerfungen festzustellen, Schädlingsbefall ist nur an sehr wenigen Bauteilen zu erkennen. Somit ist davon auszugehen, daß qualitativ hochwertiges und gut abgelagertes Holz für den Bau verwendet wurde. Farbveränderungen bei der Steuerbordaußenbeplankung mittschiffs deuten darauf hin, daß später der Versuch unternommen wurde, das Modell mit einem starken Lösungsmittel zu reinigen. Farbreste lassen erkennen, daß einige Bauteile früher bemalt waren.

Von der Takelage abgesehen, ist der Originalzustand des Modells weitgehend erhaltengeblieben. Im Auftrag des ehemaligen Museums für Deutsche Geschichte wurde es vom 13. Februar 1980 bis 31. Mai 1980 von Rainer Bratsch restauriert. Folgende Arbeiten wurden dabei durchgeführt: Restaurierung der Besanbramstenge und Befestigung der Segel an den Besanrahen, Neuanfertigung des Eselshaupts am Großmast, Beseitigung der Schäden in der Takelage des Fockmastes, Vertäuung der Ruderpinne, Neuanfertigung der beiden Pumpenschwengel, Ergänzung bzw. Befestigung der seitlichen Poller, Neuanfertigung einer der Pallen und der fehlenden Spaken des Gangspills, Restaurierung der Großmastfischung, Neuanfertigung der Schiffsglocke, Restaurierungsarbeiten an der Ankerklüse steuerbord und am Galion, Neuanfertigung der Galionsfigur, Nachdunkelung der Scheuerstellen, Anpassung der früher ergänzten Bauteile sowie eine gründliche Säuberung des gesamten Modells.[21] Zusätzlich zu den hier aufgeführten Änderungen kann man mit großer Wahrscheinlichkeit auch bei folgenden Bauteilen davon aus-

Blick auf die Steuerbordseite der Heckpartie.
Man sieht u.a. eine der beiden Kartuschen, zwei der Rundbogenfenster, die Klüse für die Sorgleine des Ruders und das durch vier Knebel gehaltene Brett über der Öffnung unmittelbar am Achtersteven. (MVT)

Blick auf die Backbordseite des Galions.
Die 1980 hinzugefügte und historisch nicht korrekte Galionsfigur, das Scheg, die Galionsregeln und ein Teil des am Kranbalken hängenden Ankers sind hier wiedergegeben. (MVT)

Blick auf den Vorderteil des Großdecks von backbord.
Das große Bratspill, der Glockengalgen und die Nagelbank des Fockmastes sind zu einer konstruktiven Einheit zusammengefaßt. (MVT)

Blick auf das Deckshaus von backbord.
Durch die teilweise nicht angebrachte Beplankung des Deckshauses ist es möglich, die Feuerstelle zu erkennen.
An den Rüsten sind die fünf Backbordwanten des Großmastes wie üblich mit Jungfern steifgesetzt. (MVT)

Blick auf das Achterdeck von backbord.
Man sieht u.a. die Ruderpinne mit dem Löwenkopf sowie eine der beiden Lenzpumpen seitlich des Besanmastes.
Der 1980 erneuerte Pumpenschwengel hebt sich durch die hellere Färbung gut ab. (MVT)

gehen, daß sie später hinzugefügt worden sind: die Takelage, das Gangspill und das Brett über der Öffnung im Achterschiff. Beschädigt bzw. verlorengegangen sind außer den bereits erwähnten Teilen der (wahrscheinlich mit einer Schnitzerei verzierte) Ruderkopf und die Sorgleine des Ruders, falls eine solche ursprünglich vorhanden war.

Die Geschichte des Modells

Leider ist die Geschichte dieses Modells bisher nicht vollständig belegt. Schmidt weist darauf hin, daß die Galiot ab 1790 in der Stettiner Steuermannsschule als Studienobjekt diente.[22] Wie die bereits zitierte Beschreibung aus dem Führer durch das Museum für Meereskunde von 1907 nahelegt, scheint die Dreimastgaliot später in die preußische Schiffbauschule in Grabow (in der Nähe von Stettin) gekommen zu sein, die 1834 gegründet wurde.

Es ist jedoch unklar, wie die Friedrich Wilhelm Der 2te von dort nach Berlin gelangte. Die Schiffbauschule wurde 1871 geschlossen, da ihre Aufgabe vom Königlichen Gewerbeinstitut Berlin übernommen wurde, das acht Jahre später in die gerade gegründete Technische Hochschule in Berlin, die spätere Technische Universität Berlin, integriert wurde. Geyer, Lexow und Sohn weisen daraufhin, daß Teile des Inventars der Schiffbauschule nach Berlin gelangten, worunter sich das Modell der Galiot befunden haben könnte.[23] Als 1900 das Museum für Meereskunde gegründet wurde, ist die Friedrich Wilhelm Der 2te möglicherweise als Schenkung der Technischen Hochschule in das Museum überführt worden.

In den vorangegangenen Kapiteln ist bereits über die Verlagerungsgeschichte der Objekte aus dem Museum für Meereskunde berichtet worden. Die Friedrich Wilhelm Der 2te ist in keiner der Listen zu finden, die aufgrund der Verlagerungen angefertigt wurden, und sie wird auch nicht in den Übergabeprotokollen der UdSSR an die DDR aufgeführt. Aus diesen Gründen ist davon auszugehen, daß die Galiot auch nach 1945 in Berlin in den Überresten des Museums für Meereskunde geblieben ist. Zusammen mit anderen, noch in Berlin befindlichen Objekten aus dem Museum wurde sie etwa 1951 zur Schiffbautechnischen Fakultät der Universität Rostock gebracht, von wo aus sie 1964 nach Berlin zurückkam und in den Bestand des damaligen Museums für Deutsche Geschichte im Zeughaus überführt wurde. Im Rahmen der bereits erwähnten Sonderausstellung „Schiffahrt und Seehandel" [24] war die Galiot 1971 erstmals wieder der Öffentlichkeit zugänglich, verschwand dann jedoch erneut im Depot des Museums. Nach der Restaurierung 1980 wurde sie in die ständige Ausstellung eingegliedert und zwei Jahre später begannen Christoph Geyer, Detlev Lexow und Michael Sohn das Modell genau zu vermessen und zu beschreiben. Als Ergebnis dieser Arbeit wurde 1990 eine Dokumentation der Friedrich Wilhelm Der 2te veröffentlicht, die neben vielen Fotografien auch detaillierte Pläne des Modells im Maßstab 1:50 enthält.[25]

Zusammen mit den übrigen Objekten aus dem Museum für Meereskunde, die im Zeughaus lagerten, wurde die Galiot 1991 in das Berliner Museum für Verkehr und Technik gebracht und befindet sich seitdem in der ständigen Ausstellung in der Eingangshalle. Im Jahr 2000, nach der Fertigstellung des Neubaus für die Abteilungen Luftfahrt und Schifffahrt und genau hundert Jahre nach der Gründung des Museums für Meereskunde, wird die Friedrich Wilhelm Der 2te einen Platz im Bereich „Schiffsmodelle und Schiffsmodellbau" im ersten Obergeschoß finden, um dort exemplarisch die Funktion eines großmaßstäblichen Werftmodells zu dokumentieren.

Dirk Böndel

1 Führer durch das Museum für Meereskunde, Berlin 1907.
2 Das Modell befindet sich im Ashmolean Museum in Oxford. Vgl. Mondfeld, Wolfram zu: Historische Modell Schiffe, München 1980, S. 40 f.
3 Diese Bezeichnungen ergeben sich aus der damaligen Struktur der britischen Marinebürokratie. Das staatliche Konstruktionsbüro, das für den Entwurf der Fahrzeuge verantwortlich war, wurde „Navy Board" genannt, wobei die Admiralität, das „Admiralty Board", als Auftraggeber fungierte.
4 Modelle dieser Art nennt man „Spantmodelle".
5 „For the most part, the origin and history of Navy Board models is shrouded in mystery, and hardly anything is known of those who made them, which ship they are intended to represent, and not least, the purpose for which they were made." Franklin, John: Navy Board Ship Models 1650-1750, London 1989, S. 2.
6 Um z.B. die Linienführung eines Schiffes modelltechnisch zu veranschaulichen, ist ein einfaches Halbmodell vollkommen ausreichend.
7 Ein zeitgenössisches Modell der Galiot Hermann von 1781 steht im Focke-Museum in Bremen. Das Berliner Modell gilt jedoch als das einzige bekannte Werftmodell dieses Schiffstyps.
8 Diese war allerdings völlig anders angeordnet. Die Galeotta besaß einen Großmast und einen sehr weit vorne stehenden Fockmast, die jeweils mit einem großen lateinischen (dreieckigen) Segel ausgerüstet waren.
9 Aus diesem Grund konnten Galioten auf die für die niederländische Schiffahrt so charakteristischen Seitenschwerter verzichten, da die Rumpfform genügend Kursstabilität garantierte.
10 Ähnlich wie bei einer Ketch eigneten sich Anderthalbmast-Galioten sehr gut für den Einsatz dieser Steilfeuergeschütze, da im Vorschiffsbereich kein Fockmast geführt wurde, der den Feuerradius der Mörser eingeschränkt hätte.
11 Angabe nach Geyer, Christoph, Detlev Lexow und Michael Sohn: Dreimastgaliot Friedrich Wilhelm der 2te von 1789, Rostock 1990, S. 29.
12 Vgl. Geyer, Christoph, Detlev Lexow und Michael Sohn, wie Anm. 11, S. 45 f.
13 Siehe Chapman, Fredrik Henrik af: Architectura Navalis Mercatoria, Stockholm 1768, Plan LIV, No. 8 und Pàris, Edmond: Souveniers de Marine conservés, Paris 1882-1908, Plan 62.
14 Zur Erläuterung der Beschreibung des Modells und der dabei verwendeten Termini siehe auch die Zeichnungen der Seitenansicht mit Segelriß, die Decksansicht und die Ansichten von Bug und Heck.
15 Im Englischen werden diese Bauteile „compass timber" genannt.
16 Vgl. Geyer, Christoph, Detlev Lexow und Michael Sohn, wie Anm. 11, S.55.
17 Die Begriffe „Vollschiff" und „Vollschiffstakelung" waren im späten 18. Jahrhundert allerdings noch nicht gebräuchlich. Zu jener Zeit sprach man von einer Fregattakelung.
18 Dieser Maßstab beruht auf dem alten Längenmaß im 12er-System und entspricht einem viertel Zoll zu einem Fuß.
19 Geyer, Christoph, Detlev Lexow und Michael Sohn, wie Anm. 11, S. 48.
20 Vgl. ebd.
21 Diese Angaben sind in dem entsprechenden Werkvertrag vom 13. Februar 1980 erhalten.
22 Vgl. Schmidt, Theodor: Zur Geschichte der Stettiner Schiffahrt unter Friedrich dem Großen, Stettin 1858.
23 Geyer, Christoph, Detlev Lexow und Michael Sohn, wie Anm. 11, S.8.
24 Siehe Beitrag Auslagern, Einlagern, Verlagern
25 Siehe Geyer, Christoph, Detlev Lexow und Michael Sohn, wie Anm. 11.

Die Aufstellung der Cape-Cross-Säule von 1485 im Museum für Verkehr und Technik 1991. (MVT)

DIE CAPE-CROSS-SÄULE VON 1485

Eines der bemerkenswertesten Objekte aus dem Museum für Meereskunde, das sich heute im MVT befindet, ist die Cape-Cross-Säule von 1485 aus dem heutigen Namibia, Afrika. Die Säule wird auch als Cão- oder Wappensäule, Steinkreuz oder - im portugiesischen Sprachgebrauch - als Padrão bezeichnet.

Im Zuge der portugiesischen Entdeckungen, Eroberungen und Kolonisation im 15. Jh. wurden Säulen dieser Art, Padroes genannt, von portugiesischen Seeleuten an der Westküste Afrikas errichtet. Sie dienten in erster Linie als Zeichen der Inbesitznahme von Land sowie als Symbol der mit der Kolonisation einhergehenden „Christianisierung". Wurden anfangs noch hölzerne Kreuze aufgestellt, von denen aber keines erhalten blieb, ist der portugiesische Entdecker Diogo Cão der erste, der auf seinen Expeditionen Steinkreuze mitführte.[1] Auf seiner ersten Fahrt im Jahre 1482 stellte er das erste Kreuz an der südlichen Uferseite des Kongo und das zweite am Cabo Lobo auf, dem heutigen Kap Santa Maria Benguela. König Johann II. erhob Diogo Cão nach seiner Rückkehr nach Portugal in den Adelsstand und verlieh ihm ein Wappen. Dieses Wappen zeigt im Schild zwei Steinkreuze auf Hügeln als Symbol für die von Cão in Afrika errichteten Kreuze.

1485 trat Cão seine zweite Reise zur Südküste Afrikas an. Er erreichte den Kongo und fuhr ihn hinauf, bis ihm die Wasserfälle von Yellala eine Weiterfahrt unmöglich machten. Hier ließ er an einem Felsen das neue portugiesische Wappen, ein Kreuz und eine Inschrift einmeißeln.[2] Auf der Weiterfahrt in Richtung Süden erreichte er in den ersten beiden Monaten des Jahres 1486 die Küste Südwestafrikas.

In Cabo do Padrão, wie das Kap zunächst genannt wurde, errichtete Cão sein letztes Steinkreuz bzw. Padrão. Das Kap erhielt später den englischen Namen Cape Cross - daher die Bezeichnung Cape-Cross-Säule. Dieses Kap befindet sich 21° 50' südlicher Breite nördlich der Mündung des Swakop-Flusses im heutigen Namibia, 124 Kilometer nördlich der Stadt Swakopmund. Sandig und steinig erhebt es sich nur wenige Meter über dem Meeresspiegel. Die Säule wurde mit großer Wucht in eine Felsspalte eingesetzt. Noch im Jahre 1952 wurden dort, in einer Spalte zwischen den Klippen, kleine Stückchen gefunden, welche vermutlich beim Einsetzen der Säule abgesplittert waren.

Diese Kreuze bzw. Säulen dienten, wie bereits erwähnt, als Zeichen der Eroberung und Kolonisation sowie als Markierungen für die äußerste Begrenzung der Machtsphäre der portugiesischen Krone in Afrika. Das Kreuz selbst symbolisiert die Ausbreitung des Christentums.

Daneben kommt den Säulen aber auch eine rein praktische Funktion zu: Da sie an auffallenden Landzungen standen, dienten sie der Schiffahrt als Navigations- und Orientierungshilfen. Zu diesem Zweck fanden sie anfangs auch Eingang in die Kartographie. Dies geschah sowohl durch Erwähnung des Standortes als auch durch direkte Einzeichnung der Kreuze in die Landkarten. Schriftlich wurden die Kreuze unter anderem auf dem Behaim-Globus und der Weltkarte des Heinrich Hammer vermerkt sowie auf der Weltkarte von Martin Waldseemüller aus dem Jahre 1507 und auf der Cantino-Karte von 1502. In die Cantino-Karte wurden Padroes von Cão und Bartolomeu Dias in der Form großer Kreuze eingezeichnet, die jedoch nicht dem Aussehen der Originale entsprechen. Während die Padroes vom Kongo und vom Kap Negro an der richtigen Stelle markiert wurden, wurde das Padrão von Santo Agostino völlig weggelassen.

Zurück zum Cabo de Padrão. Die Säule wurde immer wieder von Seefahrern gesichtet. Sie wird als klein und als nur aus der Nähe erkennbar beschrieben. Der wohl umfangreichste Bericht dürfte der des damals 20jährigen Johannes Onno Friedrich Abels sein. Dieser war an Bord des deutschen Kreuzers FALKE, der das Kap auf der Suche nach einer guten Landestelle und nach Trinkwasser anlief.[3]

Abels beschreibt das Kap als sandige, steinige Landschaft, welche von Hunderten, ja Tausenden Robben bevölkert werde, sowie das Portugiesenkreuz als kleines, weißes Kreuz, welches in einem Winkel von 45° zur Ebene geneigt und erst aus allernächster Nähe zu erkennen gewesen sei. Bei diesem Aufenthalt wurde die Säule an Bord des Kreuzers FALKE genommen und durch ein hölzernes Kreuz ersetzt. Später gelangte die Säule mit dem Dampfschiff STETTIN nach Deutschland und Anfang 1894 in die historische Sammlung der Kaiserlichen Marineakademie in Kiel.

Die Cape-Cross-Säule und das Museum für Meereskunde in Berlin

Da für das neue Museum für Meereskunde eine Abteilung der Reichs-Marine-Sammlung geschaffen werden sollte, befahl Kaiser Wilhelm II. der Kaiserlichen Marine, ihre historischen Materialien, soweit sie nicht für Lehrzwecke benötigt würden, an diese neue zentrale Sammelstelle abzugeben. Im Rahmen dieser Umlagerung kam auch die Cape-Cross-Säule nach Berlin und wurde im Lichthof des Museums aufgestellt. Sie muß dort etwas beziehungslos in der Ausstellung gestanden haben, denn der Museumsführer von 1907 beschreibt das Umfeld wie folgt: „Künstlerisch ausgeführte Modelle moderner Bugzieren von Linienschiffen und Kreuzern, Geschenke des Künstlers, Bildhauer G. Haun, schmücken die Wände zu beiden Seiten der Treppe. Zwischen ihnen, in der rechten Ecke des Lichthofs, hat die im Jahre 1485 von dem Portugiesen Diogo Cão an dem Südpunkt seiner afrikanischen Entdeckerfahrt errichtete Wappensäule, der Padrão vom Cap Cross, ihren Platz gefunden."[4]

Im Zweiten Weltkrieg wurde das Museum für Meereskunde in Berlin größtenteils zerstört. Ein Luftminentreffer zog vor allem den Lichthof in Mitleidenschaft. Die Säule wurde zwar beschädigt, aber nicht zerstört - nur die dazugehörige Dokumentation ging verloren.

In den 1950er Jahren wurde die Cape-Cross-Säule aus der Ruine des Museums von Mitarbeitern des Museums für Deutsche Geschichte geborgen und dort untergebracht. Laut einer Karteikarte aus dem MfDG war das Kreuz in drei Teile zerbrochen:

„Zustand: in drei Teile zerbrochen

1. Basis: Steinwürfel mit abgebrochenem runden Säulenschaft
2. darüber restlicher Säulenschaft mit vierkantigem Block (mit Wappen)
3. darauf balkiges Steinkreuz." [5]

Es konnte jedoch nicht mehr festgestellt werden, wann die Säule zerbrochen ist - ob während der Zerstörung des Museums für Meereskunde oder erst beim Abtransport. Laut Wilhelm Kalthammer wurde sie im Jahre 1981 wieder zusammengesetzt und restauriert. Um Beschädigungen beim Transport zu vermeiden, geschah dies direkt am Platz der Aufstellung im Zeughaus. Dennoch wurde sie erneut beschädigt: Der Säulenschaft brach im Bereich der untersten Zeile der portugiesischen Inschrift schräg ab. Die Restaurierung wurde durch Mitarbeiter einer Fremdfirma unsachgemäß ausgeführt. Der Schaden, der dabei entstand, ist heute noch gut in Form einer unschönen und schiefen Klebestelle sichtbar.

Im MfDG befand sich die Säule im Jahre 1981 in der Abteilung Feudalismus, Zeitabschnitt 1470-1525, der großen Geschichtsausstellung des Museums für Deutsche Geschichte. Hier stand die Säule als raumwirksames Objekt für die großen Entdeckungsfahrten und Seeunternehmungen der Portugiesen und Spanier am Ende des 15. und zu Beginn des 16. Jahrhunderts. Im Umkreis der Säule waren eine Kopie des Behaim-Globus und ein Schiffsmodell der Santa Maria ausgestellt. Bis nach der Wende verblieb die Säule im Museum für Deutsche Geschichte. Nachdem dieses „abgewickelt" und geschlossen wurde, kamen die im Museum für Deutsche Geschichte aufbewahrten Teile der Sammlung des Museums für Meereskunde, also auch die Cape-Cross-Säule, in das Museum für Verkehr und Technik. Dort wurde sie im Herbst 1991 in der Haupthalle aufgestellt.

Technische Beschreibung der Cape-Cross-Säule

Die Säule ist 2 Meter hoch und verjüngt sich ohne Schwellung nach oben. Sie trägt ein 43,5 Zentimeter hohes, 45,5 Zentimeter breites und 26,0 Zentimeter tiefes Kapitell. Auf dem Kapitell steht ein 91 Zentimeter hohes und 61,5 Zentimeter weit ausladendes Kreuz. Die erst später hinzugefügte Basis mißt im Grundriß 70 x 70 Zentimeter und ist 40 Zentimeter hoch. „Die eine Breitseite des Kapitells trägt das portugiesische Wappen, die drei anderen Seiten werden völlig durch eine in gotischer Minuskel ausgeführte lateinische Inschrift ausgefüllt, welche auf der einen Schmalseite beginnt, auf der Breitseite fortfährt und auf der zweiten Schmalseite endet. Der Schaft der Säule trägt eine portugiesische Inschrift, gleichfalls in gotischer Minuskel, die links unter dem Wappen und um den oberen Teil des Zylinders herumläuft." [6] Das Portugiesenkreuz bestand aus zwei monolithischen Teilen: zum einen aus der Säule mit dem Kapitell und zum anderen aus dem eigentlichen Kreuz, welches nachträglich mit Blei auf dem Kapitell befestigt wurde. Das Material ist portugiesischer Marmor, welcher bei Sintra in der Nähe von Lissabon gebrochen wurde.

Die lateinische Inschrift

Mit Ergänzung der unleserlich gewordenen [in eckigen] und der ausgelassenen Buchstaben (in runden Klammern) sowie Auflösung der Abkürzungen ist sie wie folgt zu lesen, wobei die unsicheren Schlußziffern einstweilen durch ein ? wiedergegeben werden:

[A] mundi cre- vivate 148? q [uum]
bum canum ejus militem
atione flu- [e] xcelenti [ssi] mus [s] e- colu(m)nam hic situari
xerunt anni [r] enissi [mus] que Rex jus(s)it.
668? et d. Johannes secundus por-
a Christi nati- tugal per ia [co] [7]

Die lateinische Inschrift lautet auf deutsch: „Seit der Erschaffung der Welt sind 6684 Jahre vergangen, und seit der Geburt von Christus 1485 (Jahre), da hat der erhabenste und allerdurchlauchtigste König Johann der Zweite von Portugal diese Säule durch Diogo Cão, Ritter seines Hauses, hier errichten lassen." [8]

Die portugiesische Inschrift vom Schaft der Säule lautet: „Mit Ergänzung der wenigen unleserlich gewordenen Buchstaben [in eckigen Klammern] und Auflösung der Abkürzungen ist dieselbe wie folgt zu lesen:

Era da creac‡o do mundo de bjMbjC lXXXb e de Christo de IIII C lXXXb o eycelent[e] esclareicido Rey dom Yoao segundo de portugal mandou descobrir esta tera e poer este padram por d [oc] ao cavalleiro de sua casa." [9]

Die portugiesische Inschrift ist etwas ausführlicher und heißt auf deutsch: „Seit der Erschaffung der Welt sind 6685 Jahre vergangen und seit Christus 1485, da hat der erhabenste und allerdurchlauchtigste König Johann der Zweite von Portugal den Befehl gegeben, daß dieses Land entdeckt werde und daß dies Padrao durch Diogo Cao, Ritter seines Hauses, hier errichtet werde."[10] Bis heute hat sich die ursprüngliche Entzifferung durch Scheppig als richtig erwiesen, während der portugiesische Text durch Cordeiro und Peres geringfügig korrigiert wurde.

Die Deutung der Ziffern, die in der lateinischen und portugiesischen Fassung unterschiedlich sind, hat allen Forschern, angefangen bei Scheppig, enorme Schwierigkeiten bereitet.

In der lateinischen Inschrift sind arabische Ziffern verwendet, die in jener Zeit in Portugal häufiger gebraucht wurden, aber durch ihre schwankenden Formen viel Verwirrung stifteten, besonders, was die 4 und 5 angeht. In der Jahreszahl nach der Weltära sind die drei ersten Ziffern als 668 zweifelsfrei zu erkennen. Lediglich die kräftige und offenbar in einem Zug mit den vorhergehenden hergestellte vierte Ziffer gibt zu Bedenken Anlaß. Scheppig führt jedoch Vergleiche an, die ihm bewiesen haben, daß wirklich die 4 gemeint ist.

In der Jahreszahl nach unserer Zeitrechnung sind gleichfalls die ersten drei Ziffern 148 deutlich zu lesen, die Schlußziffer aber ist nicht komplett erhalten. Der Kopf ist durch einen Bruch im Stein völlig abgetrennt, der die Kurve der Ziffer schneidende Strich sieht mehr gekratzt als gehauen aus, und auffallenderweise finden sich sowohl am unteren Ende der Kurve wie an der Sekante kleine kräftige Querstriche. Die Jahreszahl 1485 kann daher nur unter Vorbehalt angegeben werden. Die in der portugiesischen Inschrift verwendeten römischen Ziffern bilden keine Schwierigkeiten bei der Entzifferung. Es fällt jedoch auf, daß dem Weltjahr 6685 das christliche Jahr 1485 gleichgestellt wird, was nicht genau mit der eusebianischen Ära übereinstimmt. Da das Weltjahr 6685 aber erst im September 1485 beginnt, fällt das wirkliche Datum in die Zeit von September bis Dezember 1485."[11]

Tassilo Riemann

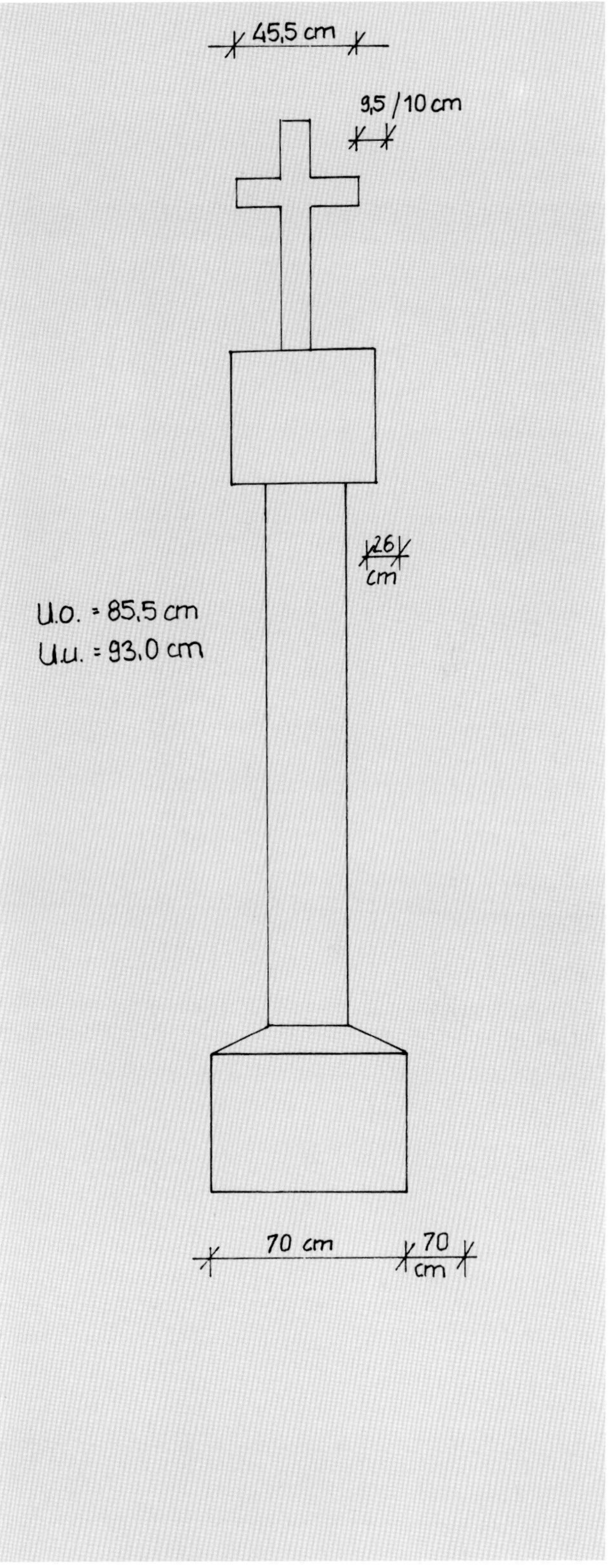

Maßskizze der Cape-Cross-Säule. (T. Riemann)

1 Kalthammer, Wilhelm: Die Portugiesenkreuze in Afrika und Indien, Basler Afrika Bibliographien, Basel 1984, S. 17.
2 Für die heutige Zeit ist bemerkenswert, daß Angola das Kreuz von Yellala für wert befand, als Motiv für eine Briefmarke abgebildet zu werden. Weiterhin beabsichtigte die Regierung von Südwestafrika/Namibia, zumindest im Jahre 1970, das Kreuzkap mit der Nachbildung des Portugiesenkreuzes zu einem Ehrenmal auszugestalten. Die Nachbildung selbst war schon zuvor zum nationalen Denkmal von Südwestafrika erklärt worden.
3 Vgl. Uwe Schnall: SMS Falke als Stationär vor Westafrika 1892-93. Der Reisebericht des Johannes Onno Friedrich Abels, in: Deutsches Schiffahrtsarchiv, Nr. 10, 1987. Sonderdruck.
4 Vgl. Führer durch das Museum für Meereskunde in Berlin, Berlin 1907, S. 19. Interessant ist, daß sich der Museumsführer von 1907 sehr umfassend mit dem Kreuz beschäftigt, während es in dem Führer von 1913 nur noch in einer Aufzählung erwähnt wird.
5 Karteikarte aus dem MfDG.
6 Scheppig, Richard: Die Cão-Säule von Cap Cross in der historischen Sammlung der Kaiserlichen Marine-Akademie zu Kiel, in: Wissenschaftlicher Beilage zum Programm Nr. 340 des Reform-Gymnasiums Kiel 1903, S. 1.
7 Ebd.
8 Kalthammer, wie Anm. 1, S. 34.
9 Scheppig, wie Anm. 6, S. 4.
10 Kalthammer, wie Anm. 1, S. 34.
11 Ebd.

Der BRANDTAUCHER im Innenhof des Museums für Meereskunde. (MVT)

DER „BRANDTAUCHER" – DAS ERSTE DEUTSCHE TAUCHBOOT

Der BRANDTAUCHER im Museum für Meereskunde (MfM)

„'Bauersches Tauchboot' erbaut im Jahre 1850 bei Schweffel und Howald in Kiel, bestimmt feindliche Blockadeschiffe mittelst unterseeisch am Kiel angebrachter Minen zu zerstören. Verunglückte im Februar 1851 bei seiner ersten unterseeischen Probefahrt auf dem Grunde des Kieler Hafens. Die Besatzung – Bauer mit 2 Mann – rettete sich durch Oeffnen des Lukendeckels mit der ausströmenden Luft an die Wasseroberfläche. Das Boot wurde 1887 bei Baggerarbeiten wieder aufgefunden." [1]

Diese Objektbeschriftung gehörte zum BRANDTAUCHER , der im Innenhof des Museums für Meereskunde stand. Als eines der außergewöhnlichsten Objekte war er Anziehungspunkt für viele Besucher.

Was hat ein Brander mit Tauchen zu tun ?

Mit dem BRANDTAUCHER konstruierte Wilhelm Bauer ein „Zerstörungswerkzeug", mit dem er sich ungesehen, unterhalb der Wasseroberfläche, der feindlichen Flotte zu nähern beabsichtigte. Im getauchten Zustand sollte es die Aufgabe eines Branders erfüllen.

Brander nannte man damals die zu militärischen Zwecken auf dem Wasser eingesetzten Fahrzeuge, die, mit leicht brennbaren Stoffen gefüllt, gegen feindliche Schiffe geführt wurden. Die Brander-Führer steuerten diese Fahrzeuge möglichst nahe an die feindlichen Schiffe und brachten sich, nachdem die Brander in Brand gesteckt waren, mit Hilfe von mitgeführten Booten in Sicherheit. Durch den Wind oder die Strömung erreichten die brennenden Fahrzeuge die feindlichen Schiffe und ließen sie ebenfalls in Brand geraten.[2] Der Unterschied des BRANDTAUCHERS zu einem Brander bestand darin, daß mit Hilfe des BRANDTAUCHERS, über Greifarme, unter Wasser Brandsätze am Kiel des Gegners befestigt und, nachdem sich die Besatzung mit dem Tauchboot in Sicherheit gebracht hatte, mittels einer galvanischen Batterie gezündet werden sollten.

Wilhelm Bauer, der Erfinder des BRANDTAUCHER.
(Ausschnitt aus einer Lithographie von Josef Bauer 1860, dem älteren Bruder Wilhelm Bauers.
Photographie: Klaus Herold. Aus: Klaus Herold, Der Kieler Brandtaucher, Bernard & Graefe Verlag, Bonn 1993)

Wilhelm Bauer, ein Erfinder und seine Idee

Untrennbar mit dem BRANDTAUCHER ist die Geschichte seines Erfinders, Wilhelm Bauer, verbunden.

Wilhelm Sebastian Valentin Bauer wurde am 23. Dezember 1822 in Dillingen an der Donau geboren. Nach dem Abschluß einer Handwerkslehre als Drechsler begann er seine Wanderschaft als Geselle, die ihn unter anderem nach Hamburg, Bremen und Lübeck führte. Dort erwachte sein Interesse für das Seewesen, insbesondere für den Schiffbau und den maschinellen Schiffsantrieb. Wieder in Bayern, fand er keine geeignete Anstellung in seinem Beruf und entschloß sich, wie sein Vater, Berufssoldat zu werden. Am 27. Mai 1840 trat Bauer in Augsburg als Freiwilliger in das Bayerische 4. Chevauleger-Regiment und kam 1848, nach kurzer Unterbrechung der militärischen Laufbahn, in das 1. Königliche Bayerische Artillerie-Regiment. Sein soldatischer Beruf konnte ihn jedoch nicht befriedigen, da seine Leidenschaft vor allem technischen Problemen galt.[3]

Für den weiteren Lebensweg des Unteroffiziers wurde der Krieg zwischen Dänemark und dem Deutschen Bund um Schleswig-Holstein ausschlaggebend.

Der deutsch-dänische Krieg zum Zeitpunkt des Jahres 1849

Während der deutschen Revolution von 1848/49 schlossen sich die Herzogtümer Schleswig und Holstein am 24. März 1848 der Revolution an und erhoben sich gegen ihren Herrscher, den dänischen König. Dieser wollte Schleswig, das im Unterschied zu Holstein nicht zum Deutschen Bund gehörte, dem dänischen Nationalstaat einverleiben.[4] Da auch Bayern, als Mitglied des Deutschen Bundes, einen größeren Truppenverband zum Einsatz gegen Dänemark entsandte, kam Bauer als Freiwilliger wieder an die See, die ihn schon 1839 während seiner Wanderschaft stark beeindruckt hatte.[5]

Nach Ablauf des Waffenstillstandes am 13. April 1849 kam er im Raum Düppel/Alsen gegenüber dem Übergang nach Sonderburg zum Einsatz.

Die Idee

Bauer hatte die Idee, die wichtige und einzige Brücke – vom Gegner unbemerkt und vom Wasser her – zu sprengen, um den Rückzug der auf dem Festland befindlichen dänischen Truppen zur Insel Alsen und den Nachschub zu verhindern. Es kam ihm der Gedanke eines Tauchbootes. Hierfür begann er, die Verhaltensweise und natürliche Bewegungsfreiheit von Seehunden zu beobachten und diese auf eine Anwendbarkeit für ein Tauchboot zu prüfen.

Er fertigte Handskizzen an, füllte kleine Behälter mit Steinen unterschiedlicher Gewichte, ließ diese in verschiedenen Tiefen schwimmen und stellte mit den ermittelten Werten Tabellen zusammen.[6]

Am 10. Juli 1849 wurde der Friedensvertrag zwischen dem Deutschen Bund und Dänemark geschlossen und Bauer kehrte mit seinem Regiment und seiner neuen Idee nach Bayern zurück.

Die Entwicklung

In Bayern angekommen, stellte er sogleich einen frühzeitigen Entlassungsantrag aus dem Militärdienst, der jedoch abgelehnt wurde. Als seine Dienstzeit dann regulär am 23. Januar 1850 endete, ging er nach Schleswig-Holstein und trat am 30. Januar 1850 als Unteroffizier II. Klasse in die schleswig-holsteinische Armee, bei der 3. Festungsbatterie in Rendsburg, ein.[7] Schon wenige Tage später reichte er seine Konstruktionspläne ein und wurde am 8. März 1850 aufgefordert, nach Kiel zur Marine-Kommission zu kommen und ein Modell seines Tauchbootes anzufertigen. 75 Mark Courant (nach heutigen Verhältnissen etwa 1100 DM) wurden ihm dafür zugesichert. [8]

„Ich hatte eine äußere Hülle aus Kupfer gebaut, annähernd in der Form eines Seehundes. Im Innern waren zwei Zylinder angebracht, in denen sich Pistons (Kolben) von außen bewegen ließen. Durch das Auf- und Abbewegen dieser Kolben wurde Wasser eingenommen oder ausgepreßt, mithin die Schwere des Schiffchens größer oder kleiner. Infolgedessen konnte der Apparat sinken oder steigen, und bei genauer Einhaltung der spezifischen Schwere konnte der Apparat auch unter dem Wasser verharren, ohne zu sinken, und in horizontaler Richtung bewegt werden. Unter dem eingesetzten Fußboden befand sich ein versetzbarer Bleiblock als Direktionsgewicht. Durch diesen konnte der Apparat nach oben oder unten inklinieren. Die Fortbewegung wurde durch das Uhrwerk, welches seine Kraft auf eine kleine Flügelschraube ausübte, bewerkstelligt. Steuerung nach rechts oder links wurde durch ein gewöhnliches Steuer am Hinterende des Schiffchens hergestellt. Fenster waren sowohl oben als seitwärts angebracht." [9]

Das Modell, das er unter der ehrenamtlichen Mithilfe eines Mechanikers baute, hatte eine Länge von 64,5 Zentimetern. Die Breite betrug 16,7 Zentimeter und die Höhe 26,3 Zentimeter. [10]

Am 9. April 1850 stellte er sein Modell der für dieses Projekt gegründeten Kommission zur Begutachtung vor. Diese Kommission setzte sich aus ranghohen und kompetenten Mitgliedern aus den Fachgebieten der Marine, Physik und Chemie zusammen. Zu einer Zeichnung und der Zusammenstellung der Maße und Gewichte übergab er zwei Schriften über den Zweck und die Verwendbarkeit des BRANDTAUCHERS. Bauer veranschlagte die Kosten eines in ruhigeren Gewässern brauchbaren BRANDTAUCHERS auf 1600 bis 2000 Mark Courant und die eines größeren, für die offene See bestimmten, auf 5000 bis 8000 Mark Courant.[11]

Da das Modell, laut der Kommission, angeblich nicht mit der nötigen Genauigkeit erarbeitet worden war, wurden keine praktischen Versuche unternommen. Sie stellte Bauer am 27. April 1850 ein anerkennendes Zeugnis über seine Leistungen aus, lehnte aber eine Realisierung mit der Begründung ab, daß die Kosten für den Bau in der derzeitigen Situation für die Staatskasse zu hoch seien.[12] Auch wurde ein Gelingen bezweifelt, wie „bisher alle derartigen Erfindungen ... an irgend einem unvorhergesehenen Moment vollständig gescheitert sind".[13] So folgte Bauer der Aufforderung, sich am 30. April 1850 wieder bei seinem Truppenteil in Rendsburg zurückzumelden.

In der Zeit vom Juni bis August 1850 war Bauer bei der 2. Festungs-Batterie in Neustadt als Strandbatterie-Kommandant in Heiligenhafen eingesetzt. Als der Krieg zwischen Schleswig-Holstein und Dänemark neu entbrannte und sein Verlauf die endgültige Niederlage für Schleswig-Holstein brachte, schlug am 14. August 1850 Leutnant Söndergaard, der Kommandeur der Ostsee-Division der schleswig-holsteinischen Marine, dem Marinekommando in Kiel eine freiwillige und private Spende, eine Subskription von 800 Mark Courant anteilig für den Bau eines BRANDTAUCHERS durch Wilhelm Bauer, vor.[14] Das Marinekommando lehnte diese Subskription zwar ab, erteilte aber sein Einverständnis zur pri-

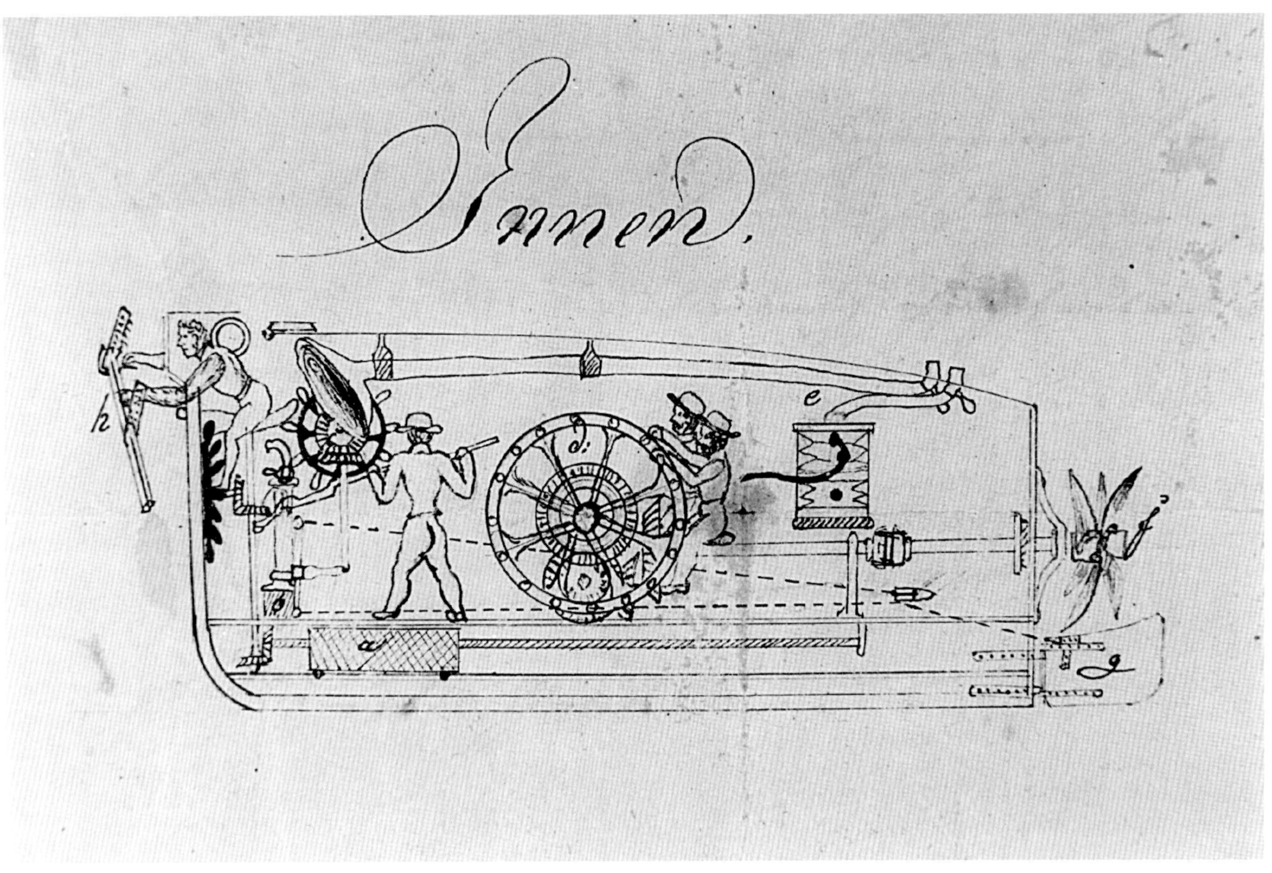

Längsschnitt durch den Brandtaucher
a Trimmgewicht 500 kg
b Große Lenzpumpe
c Ruderanlage
d Antrieb/ Zwei Treträder auf einer Welle
e Luftpumpe zur Lufterneuerung
f Archimedische Schraube
g Steuerruder
h Befestigungsvorrichtung für die Anbringung der Mine am feindlichen Schiff.
(Vergrößerung aus einem Brief Wilhelm Bauers an seine Eltern vom 23./24. Januar 1851.
Photographie: Klaus Herold. Aus: Klaus Herold, Der Kieler Brandtaucher,
Bernard & Graefe Verlag, Bonn 1993)

vaten Realisierung. Durch Spendenaktionen, auch außerhalb Schleswig-Holsteins, kamen bis Ende September 2100 Mark Courant (etwa 31.000 DM) zusammen, so daß mit dem Bau begonnen werden konnte. Das privat finanzierte Vorhaben wurde zu einem offiziellen Projekt, als am 10. November 1850 das Generalkommando 3000 Mark Courant aus öffentlichen Mitteln genehmigte.

Offensichtlich rechnete man nun doch mit einem Gelingen des Tauchbootes und einem möglichen militärischen Einsatz.

Der Bau

Etwa Mitte September 1850 wurde mit dem Bau des Brandtauchers in der Hollerschen Carlshütte bei Rendsburg begonnen. Da es zu Verzögerungen kam, welche vermutlich auf die mit Dänemark sympathisierenden Arbeiter zurückzuführen sind[15], wurde der Bau in der Maschinenfabrik von Schweffel & Howaldt in Kiel fortgesetzt und zu Ende geführt. Die Durchführung bei Schweffel & Howaldt ging aber ebenfalls nur langsam vorwärts. Da der Zufluß der finanziellen Mittel, aufgrund teilweise zögernd eingehender Spenden, unregelmäßig war, mußte der Bau mehrmals eingestellt werden.[16] Nach der Fertigstellung wurde der BRANDTAUCHER am 18. Dezember 1850 aus der Halle der Maschinenfabrik gezogen und in das Kieler Hafenbecken gesetzt.

Die technischen Daten

Der BRANDTAUCHER hatte eine Gesamtlänge von 8,07 Metern. Seine größte Breite betrug 2,01 Meter und die größte Höhe des Rumpfes (Spant 6) 2,86 Meter. Einschließlich des Turmes erreichte er eine Höhe von 3,51 Metern. Seiner Bauart nach war der BRANDTAUCHER ein Einhüllentauchboot (Überflutungsboot) mit senkrechtem Steven, 12 Querspanten und gewölbtem Deck. Der Rumpf bestand aus 6 Millimeter starkem Eisenblech (hergestellt im Puddel-Verfahren), die Einbauteile waren aus Stabeisen, Gußeisen, Eichenholz und Kupferlegierungen gefertigt. Die Antriebsanlage setzte sich aus zwei Treträdern mit einer Größe von 1,57 Metern mit je 12 Fußzapfen, einem Getriebe und Kegelrädern zusammen. Der BRANDTAUCHER besaß eine dreiflügelige Schraube mit einem Durchmesser von 1,20 Metern und ein Ruder. Die Geschwindigkeit betrug über Wasser etwa 3 Knoten. Die Tauchanlage bestand aus je einer Handventilkolbenpumpe vorn und achtern zum Lenzen (Abpumpen des Ballastwassers), einem Tauchventil und einem Tiefenmesser (Druckmesser mit Zeigeranzeige). Mit Trimmanlage bezeichnete man ein Gewicht mit Rädern, welches etwa 0,5 Tonnen schwer war. Es war auf einer Schienenbahn verschiebbar, um Bug- oder Hecklastigkeit zu erzielen. Die Antriebsenergie erfolgte durch Menschenkraft, indem ein Propeller mittels Tretrad angetrieben wurde. Dabei wurden 1/12 PS pro Mann für zehn Minuten erreicht. Die Belüftung erfolgte über eine doppelt wirkende Handkolbenpumpe und Mechanik für Luftumwälzung, Frischluftansaugung und Abluftaustritt. Der Turm befand sich auf dem Vorschiff. Er besaß ein Mannloch als Ein- und Ausstieg, Beobachtungsbullaugen und zwei Öffnungen mit je einem Greifärmel und -handschuh zum Befestigen von Sprengkörpern am gegnerischen Schiff. Unter dem Turmaufsatz befand sich die Zentrale, die mit Handrädern für die Betätigung der Ruder-, Trimm- und Tauchanlage sowie mit einer Vorrichtung für die Zündung des Sprengkörpers am gegnerischen Schiff ausgestattet war. Der Schutzanstrich (außen) bestand aus Teerölfirnis und war schwarz. Das U-Boot war für eine Drei-Mann-Besatzung konzipiert.[17]

Die „Inbetriebnahme"

Der Maschinen-Aspirant Jakob Peter Theodor Heesch, der Sohn des Kieler Hafenmeisters, hielt in einem Tagebuch seine Erinnerungen fest:

„Kiel, den 18. Dezember 1850

Die Mannschaft unseres Schiffes wurde kommandirt, den in der Kesselschmiede von Schweffel & Howaldt erbauten ‚Brandtaucher' zu Wasser zu bringen. Auf Gleitbahnen aus der Fabrik auf den Eisenbahndamm gezogen, wurde der Apparat vermittelst eines großen, hart an der Quaimauer aufgestellten Baues unter Leitung von Bauer in Gegenwart einer zahllosen Menschenmenge seinem Element übergeben. Noch ohne Ballast, ragte der ‚Brandtaucher' einige Fuß aus dem Wasser hervor und bot mit dem gewölbten Rücken und dem mit Ochsenaugen versehenen eigenartig geformten Kopf die Erscheinung eines echten Seeungeheuers." [18]

Anfang Januar 1851 sank der BRANDTAUCHER, der am Kriegsdampfschiff BONIN festgemacht war, vor seinem ersten Tauchversuch auf eine Tiefe von 27 Fuß (7,80 Meter), was wahrscheinlich auf Fahrlässigkeit oder Sabotage zurückzuführen war. Das Tauchboot wurde gehoben und war nach 16 Tagen wiederhergestellt.

Bauer unternahm mit seinen beiden Gehilfen, dem Zimmermann Friedrich Witt und dem Heizer Wilhelm Thomsen, am 1. Februar 1851 um 9.00 Uhr den ersten Tauchversuch. Es war der Tag, an dem die Feindseligkeiten zwischen Schleswig-Holstein und Dänemark beendet worden waren und vereinbart wurde, die schleswig-holsteinische Marine an Dänemark zu übergeben. Nach Durchführung mehrerer Manöver begannen die drei Männer an einer tiefen Stelle des Kieler Hafens den Tauchversuch. Bereits zu Beginn des Tauchversuches konnten sie den BRANDTAUCHER nicht mehr in horizontaler Lage halten und sanken. Nach etwa 42 Fuß (12 Meter) setzte der BRANDTAUCHER auf dem Grund auf. Da der Wasserdruck in dieser Tiefe zu hoch war, wurden die Außenwände eingedrückt, Nieten rissen ab, wodurch sich die Nähte öffneten und Wasser in das Innere drang. Durch die Kaltblütigkeit Bauers, der mit dem Öffnen der Luke so lange wartete, bis die Luft innerhalb des Tauchbootes ausreichend komprimiert war, konnten sich die drei Besatzungsmitglieder nach mehreren Stunden aus dem fast vollgelaufenen Boot retten.

Das Scheitern

Die Gründe für das Sinken des BRANDTAUCHER wurden hauptsächlich in den vorgenommenen „Einsparungen" gesucht. Professor Gustav Karsten, Mitglied der Kommission, schrieb in einem Zeugnis über die Ereignisse am 1. Februar 1851:

„Leider standen bei der Ausführung der Erfindung nicht solche Geldmittel zu Gebote, welche das Schiff nach dem Projekte zu erbauen gestattet hätten, vielmehr mußten, um Kosten zu sparen, wichtige Teile des Apparates durch andere, einfachere, aber auch ungenügendere ersetzt werden. Diesem Übelstande allein ist das am 1. Februar d.J. erfolgte Verunglücken des Schiffes zuzuschreiben." [19]

Bauers Rechtfertigung zufolge wurde bei den „Einsparungen" nicht nur eine Materialreduzierung der Außenhautplatten und der Spanten um 50 Prozent vorgenommen, der Spantabstand vergrößert und die vorgesehenen Tauchtanks nicht berücksichtigt, sondern auch auf eine Senknadel verzichtet. Durch das Fehlen der Senknadel wurde nicht bemerkt, daß ein etwa 150 Pfund schweres Stück Ballast bei der am vorherigen Tag durchgeführten Pumpenreinigung vergessen worden war.

Die drei Besatzungsmitglieder Witt, Bauer und Thomsen verlassen das am 1. Februar 1851 im Kieler Hafen gesunkene Tauchboot. (Ausschnitt-Reproduktion nach einem Bild im Stadtarchiv Dillingen a. d. Donau. Photographie: Klaus Herold. Aus: Klaus Herold, Der Kieler Brandtaucher, Bernard & Graefe Verlag, Bonn 1993)

„Dies bewirkte natürlich, daß das Schiff nach dem Hinterende zu etwas Tiefer hing, und also auch des Behufs des Sinkens eingelassene Wasser, bei dem Mangel der dafür, von mir projectierten, aber zur Kosten-Ersparung nicht angefertigten Cylinder, ungehindert mit seinem Gewicht sich nach hinten zu sammelte und die Schrägstellung vermehrte." [20]

Damit erklärte er sich, daß es den drei Männern nicht mehr gelang, das Boot auf ebenem Kiel zu halten, was letztendlich für das Sinken verantwortlich war.

Die Irreise auf festem Boden

Vom Grunde der Kieler Bucht bis zu seinem heutigen Standort in Dresden

Nach mehreren Hebungsversuchen in den Jahren 1855/56 und 1875/77 stieß man erst im Sommer 1887 bei Baggerarbeiten bei Ellerbeck zur Anlegung eines Hafens für die neu aufgestellte 1. Torpedoabteilung auf den mittlerweile in Vergessenheit geratenen BRANDTAUCHER. Nach der Bergung am 5. Juli 1887 reinigten Mitarbeiter der Werft den Innenraum, indem sie jeweils zwei rechteckige Öffnungen in die Seiten des Rumpfes schnitten. Außerdem entrosteten und konservierten sie das Wrack. Da man sich über die Eigentumsverhältnisse im unklaren war und die Kaiserliche Werft eine Übernahme des BRANDTAUCHER ablehnte, forderte man die in München lebende Witwe Wilhelm Bauers auf (Wilhelm Bauer war am 20. Juni 1875 gestorben), innerhalb einer gesetzlichen Frist und unter Androhung der Versteigerung für den Abtransport zu sorgen.[21] Über verschiedene Instanzen erfuhr Kaiser Wilhelm I. von diesem Vorgang und sorgte für die finanzielle Erledigung. Das Tauchboot fand seine vorläufige Aufstellung im Garten der Marine-Akademie in Kiel am Düsternbrooker Weg. 1890 wurde es auf der Marine-, Handels- und Kunstausstellung in Bremen der Öffentlichkeit gezeigt.[22] Durch die Anordnung von Kaiser Wilhelm II. im Jahre 1901, alle historischen Sammlungsgegenstände der Marine, die nicht für Lehrzwecke benötigt wurden, an das Museum für Meereskunde abzugeben, kam der BRANDTAUCHER 1906 über den Schienenweg nach Berlin und wurde in dem Innenhof des Museums aufgestellt. Er überstand die Luftangriffe während des Zweiten Weltkrieges nahezu unbeschä-

Die drei Besatzungsmitglieder Witt, Bauer und Thomsen retten sich am 1. Februar 1851 mit der aufsteigenden Luftblase aus dem gesunkenen BRANDTAUCHER. (Farbskizze von Wilhelm Bauer. Stadtarchiv Dillingen a. d. Donau. Photographie: Klaus Herold. Aus: Klaus Herold, Der Kieler Brandtaucher, Bernard & Graefe Verlag, Bonn 1993)

digt. 1951 wurde er aus dem zerstörten Gebäude des Museums geborgen, mit einem Lastwagen zur Universität Rostock transportiert und in einem Schuppen eingelagert. Nachdem der verwitterte Bootskörper einen neuen Schutzanstrich erhalten hatte, wurde beschlossen, den BRANDTAUCHER teils zu restaurieren, teils zu rekonstruieren, was in der Zeit von 1963 bis 1965 in der Rostocker Neptunwerft durchgeführt wurde. Am 16. August 1965 überführte die Deutsche Reichsbahn den rekonstruierten BRANDTAUCHER mit einem Tieflader nach Potsdam. Im damaligen Armeemuseum der DDR wurde er als technisches Denkmal aufgestellt und im März 1972 in das Armeemuseum Dresden (heute: Militärhistorisches Museum der Bundeswehr) gebracht. Mit einem Tieflader wurde das ausgeliehene Tauchboot im September 1990 nach Hamburg transportiert und auf zwei Fachausstellungen im Oktober und November 1990 gezeigt, bevor es im Sommer 1992 in Genua auf der Weltfachausstellung „Christoph Columbus" als Teil des deutschen Beitrages „Horizonte" besichtigt werden und später seine Reise wieder nach Dresden antreten konnte.[23]

Schlußbetrachtung

Obwohl es zu keinem Einsatz dieses Tauchbootes kam und er auch bei seinem ersten Tauchversuch versank, wird der BRANDTAUCHER häufig als das erste deutsche U-Boot angesehen. Sein Erfinder und Erbauer, Wilhelm Bauer, war der erste, der nahezu alle tauchtechnischen Einrichtungen, die heute noch für die modernsten Unterseeboote charakteristisch sind, bei seinen, auch späteren, Tauchbootkonstruktionen benutzte. Der BRANDTAUCHER wurde damit zum Ausgangspunkt dieser Entwicklung.[24] Dort, wo die Maschinenfabrik und Kesselschmiede Schweffel & Howaldt am Kieler Hafen ansässig war, erinnert eine Gedenktafel an die Fabrik, an den BRANDTAUCHER, dessen Erfinder und das Ereignis vom 1. Februar 1851.

Patricia Rißmann

Der Brandtaucher vor seinem Abtransport nach Berlin. (MVT)

1 Röhr, Albert: Bilder aus dem Museum für Meereskunde in Berlin 1906-1945, Deutsches Schiffahrtmuseum Bremerhaven, 1981, S. 71.
2 Herold, Klaus: Der Kieler Brandtaucher, Bonn 1993, S. 115. Nach: Poten, B.: Handwörterbuch der gesamten Militärwissenschaften, 2. Band, Bielefeld und Leipzig 1877, S. 102.
3 Bethge, Hans-Georg: Der Brandtaucher, Bielefeld und Berlin 1968, S. 33.
4 Fragen an die deutsche Geschichte, Hrsg.: Deutscher Bundestag, Presse- und Informationszentrum, Referat Öffentlichkeitsarbeit, Bonn 1983, S. 129.
5 Röhr, Albert: Wilhelm Bauer - Ein Erfinderschicksal -, in : Deutsches Museum, Abhandlungen und Berichte, 43. Jahrgang, Heft 1, München 1975, S.10.
6 Röhr, Albert: Wilhelm Bauer - Ein Erfinderschicksal - , S. 11.
7 Herold, Klaus: Der Kieler Brandtaucher, S. 17. Nach: Landesarchiv Schleswig-Holstein (LAS), Abt. 55 (Berliner Abgabe) Nr. 99.
8 Herold, Klaus: Der Kieler Brandtaucher, S. 17.
9 Bethge, Hans-Georg: Der Brandtaucher, S. 38.
10 Herold, Klaus: Der Kieler Brandtaucher, S. 28.
11 Herold, Klaus: Der Kieler Brandtaucher, S. 32.
12 Herold, Klaus: Der Kieler Brandtaucher, S. 32.
13 Kiel, die Deutschen und die See, Hrsg.: Elvert, Jürgen, Jensen, Jürgen und Salewski, Michael, Stuttgart 1992. Vortrag von Herold, Klaus: Der Kieler Brandtaucher, Ergebnisse einer Nachforschung, S. 125.
14 Herold, Klaus: Der Kieler Brandtaucher, S. 31.
15 Bethge, Hans-Georg: Der Brandtaucher, S. 41.
16 Herold, Klaus: Der Kieler Brandtaucher, S. 36.
17 Röhr, Albert: Wilhelm Bauer - Ein Erfinderschicksal - , S. 17.
18 Herold, Klaus: Der Kieler Brandtaucher, S. 55. Nach: Tesdorpf, A.: Geschichte der Kaiserl. Deutschen Kriegsmarine, Kiel und Leipzig 1889, S. 47/48. Und Heesch, Jacob Peter Theodor, Stadt Kiel, Akte Familienforschung K-Lem (30.-41.).
19 Bethge, Hans-Georg: Der Brandtaucher, S. 161. Nach: Maydorn: Der Brandtaucher, S. 20.
20 Herold, Klaus: Der Kieler Brandtaucher, S. 65. Nach: Rigsarkivet Kopenhagen (R.A.K.) [6], Kasten Nr. 30, Protokoll der Sitzung vom 15. Feb. 1851.
21 Röhr, Albert: Wilhelm Bauer - Ein Erfinderschicksal - , S. 16.
22 Röhr, Albert: Wilhelm Bauer - Ein Erfinderschicksal - , S. 17.
23 Herold, Klaus: Der Kieler Brandtaucher, S. 99.
24 Herold, Klaus: Der Kieler Brandtaucher, S. 99.

Die Kaiseryacht Meteor III nach der Restaurierung. (MVT)

RESTAURIERUNGSBERICHT DER METEOR III

Viele der Objekte aus dem ehemaligen Museum für Meereskunde, die vom Museum für Verkehr und Technik übernommen wurden, waren bzw. sind stark beschädigt. In den Museumswerkstätten wurde mit der Restaurierung dieser Objekte begonnen, wobei diese Arbeiten erst bei wenigen Exponaten abgeschlossen sind. Als Beispiel für die Vorgehensweise bei der Restaurierung und um einen Eindruck vom Arbeitsaufwand zu vermitteln, der besonders für die beschädigten Schiffsmodelle erforderlich ist, soll an dieser Stelle die Restaurierung des Modells der Kaiseryacht METEOR III eingefügt werden.

Geschichte der METEOR III - Original und Modell

Die METEOR III war eines der als „Kaiser-Yachten" bezeichneten, als Schoneryacht gebauten Schiffe. Im Jahr 1902 von dem amerikanischen Konstrukteur Cary Smith gebaut, war ihre sportliche Bilanz eher durchschnittlich.

1905 wurde die Meteor III auf der Seebeck-Werft in Geestemünde umgebaut. Dort entstand um dieselbe Zeit auch das Modell, das die Yacht nach dem Umbau zeigt. Insgesamt sind fünf Meteor-Yachten in Auftrag gegeben worden.

Technische Daten der Yacht

Baujahr	1902
Länge	49,00 m
Breite	8,36 m
Tiefe	6,30 m
Ladeinhalt	228 BRT
Reeder	Kaiser Wilhelm II.

Das Modell wurde 1945 ausgelagert und kam dann über die UdSSR ins Museum für Deutsche Geschichte (MfDG). Dort stand es ohne Vitrinenschutz und ohne konservatorische Behandlung bis 1990.

Technische Daten des Modells

Länge Rumpf	920 mm
Länge ges.	121 mm
Höhe Rumpf	126 mm
Höhe ges.	920 mm
Breite	162 mm

Problemstellung

Die Restaurierung eines Schiffsmodells ist in den meisten Fällen ein Kompromiß. Am Modell der METEOR III wird dies besonders deutlich. Um den ursprünglichen Eindruck zu erhalten, müssen oft mehr Wiederherstellungen ausgeführt werden, als es nach restauratorischen Gesichtspunkten wünschenswert ist.

Das Modell der METEOR III zeigt einige handwerkliche Besonderheiten, die nachweisbar schon am Originalmodell vorhanden waren. Die Wantschrauben sind von unterschiedlicher Ausführung. Die Steuerbord-Fockwanten wurden exakt nach dem Original gefertigt. Alle anderen Spannschrauben sind in einfacher Art nachgebaut. Das gleiche gilt für die Augbolzen der Wantschrauben. Die Augbolzen sind zum Teil aus Silberdraht, zum Teil aus schlecht legiertem Stahl, mehrere bestehen aus umgebauten Messingschrauben.

Beschädigungen und ausgeführte Arbeiten

Das Modell mußte von einer dreißig Jahre alten Staubschicht gereinigt werden. Durch die lange Einwirkzeit bedingt, mußten nach der Vorreinigung mit Luft und Pinsel die gesamten Decksaufbauten abgenommen werden. Die gründliche Reinigung ist dann mit wenig Balsamterpentinöl partiell ausgeführt worden. Die erste Beschädigung, vom zeitlichen Ablauf her betrachtet, liegt im Bereich des Achterschiffs backbord. Diese Beschädigung ist vermutlich bei der Auslagerung entstanden. Die Reparatur ist - dem Modell entsprechend - in mittlerer Qualität angefangen worden. Der vorhandenen Grundierung angepaßt, wurde ein Gips-Kreidegrund aufgetragen. Die Heckzier, ein Augbolzen auf der Reling, und ein mit versilbertem Messingblech ausgeschlagenes Gatchen wurden ergänzt.

Anfang der 70er Jahre reparierten Angestellte des MfDG das Modell. Leider sind dabei zusätzliche Beschädigungen entstanden. Die Arbeiten sind offensichtlich ohne Fachwissen und somit in handwerklich ungenügender Qualität ausgeführt worden. Die Takelage wurde überwiegend erneuert. Die ursprünglich versilberten Wanten und Stage erhielten einen Anstrich mit Aluminiumfarbe. Dabei entstanden auf dem gesamten Schiff Farbspritzer.

Es ist nicht mehr vollständig nachzuvollziehen, welchen Originalzustand die Takelage des Modells zeigt. Da kein Decks- bzw. Takelplan aus dieser Zeit vorhanden ist, wurden, um möglichst viel vom Originalzustand zu erhalten, nur die völlig unsinnigen Tauführungen den zeitgemäßen Tauführungen angepaßt. Dadurch ergeben sich allerdings teilweise fragwürdige Details (z.B. Spinnaker, Vorstag).

Vermutlich aus Mangel an geeigneten Werkzeugen bzw. Werkstoffen sind Decksaufbauten und Beschlagteile in schlechter Qualität nachgebaut, z.B. Poller aus Holz (statt Messing), Klampen aus Zinn. Am Rumpf wurden zwei Bullaugen verspachtelt und übermalt. Da es auch am Originalschiff einen Umbau in diesem Bereich gab, sind die Bullaugen verdeckt belassen worden.

Nach oberflächlicher Reinigung des Schiffes vom Staub wurde die gesamte Takelage einschließlich der Rundhölzer abgenommen. Der Erhaltungszustand der Rundhölzer war gut. Nachdem die Metallteile entfernt waren, sind sie mit einem Gemisch aus Isopropanol/Terpentinöl gereinigt worden.

Die versilberten Messingteile, Beschläge sowie Ausrüstung befanden sich in unterschiedlichem Erhaltungszustand. Die gut zaponierten Teile waren, bis auf die natürliche Patina, noch einwandfrei versilbert. Die fehlerhaft zaponierten bzw. lackgeschädigten Teile hatten starke Anlaufspuren bis zum völligen Verlust der Versilberung.

Um einen einheitlichen Gesamteindruck zu erreichen, wurden die völlig silberfreien sowie die nachgebauten Teile versilbert. Damit eine einwandfreie Erkennbarkeit dieser Teile gewährleistet wird, ist die Versilberung etwas geweißt. Die noch versilberten Beschlagteile wurden sämtlich vom Zaponlack befreit und anschließend mit einem Gemisch aus Ammoniak und Champagnerkreide gereinigt. Unter den vielfältigen Möglichkeiten Silber zu reinigen, ist diese Methode die sensibelste. Sie ist eine Mischung aus chemischer und mechanischer Reinigung und ermöglicht, den Grad der zu belassenen Patina genau zu bestimmen. Dies ist gerade bei Versilberungen sehr wichtig. Alle Metallteile wurden wieder zaponiert. Die nachgebauten Teile werden im einzelnen noch aufgeführt.

Die Wanten und Stage bestehen aus 0,4 Millimeter starken, 4adrig verdralltem versilbertem Kupferdraht. Für das laufende Gut wurde teilweise 2adrig verdrallter Kupferdraht verwendet.

Die textilen Taue bestehen aus Baumwolle mit einem Durchmesser von 0,5 Millimeter. Bei der schon angesprochenen Reparatur wurden fast alle Originalteile durch schlechtere Qualität ersetzt. Die vorhandenen Originalteile waren so stark beschädigt, daß sich eine Erneuerung anbot. Lediglich an einigen Stellen (Fockmastfall, Focksegelausholer, David) wurden die Originalwerkstoffe wieder angesetzt, um den früheren Zustand zu dokumentieren.

Das Deck besteht aus einem Gips-Kreidegrund mit Pigmenten, ähnlich dem, der als Bildträger verwendet wird. Darauf sind mit Tinte die Plankengänge gezeichnet. Zum Schutz wurde Zaponlack aufgetragen. Die beschädigten Plankengänge wurden ergänzt. Um die Erkennbarkeit der ausgebesserten Bereiche zu gewährleisten, wurde die Zaponlackschicht etwas matter aufgetragen.

Am Vorschiff war der Bugspriet herausgebrochen. Die Gräting, Ankerbeting sowie die Reling waren dadurch stark beschädigt. Am Rumpf waren folgende Beschädigungen vorhanden: Die Bullaugen waren teilweise herausgefallen, aber vorhanden, ebenso die Bullaugeneinsätze (grünes Linoleum).

Die Farbe des Unterwasserschiffes war an einigen Stellen abgeplatzt. Starke Farbunterschiede der Abplatzungen wurden ausgebessert. Über der Wasserlinie war das Barkholz, welches mit Gips ausgespachtelt ist, stark angeschlagen. Die größten Beschädigungen wurden ausgebaut. Die goldene Zierleiste über dem Barkholz besteht aus angemaltem (Goldbronze) Packpapier. Auch sie mußte an wenigen Stellen ergänzt werden.

Am Schanzkleid wurden die aufgemalten Gatchen nachgezeichnet sowie die mit Packpapier aufgeklebten Scharniere vervollständigt. Das abgebrochene Ruder ist mittels eines schon vorhandenen Stichnagels im Kokerbereich wieder angesetzt worden.

Für die am Unterwasserschiff abgenommene Zaponierung wurde ein Acryllack aufgebracht. Er ist sehr viel elastischer als Zaponlack und schützt die Farbschicht besser, besonders an den Abplatzungen. Gegebenenfalls kann der Acryllack mit Terpentinöl abgenommen werden.

Da trotz intensiver Nachforschungen kein Hinweis auf das Vorhandensein von Beibooten auf dem Modell zu erhalten war, ist auf deren Nachbau verzichtet worden.

Auflistung der angefertigten Bauteile

Rumpf
Bullaugen: 3,4,6 steuerbord und 4,5 backbord;
Gatchen am Heck backbord; Stampfstockband

Deck
Spreizhölzer mit Bugsprietwarst; Klampen am Schanzkleid:
Steuerbord drei von acht, Backbord sieben von acht;
Poller achtern: Steuerrad; Davids: drei von vier mit Blöcken
und Talje

Takellage
(Die Zahlen sind identisch mit denen auf dem Seitenriß
und Decksplan.)

Drahttaue: 1, 3 (nur steuerbord mit Schraube), 5, 6, 16, 18,
22 (steuerbord), 31 und 33

Alle textilen Taue bis auf Baumausholer 23 und 12,
untere, an Deck festliegende Talje.

Spannschrauben
17 (vollständig), 18 (vollständig), 31 (beide vollständig),
33 (hintere ohne oberes Gewinde)

Blöcke
2 (an Deck mit Augbolzen), 10, 11, 27 (backbord),
38 (beide für Talje)

Fockmast
Steuerbord halb für Stenge (teilweise)

Michael Keyser

ABKÜRZUNGSVERZEICHNIS

BA Potsdam	Bundesarchiv, Abteilung Potsdam
DHI	Deutsches Hydrographisches Institut, Hamburg
DHM	Deutsches Historisches Museum, Berlin
DZA Potsdam	Deutsches Zentralarchiv Potsdam
GStA PK	Geheimes Staatsarchiv Preußischer Kulturbesitz, Berlin
HUB UA	Humboldt-Universität Berlin, Universitätsarchiv
IMFM	Institut und Museum für Meereskunde
LAB (StA)	Landesarchiv Berlin, Außenstelle Breitestraße
MfDG	Museum für Deutsche Geschichte
MfM	Museum für Meereskunde
MHM	Militärhistorisches Museum der Bundeswehr, Dresden
MVT	Museum für Verkehr und Technik, Berlin

LITERATURVERZEICHNIS

Berghahn, Volker R: Der Tirpitz-Plan, Düsseldorf 1971.

Berichte. 175 Jahre Geographie an der Berliner Universität, Jg. 6, Heft 14, Berlin (Ost) 1986.

Bethge, Hans-Georg: Der Brandtaucher, Bielefeld und Berlin 1968.

Bethge, Hans-Georg: Studien und Bauzeichnungen zum Brandtaucher. Unveröffentlichtes Material (MHM Dresden).

Brosin, H.-J.: Vom Institut für Meereskunde Berlin zum Institut für Meereskunde Warnemünde. Historisch-Meereskundliches Jahrbuch, Nr. 3, 1995.

Chapman, Fredrik Henrik af: Architectura Navalis Mercatoria, Stockholm 1768.

Denkschrift über die Begründung und Ausgestaltung des Instituts und Museums für Meereskunde zu Berlin, Berlin 1901.

Denkschrift über die Ergebnisse einer Studienreise nach Frankreich, England und Holland für die Ausgestaltung des Instituts und Museums für Meereskunde zu Berlin, Berlin 1900.

Die Museen als Volksbildungsstätten. Ergebnisse der 12. Konferenz der Centralstelle für Arbeiterwohlfahrtseinrichtungen, Berlin 1904.

Emery, W.J.: The Meteor Expedition, an ocean survey. In Oceanography, The Past (ed. M. Sears & D. Merriman). Springer New York - Heidelberg - Berlin 1980, S. 690-702.

Epkenhans, Michael: Die wilhelminische Flottenrüstung 1908-1914. Weltmachtstreben, industrieller Fortschritt, soziale Integration, München 1991.

Ewald, Vera G.: Großobjekte im Geschichtsmuseum, in: Beiträge und Mitteilungen, hrsg. vom Museum für Deutsche Geschichte Berlin, Heft 9, Berlin 1983.

Fischer, N: Wissenschaft und Kunst in Berlin. Ein Führer durch die wissenschaftlichen Anstalten, Vereinigungen, Museen und Sammlungen, Berlin 1934.

Fragen an die deutsche Geschichte, Hrsg.: Deutscher Bundestag, Presse- und Informationszentrum, Referat Öffentlichkeitsarbeit, Bonn 1983.

Franklin, John: Navy Board Ship Models 1650-1750, London 1989.

Führer durch das Museum für Meereskunde, Berlin 1907.

Führer durch das Museum für Meereskunde, Berlin 1913.

Führer durch das Museum für Meereskunde, Berlin 1918.

Geyer, Christoph, Detlev Lexow und Michael Sohn: Dreimastgaliot Friedrich Wilhelm der 2te von 1789, Rostock 1990.

Goldmann, Klaus und Günter Wermusch: Vernichtet Verschollen Vermarktet. Kunstschätze im Visier von Politik und Geschäft, Asendorf 1992

Hach, Otto: Berliner Museumsführer, Berlin 1908.

Halle, Ernst von: Bericht über die Sammlungen und Ausstellungen in den Vereinigten Staaten von Amerika, welche für die Ausgestaltung des Instituts für Meereskunde und Marinemuseums zu Berlin von Bedeutung sind, Berlin 1901.

Heinsius, Paul: Ein Museum für Deutsche See- und Schifffahrtsgeschichte, in: Marine-Rundschau, Heft 5, 1964, S. 246-257.

Herold, Klaus: Der Kieler Brandtaucher. Wilhelm Bauers erstes Tauchboot. Ergebnisse einer Nachforschung, Bonn 1993.

Hochreiter, Walter: Vom Musentempel zum Lernort: zur Sozialgeschichte deutscher Museen 1800-1914, Darmstadt 1994.

Holzhauer: Unterseeboote, in: Meereskunde, Sammlung Volkstümlicher Vorträge zum Verständnis der nationalen Bedeutung von Meer und Seewesen, Berlin 1907.

Kalthammer, Wilhelm: Die Portugiesenkreuze in Afrika und Indien, Basler Afrika Bibliographien, Basel 1984.

Kiel, die Deutschen und die See, Hrsg.: Jürgen Elvert, Jürgen Jensen und Michael Salewski, Stuttgart 1992.

Krauß, W:, The Institute of Marine Research in Kiel. Dt. hydrogr. Z. Erg.-H. B., Nr. 22, 1990, S. 131-140.

Kuhn, Annette: Geschichte lernen im Museum, Düsseldorf 1978.

Kuntz, Andreas: Das Museum als Volksbildungsstätte. Museumskonzeptionen der Volksbildungsbewegung in Deutschland zwischen 1871-1918, Marburg 1980.

Lenz, W.: German marine research in the Atlantic Ocean between World War I and II. Dt. hydrogr. Z. Erg.-H. B, Nr. 22, 1990, S. 114-121.

Lenz, W.: On the relation between the Institut für Meereskunde in Berlin and the Biologische Anstalt Helgoland. Helgoländer Meeresunters. 49, 1995, S. 121-124.

Lichtwark, Alfred: Museen als Bildungsstätten, in: ders., Eine Auswahl seiner Schriften, Bd. 2, hrsg. Von Wolf Manhardt, Berlin 1917, S. 185-195.

Lüdecke, C.: Die deutsche Polarforschung seit der Jahrhundertwende und der Einfluß Erich von Drygalskis. Ber. Polarforsch., Nr. 158, 1995.

Mondfeld, Wolfram zu: Historische Modell-Schiffe, München 1980.

Penck, Albrecht: Das Museum für Meereskunde zu Berlin, Berlin 1907.

Penck, Albrecht: Deutschlands Seeinteressen und das Institut und Museum für Meereskunde an der Universität Berlin, Berlin 1921.

Röhr, Albert: Bilder aus dem Museum für Meereskunde in Berlin 1906-1945, Hg. Gert Schlechtriem, Deutsches Schiffahrtsmuseum, Bremerhafen 1981.

Röhr, Albert: Vorgeschichte und Chronik des Torpedowesens der deutschen Marine bis zum Ende des 19. Jahrhunderts, in: Schiff und Zeit, 1978.

Röhr, Albert: Wilhelm Bauer - Ein Erfinderschicksal -, in: Deutsches Museum, Abhandlungen und Berichte, 43. Jahrgang, Heft 1, München 1975.

Röhr, Albert: Deutsche Marinechronik, Oldenburg, Hamburg 1974.

Röhr, Albert: Vor 50 Jahren. Erinnerung an das Museum für Meereskunde Berlin, in: Marinezeitung „Leinen los", Nr. 12, 1956, S. 419ff.

Scheppig, Richard: Die Cao-Säule von Kap Cross in der historischen Sammlung der Kaiserlichen Marine-Akademie zu Kiel, in: Wissenschaftliche Beilage zum Programm Nr. 340 des Reform-Gymnasiums, Kiel 1903.

Schmidt, Theodor: Zur Geschichte der Stettiner Schiffahrt unter Friedrich dem Großen, Stettin 1858.

Schnall, Uwe: SMS Falke als Stationär vor Westafrika 1892-93. Der Reisebericht des Johannes Onno Friedrich Abels. In: Deutsches Schiffahrtsarchiv 10-1987. Sonderdruck.

Spieß, F.: Die Meteor-Fahrt: Forschungen und Ergebnisse der Deutschen Atlantischen Expedition 1925-1927. Dietrich Reimer, Berlin 1928.

Stahlberg, W: Das Institut und Museum für Meereskunde an der Friedrich Wilhelms-Universität in Berlin. Berlin 1929.

Stahlberg, Walter: Das Institut und Museum für Meereskunde an der Friedrich Wilhelms-Universität in Berlin, Berlin 1929.

Statut für das Institut und Museum für Meereskunde an der Königlichen Friedrich Wilhelms-Universität zu Berlin, Berlin 1904.

Stolz, Gerd: Historische Stätten der Marine in Schleswig Holstein, Heide 1990.

Valentiner, R.W.: Umgestaltung der Museen im Sinne der neuen Zeit, Berlin 1919.

Vieregg, Hildegard: Vorgeschichte der Museumspädagogik dargestellt an der Museumsentwicklung in den Städten Berlin, Dresden und Hamburg bis zum Beginn der Weimarer Republik, Münster 1991.

Wehler, Hans-Ulrich: Das Deutsche Kaiserreich 1871-1918, Deutsche Geschichte, Bd. 9, Göttingen 1988.

Wendicke, F.: Hydrographische und biologische Untersuchungen auf den deutschen Feuerschiffen der Nordsee 1910/11. Veröff. Inst. Meeresk. Univ. Berlin, (A) 3, 1913, S. 1-123.

Wittmer, Rudolf: Die Torpedowaffe, in Meereskunde, Sammlung Volkstümlicher Vorträge zum Verständnis der nationalen Bedeutung von Meer und Seewesen, 3.Jg.

Wüst, Georg.: The major deep-sea expeditions and research vessels 1873-1960. Progress in Oceanography, Bd. 2, 1964, S. 3-52.

Zacharias, Wolfgang (Hg.): Zeitphänomen Musealisierung. Das Verschwinden der Gegenwart und die Konstruktion der Erinnerung, Essen 1990.

Zahn, Gustav W. von: Das Institut für Meereskunde an der Universität Berlin, in: Berliner Akademische Wochenschrift, Nr. 25, 1907, S. 195ff.

Raum 1
Raum 2
Raum 3
Raum 4
Hof
Raum 5
Zweites Stockwerk

Raum XIII
Raum XII
Raum XI
Raum X
Raum IX
Raum VIII
Raum VII
Raum VI
Kommando-brücke
Lichthof
Hörsaal
Offener Hof
Durchfahrt
Raum II
Raum III
Raum IV
Raum I
Vorflur
Geschäfts-Stelle
Raum V im Keller unter Raum II
Erdgeschoß

E. S. Mittler & Sohn, Königliche Hofbuchdruck... Berlin

FÜHRER

DURCH DAS

MUSEUM FÜR MEERESKUNDE

IN

BERLIN

MIT 13 ABBILDUNGEN
UND DEN PLÄNEN DES MUSEUMS

NW7 - GEORGENSTRASSE 34-36

BERLIN 1918
ERNST SIEGFRIED MITTLER UND SOHN
KÖNIGLICHE HOFBUCHHANDLUNG
KOCHSTRASSE 68—71

PREIS 40 PF.

Allgemeine Bestimmungen.

Das Museum für Meereskunde ist unentgeltlich geöffnet

Montags, Mittwochs und Sonnabends von 10 bis 3 Uhr
Sonntags von 12 bis 4 Uhr.

Für den Besuch von Schulklassen und Vereinen steht das Museum auch an den Dienstagen jeder Woche in der Zeit von 10 bis 3 Uhr unentgeltlich offen.

Es ist geschlossen an den anderen Wochentagen, am Neujahrstag, Karfreitag, Himmelfahrtstag, Bußtag, Weihnachts-Heiligen Abend, an den ersten Feiertagen der großen Feste ~~und an Kaisers Geburtstag.~~ Die zweiten Feiertage gelten als Sonntage.

Führungen durch das Museum sind während der öffentlichen Besuchszeiten nur am Dienstag gestattet. Die Bestimmungen über Führungen zu andern Zeiten sind in der Geschäftsstelle zu erhalten.

Die Direktion gestattet den Besuchern, die ausgestellten Gegenstände und Einrichtungen zu zeichnen und zu photographieren. Sie bittet aber, von den freiaufgestellten Gegenständen nur diejenigen zu berühren, bei denen eine Berührung oder Inbetriebsetzung durch Aufschriften oder Plakate ausdrücklich erlaubt ist.

Schirme, Stöcke und Handgepäck müssen in der Garderobe abgegeben werden; die Aufbewahrung geschieht kostenlos.

Die Annahme von Geschenken ist den Beamten untersagt.

Den Anordnungen der Aufsichtsbeamten ist unbedingt Folge zu leisten.

Der Direktor
Professor Dr. Albrecht Penck.

FÜHRER

DURCH DAS

MUSEUM FÜR MEERESKUNDE

IN

BERLIN

MIT 13 ABBILDUNGEN
UND DEN PLÄNEN DES MUSEUMS

NW7 - GEORGENSTRASSE 34-36

BERLIN 1918
ERNST SIEGFRIED MITTLER UND SOHN
KÖNIGLICHE HOFBUCHHANDLUNG
KOCHSTRASSE 68—71

PREIS 40 PF.

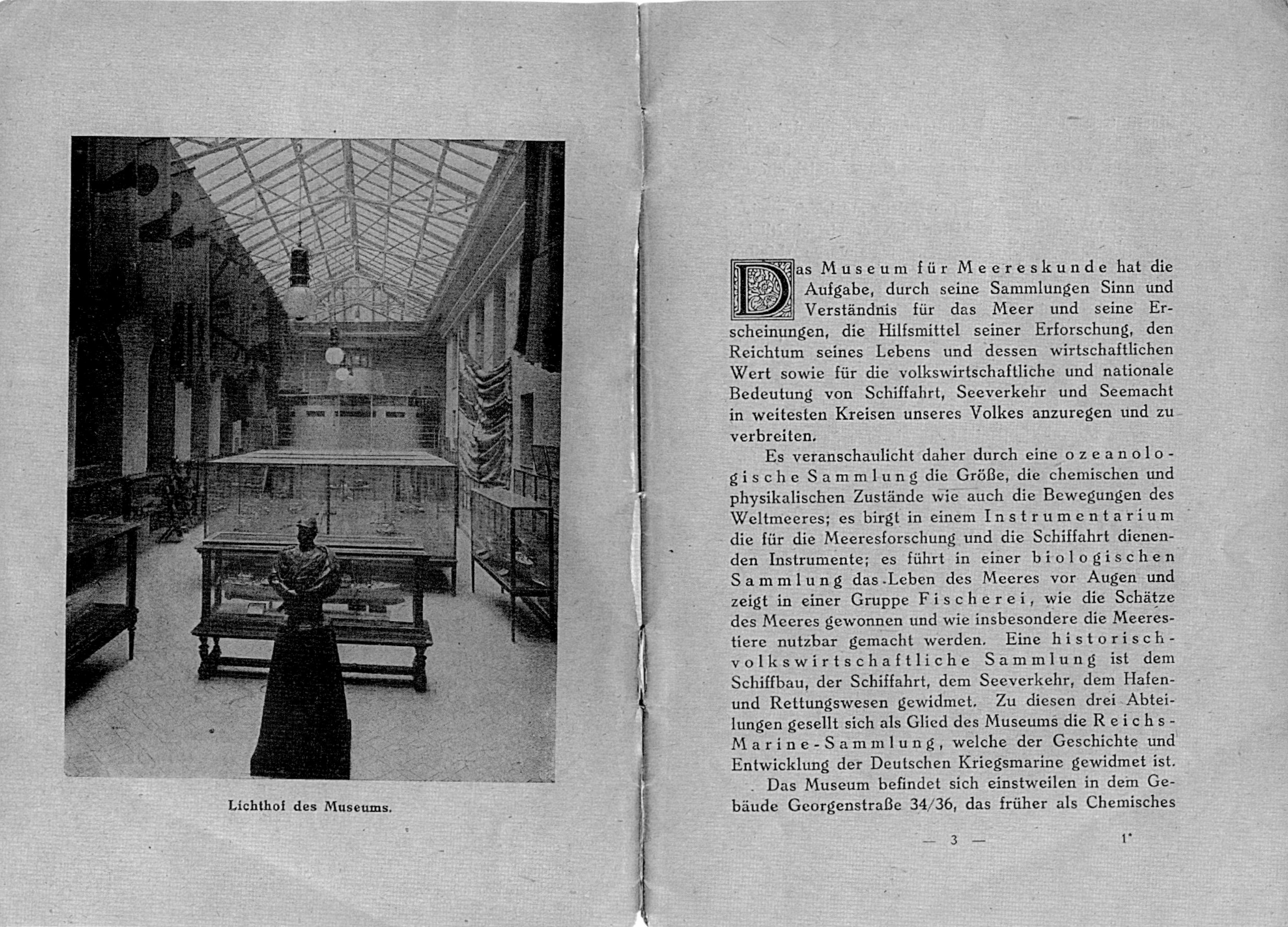

Lichthof des Museums.

Das Museum für Meereskunde hat die Aufgabe, durch seine Sammlungen Sinn und Verständnis für das Meer und seine Erscheinungen, die Hilfsmittel seiner Erforschung, den Reichtum seines Lebens und dessen wirtschaftlichen Wert sowie für die volkswirtschaftliche und nationale Bedeutung von Schiffahrt, Seeverkehr und Seemacht in weitesten Kreisen unseres Volkes anzuregen und zu verbreiten.

Es veranschaulicht daher durch eine ozeanologische Sammlung die Größe, die chemischen und physikalischen Zustände wie auch die Bewegungen des Weltmeeres; es birgt in einem Instrumentarium die für die Meeresforschung und die Schiffahrt dienenden Instrumente; es führt in einer biologischen Sammlung das Leben des Meeres vor Augen und zeigt in einer Gruppe Fischerei, wie die Schätze des Meeres gewonnen und wie insbesondere die Meerestiere nutzbar gemacht werden. Eine historisch-volkswirtschaftliche Sammlung ist dem Schiffbau, der Schiffahrt, dem Seeverkehr, dem Hafen- und Rettungswesen gewidmet. Zu diesen drei Abteilungen gesellt sich als Glied des Museums die Reichs-Marine-Sammlung, welche der Geschichte und Entwicklung der Deutschen Kriegsmarine gewidmet ist.

Das Museum befindet sich einstweilen in dem Gebäude Georgenstraße 34/36, das früher als Chemisches

Institut der Universität diente, in der Nähe des Bahnhofs Friedrichstraße und ist durch Einbeziehung des anstoßenden Gebäudes der früheren Universitätsbibliothek erweitert worden.

Im Erdgeschoß sind die Reichs-Marine-Sammlung und einige Teile der historisch-volkswirtschaftlichen Sammlung, in den Obergeschossen die anderen Abteilungen dieser Sammlung, die ozeanologische Sammlung nebst dem Instrumentarium, die biologische und die Fischerei-Sammlung untergebracht.

An den Türöffnungen zeigen Tafeln die Raumbezeichnung an, die auf den Plänen am Schluß des Führers benutzt sind. In jedem Raum ist eine schwarzgerahmte Tafel mit einer kurzen Bezeichnung seines Inhalts aufgehängt.

Das Museum soll nicht nur als eine Sammlung der Königlichen Universität Berlin dem Unterricht, sondern vor allem der allgemeinen Volksbildung dienen. Deswegen ist versucht worden, seine einzelnen Gegenstände durch eingehendere, gemeinverständliche Bemerkungen zu erläutern, während dieser Führer nur einen kurzen Überblick über den Inhalt der Sammlungen zu geben bestimmt ist.

Die Leitung ist dankbar für jede Anregung und Mitwirkung zur Ausgestaltung und Vervollkommnung des Museums.

Vorflur.

Rettungsgruppe: Raketenapparat, Hosenboje und Mann eines Rettungsbootes mit Korkweste von der Deutschen Gesellschaft zur Rettung Schiffbrüchiger. Weitere Rettungsgeräte in Raum 3 des zweiten Stockwerks.

Schiffsmodelle: Helgoländer Schlup zum Schellfischfang; Helgoländer Mittelboot für Vergnügungsfahrten der Badegäste.

An den Wänden: Kanu von Samoa; Auslegerboot von Neu-Guinea; ostasiatische Fischreusen.

An der Decke: Modelle einer arabischen Dhau, eines Nordlandbootes und einer chinesischen Dschunke.

Erdgeschoß.

Vor dem Eintritt in die Reichs-Marine-Sammlung: Handwaffen der Kriegsmarine aus den Jahren 1848 bis 1900; darüber Barringsvorsetzer und Toppflaggen.

Aus der Geschichte des deutschen Seekriegswesens.

R a u m I. An den Wänden: In historischer Folge Gemälde von Hans Petersen „Deutschlands Ruhmestage zur See" mit Darstellungen aus der Zeit der Hanse, des Großen Kurfürsten und der preußisch-deutschen Flotte. Erinnerungsstücke von der kurbrandenburgischen Flotte und von dem Fort Groß-Friedrichsburg. Bilder von Schiffen der asiatischen Kompagnie aus der Zeit Friedrichs des Großen und der Königlich Preußischen Seehandlung. Modelle und Reliquien aus den Zeiten der Schleswig-Holsteinischen und der Deutschen Reichsflotte von 1848; verschiedene Gegenstände aus dem Nachlaß des Admirals Bromme. Dienstsäbel des Prinzen Adalbert von Preußen. Reliquien des am Schantung-Vorgebirge gestrandeten Kanonenbootes „Iltis" und des neuen „Iltis" aus seinem Kampf mit den

Aus der Geschichte des deutschen Seekriegswesens.

Takuforts. Modelle und Reliquien von untergegangenen Schiffen der Preußisch-deutschen Marine (Korvette „Amazone", Schoner „Frauenlob", Brigg „Undine", Panzerschiff „Großer Kurfürst", Torpedoboote S 26, S 41, S 42, Kanonenboot „Adler" und „Eber", Schulschiff „Gneisenau"). Von Erinnerungsstücken aus dem Weltkrieg konnten bisher nur aufgestellt werden: ein Bootsriemen von der „Königin Luise", das Lehnbrett eines Bootes des englischen Linienschiffs „Formidable", eine englische Seekarte vom Sperrangriff auf Ostende am 10. Mai 1918, Abbildungen von der „Emden" und „Ayesha".

Von den aufgestellten Schiffsmodellen seien besonders erwähnt: Germanenschiff aus dem Nydamer Moor (4. Jahrh.); Hansekogge um 1470; Mecklenburgisches Kriegsschiff (17. Jahrh.); Holländische Kriegsschiffe (17. und 18. Jahrh.); Dänisches Linienschiff von 1830; erstes Preußisches Kriegsfahrzeug „Stralsund" 1816; Raddampfkorvette „Danzig"; Radaviso „Preußischer Adler"; Gedeckte Korvette „Gazelle"; Dampfkanonenboot „Meteor"; Linienschiff „Renown"; Glattdeckskorvetten „Ariadne", „Olga"; Kleiner Kreuzer „Prinzeß Wilhelm"; Kanonenboot „Iltis"; Kadettenschulschiffe „Niobe" und „Stosch"; Schiffsjungen-Brigg „Hela".

Avisos, Kleine Kreuzer, Torpedoboote, Marineanlagen.

Raum II. Vor dem Eingang von Raum I: Erinnerungsstücke an die Kaiserjacht „Kaiseradler" und Kreuzer „Gefion", vor Taku zerschossener Schornstein des Kanonenboots „Iltis", Bilder der Kanonenboote „Iltis" und „Eber"; Modelle von Kanonenbooten „Fuchs", „Otter"; Marinesportjacht „Lust"; Avisos „Blitz", „Meteor", „Jagd", „Greif", „Hela". Weiterhin die Entwicklungsreihe der Kleinen Kreuzer: „Irene", „Gefion", „Condor", „Schwalbe", „Geier", „Gazelle", „Niobe", „Nymphe"; Turbinenkreuzer „Lübeck", „Emden", „Kolberg", „Magdeburg", der erste mit leichtem Seiten-

panzer, „Karlsruhe", „Regensburg". Figurengruppe: Schiffstaucher fertig zur Arbeit der Schiffsuntersuchung.

Avisos, Kleine Kreuzer, Torpedoboote, Marineanlagen.

In den Wandnischen links Pläne von projektierten Marineanlagen auf der Insel Rügen 1853/61, Photographie des Marinedepots auf dem Dänholm bei Stralsund, gegründet 1847; Pläne zur Entwicklung der Kaiserlichen Werft Danzig von 1844 bis 1909, der K. W. Wilhelmshaven von 1868 bis 1909 und der K. W. Kiel von 1865 bis 1907. Kurven und Tafeln über das Wachstum der Flotte von 1887 bis 1909.

Entwicklung des deutschen Torpedoboots durch Modelle: Spierentorpedoboot, Torpedoboote „Jaeger", „Schütze", W 1/6, S. 75/81, G. 108/113 mit Einblick in die Inneneinrichtung, V 150/164 und Torpedobootsdivision der ersten S-Boote mit D 9 als Divisionsboot; einzelne Ausrüstungsgegenstände von Torpedobooten: Anker, Bugruder, Hecklaterne, Brieftasche, Schwimmweste, Rauchschützer und Gurtband für den Kommandanten; Sprengausrüstung zum Beseitigen von Sperren. Modell eines Sperrwachtboots. Zeichnung von der Sprengwirkung von Torpedoschüssen an alten Holzschiffen in den Jahren 1880 bis 1881.

Entwicklung des deutschen Unterseebootes: Das Modell von „U 9" erinnert an die Vernichtung der englischen Panzerkreuzer „Hogue", „Aboukir" und „Cressy" durch dieses Uboot unter Kommandant „Weddigen" am 22. September 1914. Ältere Boote s. Hof S. 9.

Kaiserjachten, gepanzerte Schiffe.

Raum III Lichthof. Am Eingang von Raum II und VIII aus: Kommandobrücke des Linienschiffs „Braunschweig", eingebaut in den Lichthof in natürlicher Größe. Treppen zur oberen Kommandobrücke, der Friedenssteuerstelle, mit Kreiselkompaß, Ruderrad, Rudertelegraph, Schallrohr, vorn ausgebaut, dahinter auf erhöhtem Podest der Peilkompaß und an den Ge-

Kaiserjachten, gepanzerte Schiffe.

fechtsmast angebaut das Podest mit den Scheinwerfer-Fernbewegern. Den etwas verkürzten Mast ergänzt ein hier ebenfalls aufgestelltes Modell des Mastes.

Auf der unteren Brücke jederseits eine 3,7 cm-Maschinenkanone, in der Mitte der Kommandoturm mit den Kommandoelementen. Seitlich sind zum Abstieg nach dem Lichthof Schiffstreppen angebaut.

Hier sind vor der Freitreppe an der gegenüberliegenden Seite aufgestellt: Die Büste Seiner Majestät des Kaisers in Admiralsuniform, ein Geschenk Seiner Majestät. Modelle der Königs- und Kaiserjachten „Grille", „Kaiseradler" und „Hohenzollern". Entwicklung des deutschen Panzerkreuzers in Modellen: „Fürst Bismarck", „Friedrich Karl", „Gneisenau", Großkampfschiffe „von der Tann" und „Moltke". Modelle von Bugzieren. Ruderrad der „Niobe". Portugiesische Wappensäule vom Kreuzkap in Deutsch-Südwestafrika, von Diego Cão am Südpunkt seiner Fahrt 1485 errichtet.

In der Mitte des Lichthofs die Gruppe: Linienschiffsdivision im Hafen vor Anker mit den Modellen der älteren Linienschiffe „Wörth" (beim Kohlen), „Kaiser Wilhelm der Große" (seeklar), „Kaiser Barbarossa" (gefechtsklar) und „Elsaß" (hafenklar) und verschiedenen Fahrzeugen, die sich auf der Wasserfläche dazwischen bewegen. Man beachte an dem Modell des Linienschiffs „Elsaß" den Aufbau der Kommandobrücke von dem durch einen roten Strich kenntlich gemachten Aufbaudeck an und vergleiche den Einbau der Brücke des Schwesterschiffs „Braunschweig" in natürlicher Größe.

An den Wänden des Lichthofes: Links Entwicklung des alten Panzerschiffes, dargestellt durch die Modelle: „Prinz Adalbert", „Friedrich Carl", „Preußen", „Deutschland", „Württemberg", „Baden", „Oldenburg", fortgesetzt durch die Modelle der Küstenpanzerschiffe, der

Kaiserjachten, gepanzerte Schiffe.

Linienschiffe in der großen Gruppe und der Linienschiffe „Mecklenburg", „Nassau" und „Helgoland" vor der Kommandobrücke. Rechts die Entwicklung des Segelschiffes in Bildern und Skizzen des Marinemalers Arenhold. Überall verteilt an den Wänden die Flottentafeln Seiner Majestät des Kaisers.

Verschiedene größere Schiffsteile.

An der Decke: Kriegs- und Kommandoflaggen von historischer Bedeutung; die Nummern verweisen auf die Erklärungstafeln an den Pfeilern der Freitreppe.

Raum IV. Durchgang zum Hof: Großer Kreuzer „Hertha", Holländisches Krankentransportboot, Panzerfregatte „Großer Kurfürst", Französisches Linienschiff aus dem 18. Jahrhundert. Destillierapparat. Schiffseismaschine alter Art.

Hof: Mittelstück des ersten modernen deutschen Tauchbootes „Germania" (Modell in natürl. Größe); Bauersches Tauchboot aus dem Kieler Hafen (1851). Ältere schmiedeeiserne Panzerplatte, beschossene Nickelstahlpanzerplatte. Vordersteven der Panzerfregatte „König Wilhelm", bei dem Zusammenstoß mit dem „Großen Kurfürst" gebrochen; der gewaltige Anker dieses Schiffs mit Kette. Schiffsschraube des gestrandeten „Iltis" auf Steinen der Strandungsstelle, unterer Teil des zerschossenen Schornsteins des neuen „Iltis". Nachtrettungsboje.

An den Wänden des Hofes: Galionsfiguren alter Kriegsschiffe; Fockmars vom Schulschiff „Stosch"; Boje und Suchgeräte eines Kabeldampfers; Kieferknochen eines Grönlandwales.

Neben dem Hof in der Durchfahrt: Stängen, Rahen und Saling mit dem dazugehörigen Tauwerk vom Schulschiff „Gneisenau"; Gruppe von in der Marine gebräuchlichen Bootsriemen; unter der Decke drei Boote, darunter die von Kaiser Wilhelm I. benutzte Staatsbarke.

Schiffsinnenräume.

R a u m V. Unterer Gang neben dem Lichthof: Nachbildung von Schiffsräumen der alten Segelfregatte „Niobe" unter Mitverwendung von Originalausrüstungsstücken dieses Schiffs: Kettenkasten mit Ankerkette und Decksstopper zum Festhalten der Kette; Segelkoje mit den zusammengelegten Reservesegeln; Hellegatts; Bottlerei; Mannschaftsraum; Kombüse; Lazarett mit Apotheke; Instrumentenspinde; Kammer des Navigationsoffiziers; Kadettenmesse. Die Hälfte der Kommandantenkajüte und die Schiffskammer des Torpedoboots „S. 17" auf der Werft mit Inventarienausrüstung.

Austritt nach dem Lichthof unter die Kommandobrücke des Linienschiffes „Braunschweig": Funkenspruchraum mit betriebsfertiger Anlage, System Slaby-Arco; Wendeltreppe im Mast, Panzerschacht, Kompaßraum mit Umformerstation für Kreiselkompaß und Mutterkompaß mit elektrischer Übertragung nach Tochterkompaß; 8,8 cm-Schnelladekanone.

Uniformen, Gedenkblätter.

R a u m VI. Die verschiedenen Uniformen der kurbrandenburgischen, preußischen und deutschen Marine, durch Wachsfiguren, Bilder und Tafeln dargestellt. Gedenkblätter für Angehörige gefallener und untergegangener Marinemannschaften, entworfen von Seiner Majestät dem Kaiser; Diplome von Ausstellungen, Urkunden von Grundsteinlegungen, Bilder von Einweihungen, Siegel und Stempel von Marinebehörden.

Signalapparate der Kriegsschiffe, Schiffsartillerie.

R a u m VII. T a g s i g n a l a p p a r a t e : Flaggen, Deckswinker, Korbgeflechte für Fernsignale.

N e b e l s i g n a l a p p a r a t e : Nebelhorn.

N a c h t s i g n a l a p p a r a t e : Alter Petroleumapparat, elektrische Apparate, Sternsignale, Scheinwerfer, Raketen, Fackelfeuer.

Geschützhebezeuge mit alten Schiffsgeschützen, Landungslafette, Modelle und Zeichnungen von alten

deutschen, Zeichnungen von älteren englischen, französischen, italienischen Geschützen und Lafetten.

Schiffsartillerie Torpedos, Minen.

R a u m VIII. Vom Eingang aus Raum VII links Schrank mit Visierapparaten, Peil- und Meßgeräten, ein kurbrandenburgisches, ein preußisches und ein dänisches Schiffsgeschütz; rechts Munitionsförderung an Bord, alter und neuer Art; über der zweiten Tür nach Raum VII Geschützzurrings alter Art. Zwischen beiden Türen Batterietelegraph alter Art, Schußuhr, Abzugsleinen; davor Modell des alten Artillerieschulschiffs „Mars", Modell einer dreizylindrigen Turmdrehmaschine. Rechts am Fenster Vitrine mit Zündungen, verschiedenen Pulversorten und Laboriergerät; an der Wand Entwicklung der Geschoßarten und Geschützladungen in der Marine, Aufbewahrung und Stauung der Munition an Bord, Gurtfüller für 3,7 cm-Maschinenkanone, Geschützseelen- und Ladungsraummesser. Auf Tisch verschiedene Verschlüsse älterer Konstruktion und Transport- und Ladegeräte.

In der Mitte des Raumes: 15 cm Marine-Ringkanone in Halbrahmenlafette der alten Korvetten; zwei 8,7 cm-Stahlkanonen mit Silberziselierung in bronzenen Lafetten von der Kaiserjacht „Kaiseradler"; 5 cm-Schnelladekanone in Torpedobootslafette, alte bronzene 8 cm-Bootskanone in Bootslafette; in Glaskasten: aufgeschnittene Schrapnells, Entwicklungsgang der Ausarbeitung eines Schrapnells und einer Patronenhülse, durch Druck erweiterte Patronenhülse und gesprengtes Geschützrohr. An der Decke verschiedene Rohrwischer und Geschoßansetzer. Jenseits der 15 cm-Marine-Ringkanone: Entwicklung des Torpedos vom Spierentorpedo, dem Harveytorpedo und den Wurftorpedos bis zu dem eigenbeweglichen Torpedo von Whitehead und seinen neueren Formen bis zur deutschen Konstruktion

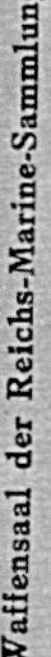

Waffensaal der Reichs-Marine-Sammlung.

91; Luftpumpe mit Sammler zum Betrieb eines Torpedos; zerlegte Torpedos zur Erläuterung des Baus; Ausstoßrohr für ein größeres Schiff und eines für Torpedoboote; Torpedozielapparate; Torpedoschutznetz und Netzschere; Modell eines Panzerschiffs mit ausgebrachtem Schutznetz; Torpedosignalapparate; zerschossene Torpedos; Gerätekasten für Torpedo (C/84). Schiffsartillerie, Torpedos, Minen.

An der Decke: Mundpfropfen für Ausstoßrohr und Torpedobootshaken. Torpedo- und Minenwesen.

In der Nische neben Raum II: einige Seeminen mit Anker und Aussetzvorrichtung; Modell des Minenlegers „Nautilus"; Markierungszeichen für Minensperren.

Raum IX. Dampfbeiboot alter Art für Kriegsschiffe: aufgeschnittener Mittelteil mit eingesetzter Maschine und Dampfkessel, für Landungen armiert mit Revolverkanone; Naphthabootsmaschine, kleinere Dampfbeibootsmaschine, verstellbare Schraube für Boote. Bootsmaschinen.

An den Wänden Halbmodelle von Booten, Bilder der Bootsbauwerkstatt der Kaiserlichen Werft Kiel, Zeichnungen verschiedener Dampfbeiboote und der Vorrichtungen, sie auszusetzen.

Raum X. Links: Bootswinde und Kranschwenkwerk deutscher Kriegsschiffe, Speise- und Lenzpumpe für liegende Schiffsmaschine, Speisepumpe System Worthington, Zentrifugalpumpe, Luftpumpe eines Großen Kreuzers, Blake-Luftpumpe, Einspritz- und Oberflächenkondensator. Hilfsmaschinen, Feuerrohrkessel.

In der Mitte: Destillierapparat System Normandy, Frischwassererzeugungs-Anlage System Pape und Henneberg, Kofferkessel, Lokomotivkessel, Zylinderkessel mit rückschlagender Flamme, Doppelzylinderkessel.

Rechts: Bugspillanlage eines Kl. Kreuzers, Telemotor, Rudermaschine für große Kriegsschiffe und für

Torpedoboote, Heck mit Rudereinrichtung des Linienschiffes „Zähringen".

Wasserrohrkessel.

R a u m XI. Rechts an den Pfeilern und unter den Fenstern: Bedienungsgerät für Heizer, Rosteisen, Feuerbrücke. In der Mitte Modelle: Dürrkessel, Bellevillekessel, Thornycroftkessel, Schulzkessel, Marinekessel

Heizraum eines Kreuzers; Wasserrohrkessel.

System Schulz, Normandkessel, Yarrowkessel, Schüttekessel, Speisewasserregler für Belleville- und Dürrkessel, Heizraumventilator.

An den Wänden: Speisewasserreiniger System Schmidt, Bilder von Heizräumen und Kesselschmieden, Gemälde von H. H a r d e r : Heizraum eines Linienschiffkreuzers, ausgerüstet mit Marinekesseln; Manometer, Wasserstandsgläser, Heizraumlaternen, Packungen, Kesselrohrbürsten, Holzschuhe für Heizer, Roots-

gebläse, Kesseldruckapparat, elektrische Kesseltelegraphenanlage.

Maschinensteuerungen.

R a u m XII. Modelle: Rundlauf-Umsteuerungs-Maschine, Umsteuerungsmaschine System Brown, Umsteuerung System Marshall, Meyersche Expansionssteuerung, Klug-Steuerung mit Riderschem Expansionsschieber, Expansionssteuerung Zweikammersystem, Kulissensteuerung von Stephenson, Steuerung Heusinger und Waldegg, Steuerung für oszillierende Maschinen, Maschinendrehvorrichtung.

Schiffsmaschinen.

R a u m XIII. Entwicklung der Schiffsmaschinen in Modellen: liegende Niederdruckmaschine der Panzerfregatte „Friedrich Karl", Maschine mit Vierradsteuerung der Korvette „Elisabeth", liegende Verbundmaschine der Korvette „Olga", Woolfsche Maschine des Panzerschiffes „Oldenburg", Raddampfmaschine der Kaiserjacht „Kaiseradler", Verbundmaschine eines Frachtdampfers, Dreifach-Expansionsmaschine des Linienschiffes „Deutschland" und des Torpedoboots „G 108" — man vergleiche diese Maschine von 3250 PS. mit der annähernd gleichstarken des „Friedrich Karl" von 3050 PS. —, Vierfach-Expansionsmaschinen des Frachtdampfers „Borussia" und des Schnelldampfers „Deutschland", Heißdampfventilmaschine System Lenz, Turbinenanlage des Kleinen Kreuzers „Lübeck", System Parsons, daneben das aufgeschnittene Modell der Parsons-Turbine, Turbinenanlage des Passagierdampfers „Kaiser", System A.E.G., und Turbine des Kleinen Kreuzers „Magdeburg", System Bergmann. Sämtliche Modelle sind im Maßstab 1 : 10 gebaut und werden im Betrieb vorgeführt. Die Vierfach - Expansionsmaschine „Deutschland" ist in die hintere Backbordhälfte des Schiffskörpers gleichen Maßstabes (1 : 10) eingebaut und betriebsfertig dargestellt mit Schraubenwelle, Schiffs-

Schiffsmaschinen. schraube, Rudereinrichtung, Lichtmaschinen und Schottenschließvorrichtung.

An den Wänden Modelle von einem Drucklager und Manövrierventilen, Umdrehungsanzeiger verschiedener Systeme in natürlicher Größe, elektrische Maschinen-

Modell von der Schnelldampfer-Maschine der „Deutschland", eingebaut in die hintere Backbordhälfte des Schiffskörpers.

telegraphenanlage, Modell einer lüftbaren zweiflügeligen Schiffsschraube, zweier Schaufelräder und eines Stevenrohrs mit Stopfbuchse und Schiffsschraube.

Beim Verlassen von Raum XIII beachte man im Treppenhaus das in natürl. Größe aufgeschnitten dargestellte Hinterteil eines Ostsee-Fischerfahrzeuges mit eingebautem Deutzer Brons-Motor von 6 PS, der durch eine Konstruktionszeichnung an der Wand näher erläutert ist, und begebe sich dann die Treppe hinauf.

Oben im Treppenhaus ein sich drehender Erdglobus mit den Entdeckungsfahrten von Columbus, Vasco da Gama, Magelhaes, Cook, Nordenskiöld, Amundsen; Photographien von altägyptischen Reliefs mit Schiffsdarstellungen aus der Zeit 2500 und 1500 v. Chr. Schiffsmaschinen

Zweites Stockwerk.

Im Treppenhaus: Gemälde von Heinrich Harder: Werft Blohm & Voß im Hamburger Hafen; Modell des größten Segelschiffs der Gegenwart mit Hilfsmaschine „R. C. Rickmers"; unter dem Oberlicht: Reedereiflaggen deutscher Schiffahrtsgesellschaften.

Raum 1. Modelle von Passagierschiffen, besonders Passagierschiffe. hervorzuheben: „H. H. Meyer", der erste deutsche Doppelschraubenschnelldampfer; „Kronprinz Wilhelm", ein moderner Schnelldampfer des Norddeutschen Lloyd; „Barbarossa", moderner Fracht- und Passagierdampfer; „Admiral", Reichspostdampfer der Deutsch-Ost-Afrika-Linie; „Eleonore Woermann" von der Woermann-Linie; „Kap Arcona" der Hamburg-Südamerikanischen Dampfschiffs-Gesellschaft; die drei letzten für den Tropendienst besonders eingerichtet.

An den Fenstern Bilder von der Entwicklung des modernen Passagierdampfers, Schautische mit Bildern von modernen Schiffseinrichtungen und alten Siegeln mit Schiffsdarstellungen. Gegenüber vier Rundkarten mit den Weltschiffahrtswegen: Europa und das Mittelmeer, Indischer Ozean, Stiller Ozean, Atlantischer Ozean.

An der Ostwand Gemälde von Karl Saltzmann „Im Nebel der Weser", ein Geschenk S. M. des Kaisers.

An der Westwand ist eine Kabine erster Klasse von einem modernen Schnelldampfer des Norddeutschen Lloyd eingebaut. Auf dem Verdeck darüber das Karten-

Saal für Passagierschiffe mit eingebauter Kabine erster Klasse und einem Kartenhaus.

Passagierschiffe

haus eines Dampfers der Deutschen Dampfschiffahrts-Gesellschaft „Hansa" in Bremen. Dahinter auf einer Weltkarte die Verteilung der deutschen Handelsschiffe von über 4000 Reg.-Tonnen am Monats-Ersten, durch Modellschiffchen angegeben. Unter der Karte eine Kiste vom Inhalt einer Registertonne (= 2,83 cbm), der Maßeinheit für den Raumgehalt der Schiffe. Rechts davon Modell eines Fischdampfers, an dem gezeigt ist, welche Teile für die Vermessung des Schiffes in Betracht kommen. Am Fenster Bilder von der Sicherheitsfürsorge an Bord der Passagierdampfer.

Frachtschiffe und Spezialschiffe.

R a u m 2. Modelle: „Selandia", erstes betriebsfähiges, und „Monte Penedo", erstes deutsches Großmotorschiff; „Prinz Sigismund", Postdampfer für den Kiel-Korsör-Dienst; „Nixe", Nordseebäderdampfer des Norddeutschen Lloyd; „Soden", Heckraddampfer zum Befahren tropischer flacher Flüsse; „Kaiser Wilhelm II.", Bereisungsdampfer für den Dienst des Gouvernements an der Küste von Deutsch-Ostafrika; „Helene Blumenfeld", Kohlendampfer; „Promotheus", „Saruchan", Petroleumtankdampfer; „Hoerde", „Nordsee", Erztransportdampfer; „Mercur", „Castell Pelesch", „Nyland", „Arsterturm", Frachtdampfer; „Saale", Seeleichter.

An den Fenstern Bilder von Frachtschiffen und ihrem Ladebetrieb, in den Bögen einige Flaggen von deutschen Fracht-Reedereien.

Rettungswesen an der Küste.

R a u m 3. In Originalen und Modellen: Geräte zur Rettung aus Seenot an der Küste, insbesondere solche der Deutschen Gesellschaft zur Rettung Schiffbrüchiger; Aufbau zur Erläuterung der Rettungsarbeiten mit dem Raketenapparat und dem Rettungsboot (man vergl. die zugehörigen Stücke im Vorflur, S. 5).

Segelschiffe.

R a u m 4. Modelle: Als hauptsächlichste Typen der älteren Holzsegelschiffe: Schonerbrigg „Maury",

Segelschiffe. Schonerbark „Oceana“, Brigg „Seenymphe“, Schnau „Johanna von Wismar“, Barken „Jubelfest“, „La Coquette“ und „Merkurius“, Vollschiffe „Melusine“ und

Gruppe: Rettungsarbeiten an der Küste.

„Germania“; als Vertreter moderner Stahlsegelschiffe: Bark „Antuco“ und Viermastbark Schulschiff „Herzogin Cecilie“.

An den Säulen alte Delfter Kacheln. Gleich am Eingang das Modell eines Wikinger Fahrzeugs, eine Rekonstruktion des in Gokstadt gefundenen Bootes; an der

Wand daneben Relief einer attischen Triere. An der ersten Säule Gipsabguß eines in Aquileja ausgegrabenen römischen Rostrums, eines Rammstevens. Segelschiffe.

Küsten-Fahrzeuge. R a u m 5. Modelle ehemaliger und gegenwärtiger Fischerfahrzeuge der deutschen Ostseeküste.

Modelle von deutschen Küstenfahrern: Tjalk „Harmina“, Schlup „Wagrien“, Schnigge „Margarete“, Besanewer „Drei Gebrüder“, Galeaß „Karl und Marie“, Galiot „Johann“, Bojer, Pünte, Muttschiff usw.

Unter dem Tisch ein grönländisches Kajak.

Gemälde von W. D a m m a s c h : „Finkenwärder“.

Erstes Stockwerk.

Moderner Schiffbau, Eisenschiffe. R a u m 6. Schleppanstalt nach Wellenkamp, ausreichend für Modelle im Maßstab 1 : 100; Vorführung von Schleppversuchen und von Schlingerversuchen mit Schlickschem Schiffskreisel und Frahmschem Schlingertank; Stapellauf des Dampfers „Berlin“; Hellinganlagen.

An der Fensterwand Tafeln mit Berechnung der Schiffswiderstände und Kurven der Schleppmodelle.

An den Wänden: Bilder von Stapelläufen, Konstruktionszeichnungen des Dampfers „Berlin“, Bilder von Schiffen in Docks und von Modellschleppanstalten verschiedener Systeme, Halbmodelle verschiedener Schiffsformen, Modelle von Kimmschlitten und Schwimmdock.

Auf Tischen Modelle: Entwässerungsanlage des Linienschiffs „Deutschland“, Querschnitte eines Schnelldampfers, der Linienschiffe „Braunschweig“ und „Wörth“, des Kleinen Kreuzers „Hamburg“, einer wasserdichten Schottwand, Längenschnitt der „Braunschweig“.

Werften, Eisenschiffbau. R a u m 7. Modelle: Kaiserliche Werft Wilhelmshaven im Jahre 1889, Johs. Tecklenborg Schiffswerft-Bremerhaven und Seebeck-Werft-Geestemünde; Schiffssteven verschiedenster Art von Kriegs- und Handels-

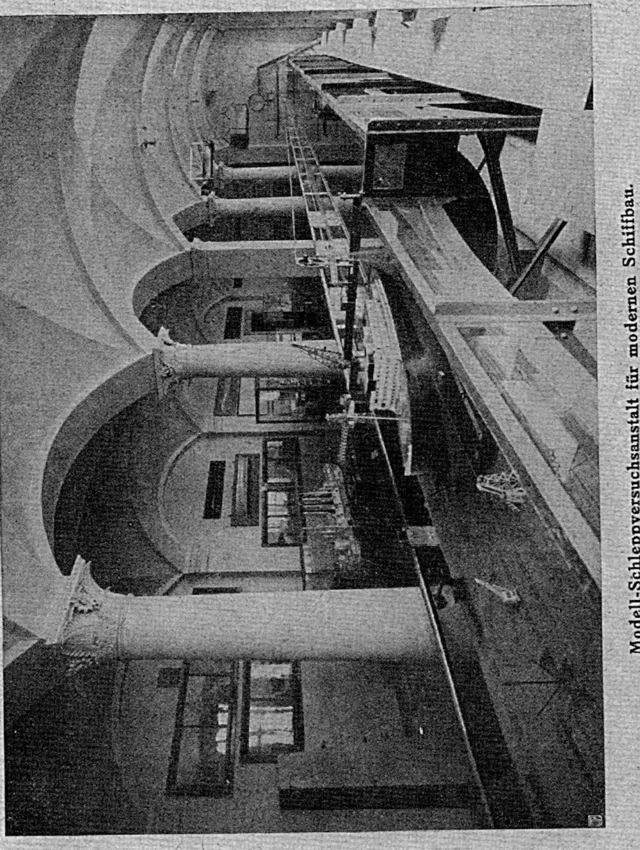

Modell-Schleppversuchsanstalt für modernen Schiffbau.

Werften, Eisenschiffbau.

schiffen; Geschützturm des Panzerschiffs „Preußen". Halbmodell eines Monitors aus dem Nachlaß Seiner Kgl. Hoheit des Prinzen Adalbert von Preußen; Modell eines Panzerschiffs, angefertigt von Seiner Majestät dem König Ludwig von Portugal, Leihgabe Seiner Majestät des Kaisers. Spantenmodell eines hölzernen Handelsschiffes. Bilder vom Bau des Großen Kreuzers „Roon", von Stapelläufen und Schiffbauwerkstätten der K. W. Kiel.

Außer-europäische See- und Binnen-Fahrzeuge.

R a u m 8. Modelle: Doppelkanus von den Fidschi-Inseln, floßartiges Fahrzeug von der Küste von Brasilien, chinesiche Seeräuberdschunke, japanische Dschunke, Boote von Ceylon und Bengalen, Auslegerboot von den Marshall-Inseln und Kriegskanus aus der Südsee. Auf der andern Seite neben Raum 11 Modelle von chinesischen Flußfahrzeugen und von Binsenfahrzeugen („Balsas") vom Titicaca-See.

Holz- und Segelschiffbau.

R a u m 9. An den Tischen in der Mitte Modelle: Querschnitte eines hölzernen Handelsschiffes aus dem Ende des 19. Jahrhunderts, Vollmodell eines Handelsschiffes aus dem Ende des 18. Jahrh., Takelage einer Segelfregatte; Querschnitte der Korvette „Elisabeth".

An der Fensterwand: Glieder von Ankerketten, verschiedene Modelle von Ruderreepleitungen, verschiedene Blöcke, Baugerüst einer attischen Triere. Vor dem Eingang rechts: Modell eines Gangspills, eines Notruders, Bilder und Zeichnungen älterer Schiffsarten, verschiedene Blöcke und Halbmodelle; Modelle und Originale verschiedener Anker, Ankerwinden und Ankerlagerungen; Modell einer Bootsaussetz-Vorrichtung und einer Ventilationseinrichtung; Modell vom Gerippe einer Segelfregatte und eines Küstenfahrzeuges; Modell von Steven hölzerner Kriegsschiffe; Tauwerksorten; verschiedene Halbmodelle von Sportsjachten; Modell der Rennjacht „Freiheit" und der Kreuzerjacht „Meteor".

Lebens- gemeinschaften des Meeres.

Raum 10. Drei große Gruppen: „Vogelleben auf dem Schleswig-Holsteinischen Watt" mit einem Gemälde von Richard Eschke als Hintergrund: Möven und andre Strandvögel gehen auf dem bei Ebbe trocken liegenden Watt ihrer Nahrung nach; „Tierleben der Hochsee": Ein Delphin macht Jagd auf einen Schwarm

Holz- und Segelschiffbau.

Makrelen, die ihrerseits einen Sardinenschwarm verfolgen; darüber schweben zwei Sturmtaucher, der eine hat eine Sardine erbeutet; „Istrische Felsküste" mit dem Tierleben der Uferzone und dem Buschwald der Macchie; der Hintergrund ist von Heinrich Harder gemalt.

An den Fenstern zehn Lebensgemeinschaften aus Kattegatt und Beltsee nach den Untersuchungen von

C. G. Joh. Petersen über die Dichte der Besiedelung des Meeresbodens: jedesmal sind sämtliche auf $\frac{1}{2}$ qm vorgefundenen größeren Tiere wiedergegeben.

Lebens- gemeinschaften des Meeres.

Bewegung der Meerestiere.

In den Schränken: Beispiele für die verschiedenen Bewegungsweisen der Meerestiere, durch anatomische Präparate erläutert; ebenso sind der Übergang zur fest-

Vogelleben auf dem Schleswig-Holsteinischen Watt.

sitzenden Lebensweise, die verschiedenen Arten der Befestigung und die damit verbundenen Änderungen der Organisationsverhältnisse dargestellt; Beispiele für die parasitische Lebensweise und für Symbiose; Veranschaulichung der Rolle, die Meerestiere bei der Veränderung der Erdrinde durch Aufbau oder Zerstörung spielen.

Wirbeltiere.

Raum 11. Skelette von Dorsch, Delphin und Seehund sowie zwei Längsschnitte durch den Kopf von

Wirbeltiere.

Hai und Delphin zum Vergleich von Fisch und Seesäugetier.

Anstoßend Raum 8: Binnenfahrzeuge.

Leuchtende Meerestiere.

R a u m 12. In dem Durchgang nach Raum 13 zu dem anderen Teil der Biologischen Sammlung: ein Wandschrank mit leuchtenden und durchsichtigen Meerestieren; an den Wänden Bilder von der Deutschen Zoologischen Station zu Rovigno (Istrien) und deren Aquarien; unter der Decke einige kleinere Dredschen.

Anstoßend die Räume 18 und 19, s. S. 30 u. 31.

Lebensgemeinschaften, Tiere und Pflanzen des Meeres.

R a u m 13. Am Eingang Wuchsformen westindischer Korallen; große Koralle (Mäandrina) von den Bahama-Inseln; Wuchsformen von Korallen des Roten Meeres.

In dem Hauptsaal: links die Gruppe Antarktisches Tierleben: Weddelrobbe, Krabbenfresser, Pinguine, Riesensturmvogel usw.; der Hintergrund ein Gemälde von H e i n r i c h H a r d e r.

In der Mitte des Saales die Darstellung eines Korallenriffs von der Sinaiküste des Roten Meeres, am besten von dem Einbau davor zu betrachten: man beachte die verschiedenen Wuchsformen der Korallen und die zwischen den Korallenstöcken lebenden Fische, Seesterne, Krebse, Muscheln, Schnecken usw.

Im Innern des Einbaus, von oben durch den Schacht zu betrachten: Darstellung eines Schwammgrundes mit einem Schwammtaucher aus dem Mittelmeer. An dem Einbau außen Präparate über die Lebensgeschichte, den Bau und das Wachstum der Schwämme, sowie die verschiedenen Handelsmarken der Nutzschwämme. Bilder vom Großen Australischen Wallriff.

Dem Riff gegenüber Nachbildung des unteren Teiles der Lummenwand von Helgoland, die den Lummen

Korallenriff von der Sinaiküste des Roten Meeres.

Lebensgemeinschaften, Tiere und Pflanzen des Meeres.

im Frühjahr als Nistplatz und vielen Vögeln als Rastplatz dient, ähnlich den hochnordischen Vogelbergen.

Formolbehälter mit Darstellungen der Lebewelt aus verschiedenen Regionen des Meeres, insbesondere: Korallen des Roten Meeres, Sandgrund, Schlammgrund und Geröllgrund in der Adria, Felsgrund von Daressalam, trockengelaufene und wasserbedeckte Nordseewatten.

In den Schränken: Sammlung ausgewählter Vertreter der wirbellosen Tierwelt des Meeres. Mikroskopische Lebewesen in bildlicher Darstellung. Wichtige Meeres- und Strandpflanzen.

Ufer und Boden des Meeres.

Raum 14. Dem Eingang gegenüber ein von Artur Kampf gemaltets Porträt von Ferdinand Freiherr v. Richthofen, dem ersten Direktor des Museums für Meereskunde.

Arbeit der Brandung an den Küsten: Gemälde von C. Krohse „Brandung an den Scilly-Inseln", „Steilküste von Helgoland" mit der bei Ebbe entblößten, durch Brandungswirkung gebildeten Abrasionsterrasse, Modell der Insel und Düne von Helgoland. Granitblock aus dem Brandungsbereich von den Scilly-Inseln; Kalkblock von der istrischen Steilküste aus der Höhe des Wasserspiegels mit den Löchern der unter Wasser lebenden Bohrmuscheln und den über Wasser auf den Felsen sitzenden Napfschnecken. Verschiedene Gerölle von Brandungsterrassen; längs der Küste verfrachtete Gerölle von einem Strandwall auf Rügen; Zerstörung der diluvialen Steilküste von Ahrenshoop (Pommern) und Aufbau der anschließenden Flachküste des Darß, dargestellt durch Photographien und Belegstücke vom Strande. Dünensand von der Kurischen Nehrung.

Bodenformen der Tiefsee in Reliefs von Oberlercher: Umgebung der Vulkaninseln Hawaii und

Ufer und Boden des Meeres.

Guam, Boden der Tiefsee mit dem daraus aufragenden Funafuti-Atoll und einer anderen Koralleninsel. Über dem letzten Relief Aquarell einer Koralleninsel von Frau E. Krämer-Bannow; neben dem Relief ein Block Schlerndolomit aus den Tiroler Dolomiten, als Probe eines Gesteins, das aus alten Korallenriffen hervorgegangen ist.

Flachsee- und Tiefseesedimente: Phosphatkonkretionen, Manganknollen, verschiedene Bodenproben der deutschen Tiefsee- und der Deutschen Südpolar-Expedition. Bodenproben der Tiefsee im mikroskopischen Bilde.

Schichtenfolge der Marschen unserer Nordseeküste, dargestellt durch Material, das bei Baggerarbeiten in der Jade entnommen ist.

Gemälde von Krohse „Norwegischer Fjord".

Strandverschiebung: Photographien von durch Erdbeben gehobenen und gesenkten Küstenstrecken der Yakutat-Bai (Alaska).

Häfen.

Raum 15. Modelle: Hafen von Swinemünde, Hafen von Tsingtau, Entwurf einer Hafenanlage für Swakopmund; Glaskarten: Bai von San Francisco, Kiautschoubucht, Hafen von Tsingtau, Deutsche Bucht, Kieler Bucht, Pommersche Bucht. Photographien von New York und seinem Hafen. Gemälde von Kurt Polborn: „Hammerhavn auf Bornholm".

Modelle zum Molenbau. Proben durch den Bohrwurm zerstörter Hölzer von der Lüderitzbuchter Landungsanlage.

Eis des Meeres.

Raum 16. Darstellung des Eises im Meer durch Modelle vom Gaußberg mit dem antarktischen Inlandeisrand und den vorgelagerten tafelförmigen Eisbergen, vom Karajakfjord in Grönland mit den Eisberge liefernden Gletscherströmen, von Gletschern Alaskas, deren

Eis des Meeres.

Eismassen sich teigartig an der flachen Küste ausbreiten oder, wie das Bild darüber zeigt, gerade eben ins Meer reichen.

Modell und Pläne des deutschen Südpolarschiffs „Gauß".

Gemälde von L. W e n s e l (1876): Bilder von der Zweiten Deutschen Nordpolar-Expedition, von C h r. R a v e : Südpolarschiff „Deutschland" auf höchster Südbreite, von C. K r o h s e : Forschungsschiff „Valdivia" vor einem antarktischen Eisberg. Photographien von Eisbergen aus nördlichen und südlichen Meeren.

Der Meeresraum und sein Wasser.

R a u m 17. Marmorwürfel zur Darstellung des Volum- und Gewichtsverhältnisses von Erdkugel, Festländern und Ozeanen. Menge des im Meere aufgelösten Salzes und seiner Zusammensetzung. Meeressalz in der Ablagerung als Steinsalz. Ideales Salzlager, durch die Verdunstung des ganzen Weltmeeres von gleichmäßiger mittlerer Tiefe entstanden. Tiefen der Nordsee, eines Ozeanbeckens und der größten Meerestiefe, dargestellt durch Glassäulen, verglichen mit der Länge des Schnelldampfers „Deutschland". Wellenmaschinen zur Erläuterung der Wellenbewegung; Modelle von stereophotogrammetrischen Aufnahmen von Meereswellen. Schrank mit Lichtbildern von Wellen des Meeres von F r a n z G r a f L a r i s c h.

Seekabel.

R a u m 18. Bild: Die erste Atlantische Kabelgesellschaft bei Cyrus West Field. Darstellung des Weltkabelnetzes und des englischen, amerikanischen, französischen und deutschen Anteils.

Photographien von den Anlagen der Norddeutschen Seekabelwerke in Nordenham an der Weser.

Modelle des Kabeldampfers „Großherzog von Oldenburg", Halbmodell des Kabeldampfers „von Pod-

bielski". Kabelsuchgeräte (auch im Hof, S. 9), Modell einer Kabelreparatur; Kabelspleißung.

Seekabel.

Bilder von der Verlegung von Unterseekabeln; Kabelprofile und Kabelquerschnitte.

Deutsche Seewarte.

R a u m 19. Modell vom Dach der Deutschen Seewarte in Hamburg mit Sturmsignalmast, den Beobachtungsinstrumenten und den Telegraphenleitungen für den Wetterdienst. Modell des Passageinstruments in der astronomischen Hütte. Darstellungen aus verschiedenen Arbeitsgebieten der Seewarte: Einzelne Schiffstagebücher, ihre Sammlung, Bearbeitung und Verwertung für praktische und wissenschaftliche Zwecke; Medaillen und Diplom für Mitarbeiter zur See. Schiffswege auf Grund wissenschaftlicher Erkenntnis ihrer Naturverhältnisse; Monats- und Vierteljahrskarten. Prüfung der nautischen Instrumente. Wetterdienst. Sturmsignaldienst.

Man begebe sich durch den anstoßenden Raum 12 und durch Raum 13 nach

Seefische und ihre Verwertung.

R a u m 20. Rechts: Gegenstände aus Häuten, Schuppen, Knochen, Zähnen, Stacheln von Fischen; künstliche Perlen aus Perlsilber von Ukeleischuppen.

An der Wand die wichtigsten Nutzfische der Nordsee, zu einer Gruppe zusammengestellt. Darüber ein Bild: Fischdampfer vor Helgoland bei der Arbeit. Im Schrank gegenüber Präparate von Nutzfischen der Nordsee. Darüber Abbildungen der wichtigsten Nutzfische der Nordsee.

Weiterhin ein Schrank mit in- und ausländischen Fischkonserven (Kaviar, Katsura, Bottarga, Marinaden u. a. m.), Fischleim. Zucht der Meerestiere. Darüber: deutscher Klippfisch in Exportpackung; eßbare Haifischflossen.

Seefische und ihre Verwertung.

Gegenüber: Geräte zur Kaviarbereitung; ein Schrank mit Abfallstoffen von Fischen (Trane, Fischmehl- und Düngersorten, Fischleim). Trockenfische, darunter auch Erzeugnisse der deutschen Stock- und Klippfisch-Industrie; Präparate über Verpilzung von Klippfischen.

An der Wand nach Raum 21: Diplome und Karten zur Veranschaulichung der Tätigkeit des Deutschen Seefischerei-Vereins. Davor links ein Tisch mit Medaillen und Plaketten des Deutschen Seefischerei-Vereins.

Nutzprodukte des Meeres.

R a u m 21. Die Fensterbilder der Galerie beziehen sich meist auf den Inhalt der Schaupulte und Pfeilerschränke, über und neben denen sie hängen.

An der abschließenden Querwand Walbarten, Geräte zum Zerlegen von Walen und anderen Meeressäugetieren. 2 Walroßschädel.

Schaupult I. Zähne vom Potwal und Walroß; Gegenstände aus Fischbein; Eingepökeltes Walfleisch; Walroßleder; Ambra; Walrat. Pelze von Säugetieren des Meeres und der Küsten. Gegenüber: Kanonen zum Fang des Schnabelwals; Alte Geräte zum Walfang; Gemälde „Walfang um die Mitte des 19. Jahrhunderts"; Modell eines alten Bremer Walfängers.

Pfeilerschrank I. Trane von Walen und Delphinen; Mehl aus Walfleisch; Verarbeitung des Fischbeins. Darüber Kajakstück aus Seehundshaut mit Bugverzierung aus Walroßzahn. An der Decke Schulterblatt vom Wal als Aushängeschild einer Schnapsbrennerei.

Schaupult II. Pelzrobbenfell in verschiedenem Stande der Zurichtung. Verarbeitung der Bälge, Knochen und Füße von Seevögeln. Gegenüber: Modell eines modernen Walfangdampfers; moderne Geräte zum Fang und zur Verarbeitung der Wale; Modell eines norwegischen Schnabelwalfangschiffes; Bilder vom Wal-

Nutzprodukte des Meeres.

fang in älterer Zeit; Gemälde von K a r l S a l t z m a n n „Walfang in Norwegen". Walharpune mit explodierter Granate.

Pfeilerschrank II. Guano von Seevögeln. Schildpatt und seine Verarbeitung; Entstehung eines singhale-

Nutzprodukte des Meeres.

sischen Männerkammes aus Schildpatt; Getrocknetes Schildkrötenfleisch. Darüber Preßzangen für die Schildpattverarbeitung.

Schaupult III. Schildpatt und seine Verarbeitung. Gegenüber: Rückenpanzer von Schildkröten; Suppenschildkröte; Gemälde von K a r l S a l t z m a n n „Guanoinsel an der Küste von Peru".

Nutzprodukte des Meeres.

Pfeilerschrank III. Angelhaken aus Schildpatt, Perlmutter und Muschelschalen; Tintenfischangeln. Kameen. Natürlicher und künstlicher Purpur. Eßbare Meeresmollusken.

Schaupult IV. Schalen von Muscheln als Perlmutterlieferanten; Perlen und ihre Entstehung.

Gegenüber Felle von nordatlantischen Robben, Kormoranbälge. An der Decke Modell eines Robbenfängers vom Kaspischen Meer.

Pfeilerschrank IV. Schalen von Meeresmollusken und ihre Verwertung zu Zierzwecken. Darüber Schalen großer Meeresmollusken. An der Decke Austerneisen von Sylt.

Schaupult V. Schnecken als Perlmutterlieferanten. Herstellung von Perlmuttergegenständen. Gegenüber: Modell eines Austernparks; Altersstadien der holländischen Auster; Sammler für Austernbrut; Türkische Geräte zum Austernfang; Muschelseide; Permutter-Einlagen; Gemälde von Karl Saltzmann „Austernfischerei an der holländischen Küste".

Pfeilerschrank V. Schalen von Zierschnecken und deren Verwertung. Darüber Fischnetz mit Muschelsenkern und Zaumzeug mit Kaurimuscheln. An der Decke Helgoländer Hummerkorb und Modell eines Helgoländer Hummerbootes.

Schaupult VI. Muschelgeld. Herstellung von Ringen aus Schnecken- und Muschelschalen.

Gegenüber: Geräte zum Fang und zur Zucht von Hummern; Geräte zum Garneelenfang an der deutschen Küste; Gemälde von Karl Saltzmann „Garneelenfang an der oldenburgischen Küste".

Pfeilerschrank VI. Eßbare Seekrebse; Seemoos; Edelkoralle und ihre Verwertung; Trepang. Darüber Eßbare Seekrebse.

Schaupult VII. Verarbeitung der italienischen und japanischen Edelkoralle; sog. Schwarze Koralle. Nutzprodukte des Meeres.

Gegenüber: Vorkommen und Verwertung des Bernsteins; Preßbernstein; Bernstein-Nachahmung; Insekteneinschlüsse in Bernstein; ostpreußischer Bernsteinfischer; Gemälde von Karl Saltzmann „Bernsteinfischerei an der ostpreußischen Küste". An der Decke italienisches Gerät zur Korallenfischerei.

Pfeilerschrank VII. Verwertung der Meerespflanzen. Darüber große Nutzschwämme.

Schaupult VIII. Meerespflanzen als Speise und Schmuck. Geräte zum Fang und zur Verarbeitung von Schwämmen.

Pfeilerschrank VIII. Produkte von Meeressalinen. Gegenüber eine Saline an der Küste von Istrien. Rings um die Tür zu Raum 22 Geräte zur Gewinnung von Seesalz.

Raum 22. Gruppe Grundschleppnetzfischerei in der Nordsee. Rechts ein Schrank mit türkischen Angelgeräten und Geräten zur Sportfischerei im Meere, links ein Schrank mit den wichtigsten Handelssorten des Herings und türkischen Angelgeräten. Seefischerei.

An der Wand darüber: in der Mitte Modell eines Heringsloggers; rechts und links Bilder vom Fang und von der Verwertung des Herings in Japan.

In der Mitte des Raumes eingebaut: die Kajüte eines deutschen Fischewers; auf ihrem Deck Zubehörteile zu einem Fischewer.

Neben der Kajüte links: Gruppe der Langleinenfischerei mit Schaluppen von Norderney und Helgoland. Darüber Modell eines holländischen Fischerfahrzeuges zur Schellfischangelei im Längsschnitt. Gegenüber: Tafeln mit Netzproben; siamesische Fischereigeräte; Modell einer türkischen Fischerei.

Seefischerei. Neben der Kajüte rechts: Heringsfischerei mit Loggern und Treibnetzen; darüber Modell eines Heringsloggers im Längsschnitt. Gegenüber: Modell einer türkischen Fischerei; Geräte zur Heringsfischerei, Heringstonnen, Schwimmbojen für Heringstreibnetze; Modell eines Bundgarnes; Tafeln mit Netzproben; Modell einer schottischen Heringssalzerei.

Gruppe: Grundschleppnetz-Fischerei in der Nordsee.

Drei Gruppen von Fischereibetrieben der Ostsee: Waadenfischerei an der Küste von Schleswig-Holstein, Lachsangelei an der ostpreußischen Küste, Zeesenfischerei bei Stralsund. Darüber: Gemälde „Aallager bei Kaseburg am Stettiner Haff"; daneben Hauen und Speere zum Fischfang, meist verbotene Geräte.

Gruppe der Tucker- und Zeesenfischerei im Stettiner Haff. Darüber: Modelle von Fahrzeugen für den Stettiner Fischhandel. An der Decke das Modell von

einem Baumnetz und Modelle von Fischerfahrzeugen. Seefischerei.

Im Durchgang zu Raum 23: Modelle und Gemälde von Fischerhäusern. An der Wand Bild: Aussegelnde Fischkutter auf der Elbe.

Seefischerei, Segel- und Motorfahrzeuge. Raum 23. Modelle zur Darstellung der geschichtlichen Entwicklung der deutschen Hochsee-Segelfischerfahrzeuge, der Anker und Netzwinden auf ihnen, der Motorfischerei und der Bauart der deutschen Fischdampfer. Man beachte auch die deutschen Fischerfahrzeuge der Ostsee in Raum 5. An der Decke Fischerflaggen, Modell eines Scherbretternetzes. An den Fenstern Karte von den Fischgründen der Nordsee.

Am Eingang vom Treppenhaus Modelle von Netzen. Im Treppenhaus: Modelle von europäischen und nichteuropäischen Fischerfahrzeugen; Modell einer Fischkonservenfabrik; Bilder aus dem Kaiserlich Japanischen Institut für Fischerei und Fischzucht.

Hafenbetrieb. Raum 24. In der Mitte: Modell eines Teils des Kaiser Wilhelm-Hafens in 1:100 zur Darstellung des Hamburger Hafenbetriebes. Man beachte besonders: Pläne des Hafens, D. S. „Blücher" und „Patrizia" im Kaibetrieb vor dem Schuppen liegend, „Abessinia" und „Rhenania" im Strombetrieb an den Pfahlgruppen der Dukdalben, „Prinzessin Viktoria Luise" in Hafenreparatur unter dem 20 t-Kran, Hafenkräne längs des Kais, Inneres der Schuppen vor der löschenden „Patrizia" und vor dem „Blücher", der mit dem Laden fertig ist, elektrische Zentrale mit einem Zeitsignal auf dem Turm, Kohlenzufuhr zum Hafen, Kohlenkipper, Kohlenleichter, Schleppzug, Bagger im Hafen vor dem Kohlenkai, Verwaltungsgebäude der Hamburg-Amerika Linie, Getreideheber mit Oberländer Kahn längsseit der „Patrizia", Schwimmkran und Wasserboot längsseit des „Blücher", Taucherboot bei der Schraubenuntersuchung und Öl-

Hafenbetrieb. boot an der „Rhenania", Raddampfer „Willkommen" mit Auswanderern für den „Blücher", Dampfleichter sowie Schuten und Oberländer Kähne beim Laden und Löschen, Schleppzüge, Hafenfähre, Barkassen, Inspektionsboote, Fischerboot mit dem Wurfnetz.

Modelle von Hebezeugen in 1:25 natürl. Größe: Hafenkräne, Kohlenkipper, Werftkräne; in gleicher Größe der in das Danziger Krantor eingebaute Tretradkran. Modell des Hamburger Zeitballs. Schiffsmodelle: Eisbrecher „Pommern", amerikanische Fährboote und Fährschiffe, Halbmodell der dänischen Dampffähre „Princesse Alexandrine"; Modell eines Kohlenleichters und der „Taucherglocke" aus dem Hamburger Hafen.

Seezeichen. Modell der Bebakung und Befeuerung einer Fahrstraße durch Richtbaken und Richtfeuer, im Betrieb dargestellt für die Strecke Kaiserfahrt—Swinemünde; Modell der Betonnung für den Bezirk Pillau mit Modellen der im Bezirk ausliegenden schwimmenden Seezeichen. Leitfeuer mit Warnsektoren, hergestellt durch einen Otterblendenapparat im Betrieb. Alte Spiegelapparate der Leuchtfeuer von Warnemünde und Travemünde. Linsenapparate, ein Fresnelscher Gürtelapparat und ein Scheinwerfer. Darstellungen von Leuchtfeuerkennungen. Acetylenstrahlenbrenner; Petroleumglühlichtapparat für Leuchtfeuer und Glühstrümpfe dafür. Modelle von Baken und Bojen, darunter eine Rettungsbake, Winkbake und Leucht-, Pfeif- und Glockentonne. Modell des Feuerschiffs „Fehmarnbelt"; Gemälde von Müller-Brieghel: Feuerschiff „Borkumriff". Modelle von Wasserstandssignalen. Unterwasserschallsignale: Glocke und Empfängeranlage. An der Decke die Flaggen für das Alphabet des internationalen Signalbuchs. Bau des Rote Sand-Leuchtturms, dargestellt durch Zeichnungen und zwei Gemälde von Heinrich

Lotapparate in der Instrumentenabteilung.

Seezeichen. Hellhoff, die den fertigen Turm und die Ausfahrt der Bauflotte mit dem Senkkasten zeigen.

Instrumente zur astronomischen Bestimmung des Schiffsortes. Raum 25. Winkelmeßinstrumente: Jakobsstab, Davisquadrant, Oktanten, Sextanten, Prismenkreise. Zeitmesser: Chronometer und alte Vierstundengläser. Kartentisch, Instrumente für die Auswertung der Karte für die Schiffsführung. Weltkarte von Merkator (1569), die erste mit dem Merkatorgradnetz unserer heutigen Seekarten. Ältere Seekarten; Portolan des 15. Jahrhdts.

Kompaß und Logg. Raum 26. Die einfache Schiffslogge und eine größere Zahl von Patentloggen zur Bestimmung der Schiffsgeschwindigkeit. Kompasse verschiedener Konstruktion zur Bestimmung der Schiffsrichtung. Sammlung verschiedener Kompaßrosen in besonderem Schrank. Neigungsmesser. Magnetische Instrumente.

Ermittlung der Meerestiefe. Raum 27. Das Lot im Dienste der Schiffahrt: Hand- und Tieflote, Lotleinen, Navigationslotmaschine, selbsttätiger Tiefenmelder, Instrumente zur mittelbaren Tiefenbestimmung. Bodenproben aus dem Navigationslot. Erlotung der großen Meerestiefen; moderne Kabellote, Leinenlot der „Gazelle", Tiefseelotmaschinen, Tiefseelote mit verschiedenen Einrichtungen zur Entnahme der Bodenproben, Lotdraht und Lotlitze.

Untersuchung des Meerwassers. Raum 28. Oberflächen- und Tiefseethermometer, insbesondere Umkippthermometer und ihre Rahmen; Wasserschöpfer; Aräometer, Pyknometer; Instrumente zur Untersuchung des Seewassers auf Chlorgehalt und Gasgehalt. Apparate zur Bestimmung von Durchsichtigkeit und Farbe des Seewassers; Farbenskalen; Strommesser; Gezeitenpegel. Meteorologische Instrumente.

Wissenschaftliche Arbeiten des Instituts für Meereskunde, dargestellt durch Karten und Modelle über Salzgehalt, Temperatur und Strömungserscheinungen der Deutschen Bucht und der Nordsee.

E. S. Mittler & Sohn, Königliche Hofbuchdruckerei, Berlin.

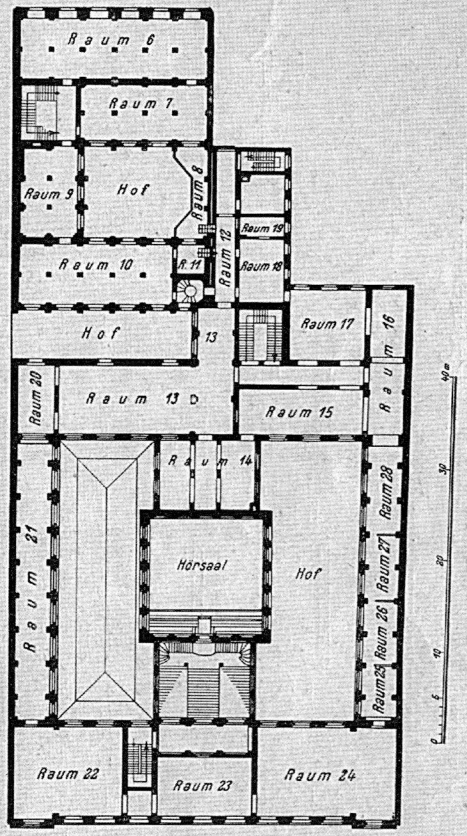

Erstes Stockwerk

OBJEKTLISTE

Die Inventarlisten des Instituts und Museums für Meereskunde und der Reichs-Marine-Sammlung gehörten zu den nach Rüdersdorf ausgelagerten Beständen, doch sind sie heute leider nicht mehr auffindbar. Trotzdem ist versucht worden festzustellen, über welche Bestände das Museum verfügte. Die folgende Liste enthält insgesamt 1108 Objekte, von denen ermittelt werden konnte, daß sie im Museum für Meereskunde ausgestellt bzw. in seinen Depots eingelagert waren, wobei die Archiv- und Bibliotheksbestände nicht berücksichtigt wurden. Als Quellen dienten die Verlagerungsakten aus dem Archiv des Museums, die verschiedenen Übergabe- und Rückgabeprotokolle, Frachtlisten mehrerer Speditionsfirmen, die mit der Verlagerung der Objekte beauftragt waren, sowie die Angaben der Institutionen, in denen Ausstellungsstücke aus dem MfM vorhanden sind. Damit ist zumindest ein Teilinventar des Museums wieder verfügbar.

Zu den aufgelisteten Objekten sind Angaben über die Bezeichnung, die Objektart, den jetzigen Standort und die Verlagerungsgeschichte zu finden. Bei insgesamt 335 Exponaten ist der heutige Standort bekannt, 46 sind mit Sicherheit zerstört worden, und bei den übrigen kann davon ausgegangen werden, daß viele ebenfalls zerstört sind und einige sich wahrscheinlich in Rußland befinden. Wenn in der Rubrik „Verlagerung" kein Eintrag steht, ist die Verlagerungsgeschichte unbekannt. Um diese Liste zu aktualisieren, werden auch weiterhin vom Museum für Verkehr und Technik Recherchen durchgeführt, weshalb sie nur als Zwischenergebnis zu verstehen ist.

Abkürzungen für die Verlagerungsgeschichte

Abkürzung	Verlagerungsorte	Zeitpunkt	Anzahl
VLG 1.1	Rüdersdorf	Herbst 1943	48
VLG 1.2	Rüdersdorf	Herbst 1943	193
	Sellnow	Sommer 1944	
VLG 1.3	Sellnow	Sommer 1944	3
	Plassenburg / Kulmbach	1944?	
VLG 1.4	Rüdersdorf	Herbst 1943	4
	Sellnow	Sommer 1944	
	Zentrales Meeres Militärmuseum Leningrad	1946	
	Seeoffiziersschule Stralsund-Schwedenschanze	1958/59	
	Armeemuseum Potsdam	1961	
	Armeemuseum Dresden	1961-63	
VLG 1.5	Plassenburg / Kulmbach	1944?	69
VLG 2.0	Schloß Stollberg im Harz	1943/44	4
VLG 3.0	Kriegsmarineschule Heiligenhafen	1944	2
VLG 4.0	Schiffsartillerieschule Saßnitz-Dwarsieden	1944	16
VLG 5.1	Zentrales Meeres Militärmuseum Leningrad	1946	113
	Seeoffiziersschule Stralsund-Schwedenschanze	1958/59	
	Armeemuseum Potsdam	1961	
	Armeemuseum Dresden	1961-63	
VLG 5.2	Zentrales Meeres Militärmuseum Leningrad	1946	7
	Seeoffiziersschule Stralsund-Schwedenschanze	1958/59	
	Armeemuseum Potsdam	1961	
	Schiffahrtsmuseum Rostock	1961-63	
VLG 5.3.1	Zentrales Meeres Militärmuseum Leningrad	1946	31
	Seeoffiziersschule Stralsund-Schwedenschanze	1958/59	
	Armeemuseum Potsdam	1961	
	Museum für Deutsche Geschichte Berlin	1963/64	
	Museum für Verkehr und Technik Berlin	1991	

Abkürzung	Verlagerungsorte	Zeitpunkt	Anzahl
VLG 5.3.2	Zentrales Meeres Militärmuseum Leningrad	1946	1
	Seeoffiziersschule Stralsund-Schwedenschanze	1958/59	
	Armeemuseum Potsdam	1961	
	Museum für Deutsche Geschichte Berlin	1963/64	
	Schiffahrtsmuseum Rostock	1971	
VLG 5.3.3	Zentrales Meeres Militärmuseum Leningrad	1946	1
	Seeoffiziersschule Stralsund-Schwedenschanze	1958/59	
	Armeemuseum Potsdam	1961	
	Museum für Deutsche Geschichte Berlin	1963/64	
	zerstört	1971	
VLG 6.1	Universität Rostock	1951	66
	Museum für Deutsche Geschichte Berlin	1963/64	
	Museum für Verkehr und Technik Berlin	1991	
VLG 6.2	Universität Rostock	1951	89
	Museum für Deutsche Geschichte Berlin	1963/64	
	Schiffahrtsmuseum Rostock	?	
VLG 6.3	Universität Rostock	1951	2
	Museum für Deutsche Geschichte Berlin	1963/64	
	Museum Oderberg	?	
VLG 6.4	Universität Rostock	1951	7
	Museum für Deutsche Geschichte Berlin	1963/64	
	Privatbesitz		
VLG 6.5	Universität Rostock	1951	41
	Museum für Deutsche Geschichte Berlin	1963/64	
	zerstört	1971	
VLG 7.1	Museum für Deutsche Geschichte Berlin	um 1954	1[1]
	Museum für Verkehr und Technik Berlin	1991	
VLG 7.2	Museum für Deutsche Geschichte Berlin	?	5
	Museum für Verkehr und Technik Berlin	1991	
VLG 8.1	Institut für Geographie und Geoökologie Berlin	?	10
	Museum für Verkehr und Technik Berlin	1991	
VLG 8.2	Haus von Admiral Raeder	?	1
	Privatbesitz	1942	
	Museum für Verkehr und Technik Berlin	1988	
VLG 9.0	Werft Rostock	1950	1[2]
	Armeemuseum Potsdam	1965	
	Armeemuseum Dresden	1972	

1 Bei diesem Objekt handelt es sich um die Cape-Cross-Säule
2 Bei diesem Objekt handelt es sich um den BRANDTAUCHER

Bezeichnung	Art	Standort	Verlagerung
15 cm-Marine-Ringkanone in Halbrahmenlafette der alten Korvetten	Original	unklar	
3,7 cm-Maschinenkanone	Original	unklar	
8,7 cm - Stahlkanone mit Silberziselierung der KAISERADLER, 1876	Original	unklar	
A-96-67, deutsches Torpedoboot	Modell	MHM	VLG 5.1
Aalhaue mit Schaft (Hölger), 19. Jh.	Original	MVT	VLG 6.1
Aalhaue mit Schaft (Hölger), 19. Jh.	Original	MVT	VLG 6.1
Aalhaue mit Schaft (Hölger), 19. Jh.	Original	MVT	VLG 6.1
Aalspeer mit Schaft, 19. Jh.	Original	MVT	VLG 6.1
ABESSINIA, 1900, deutsch	Modell	unklar	
Absperrventil, 1. Hälfte 20. Jh.	Original	zerstört	VLG 6.5
Absperrventil, um 1900	Original	zerstört	VLG 6.5

Bezeichnung	Art	Standort	Verlagerung
Achselklappen	Original	unklar	VLG 1.1
Achterschiff einer hölzernen Schraubenkorvette	Modell	unklar	
Achtersteven der PREUßEN, deutsches Schlachtschiff, 1903	Modell	MHM	VLG 5.1
Achtersteven der CAP VILLANO, deutsch	Modell	unklar	
Achtersteven der FÜRST BISMARCK, deutsch	Modell	unklar	
Achtersteven der KRONPRINZESSIN CECILIE, deutsch	Modell	unklar	
Achtersteven einer hölzernen Schraubenkorvette	Modell	unklar	
Achtersteven einer Korvette, 19. Jh.	Modell	MHM	VLG 5.1
Achtersteven eines Einschraubendampfschiffs, deutsch	Modell	unklar	
ADAM, 2.Hälfte 19. Jh., deutscher Lastkahn	Modell	MVT	VLG 5.3.1
ADJUTANT, 1905, deutsches Regierungsdampfschiff für Ostafrika	Modell	unklar	VLG 1.2
ADLER, 1857, preußisch	Modell	unklar	
ADLER, 1884, deutscher Aviso	Modell	unklar	
ADLER, 1884, deutscher Aviso	Modell	unklar	
Adler der Batterie Woi auf Ösel	Original	unklar	VLG 2.0
Adlerschilder (2) der DANZIG	Original	unklar	VLG 1.2
ADMIRAL, 1905, deutsch	Modell	unklar	
ADMIRAL HIPPER, Schwerer deutscher Kreuzer	Modell	unklar	VLG 1.2
AEOLUS, 1897, deutsches Schleppdampfschiff	Modell	unklar	VLG 1.2
ALBATROS (III), 1927, deutsches Torpedoboot	Modell	unklar	VLG 1.2
AMAZONE (I), 1843, preußische Korvette	Modell	unklar	VLG 1.2
AMAZONE (II), 1901, deutscher Kleiner Kreuzer	Modell	unklar	
AMERIKA, Bark, 18. Jh.	Modell	unklar	VLG 6.2
Anker, italienisch	Original	unklar	VLG 5.1
Anker-Bratspill	Modell	unklar	
Anker der Panzerfregatte KÖNIG WILHELM, 1869, preußisch	Original	unklar	
Ankerhebewerk	Modell	unklar	VLG 5.2
Ankerkettenenden (4)	Original	unklar	
Ankerlagerung, vollständig	Modell	unklar	
Ankerspill	Modell	SMR	VLG 6.2
Ankerspill	Modell	MVT	VLG 6.1
Ankerspill, 1821, deutsch	Modell	MVT	VLG 5.3.1
Ankerstock aus Helgoland	Original	unklar	VLG 1.5
Ankertrossprobe der METEOR	Original	unklar	
Ankerwinde	Modell	SMR	VLG 6.2
Ankerwinde	Modell	SMR	VLG 6.2
Ankerwinde	Modell	SMR	VLG 6.2
ANNA MARIA, um 1907, deutscher Dreimast-Gaffelschoner	Modell	MVT	VLG 6.1
ANTUCO, 1892, deutsche Bark	Modell	unklar	
ARCONA (I), 1859, preußische Schraubenfregatte	Modell	unklar	
ARIADNE (I), 1872, deutsche Glattdeckskorvette	Modell	unklar	VLG 4.0
Armbinde	Original	unklar	VLG 1.1
Armbinde, Rotes Kreuz	Original	unklar	VLG 1.1
Armbrust für Walfang	Original	MVT	VLG 6.1
Ärmelabzeichen	Original	unklar	VLG 1.1
ARSTERTURM, 1911, deutsch	Modell	unklar	
Asiatisches Segelschiff	Modell	MVT	VLG 8.1
AUGUST, 19. Jh., deutsche Quatze	Modell	zerstört	VLG 6.5
AUGUSTA, 1864, preußische Glattdecksschraubenkorvette	Modell	unklar	VLG 1.2
AUGUSTE VICTORIA, 1889, deutsches Schnelldampfschiff	Modell	MVT	VLG 5.3.1
Auslegerboot, Neu-Guinea, deutsch	Original	unklar	
Auslegerboot aus Ceylon und der Bucht von Bengalen	Modell	unklar	VLG 1.2
Auslegerboot aus der Bucht von Bengalen	Modell	unklar	VLG 1.2
Auspuffhahn für einen Ejektor für Dampfbeiboot Kl. I	Original	unklar	
Auspuffventil für Dampfbeiboot Kl. I	Original	unklar	

Bezeichnung	Art	Standort	Verlagerung
Ausrückerboot von den Marshall-Inseln	Modell	unklar	VLG 1.2
Ausrückerboot von Formosa	Modell	unklar	VLG 1.2
BADEN (I), 1883, deutsche Ausfallschraubenkorvette (SACHSEN-Klasse)	Modell	unklar	VLG 4.0
Bändermütze mit Kokarde und Mützenband, 1894	Muster	MHM	VLG 5.1
Bändermütze mit Kokarde und Mützenband, 1899	Muster	MHM	VLG 5.1
BARBARA, deutsches Rotorschiff	Modell	unklar	VLG 1.2
BARBAROSSA, 1840, preußische Radfregatte	Modell	unklar	
BARBAROSSA, 1896, deutsches Reichspostdampfschiff	Modell	unklar	
Bark, 19. Jh.	Modell	zerstört	VLG 6.5
Bark, Mittelteil	Modell	unklar	
Bark, Vorderschiff Verbände	Modell	unklar	
Barometer der VON DER TANN	Original	unklar	VLG 1.1
Barringsschilder (2)	Original	unklar	VLG 1.3
Baumgarth-Boot, 1894, Elbing	Modell	unklar	VLG 6.2
BAYERN (II), 1916, deutsches Schlachtschiff (BAYERN-Klasse)	Modell	unklar	
Becher von der KURFÜRST FRIEDRICH WILHELM	Original	unklar	VLG 1.2
Behelfsparlamentärflagge	Original	unklar	VLG 1.2
BERLIN, 1909, deutsches Fracht- und Passagierdampfschiff	Modell	zerstört	VLG 6.5
Besanewer, um 1860, deutsches Fischereifahrzeug	Modell	unklar	
Beuteflagge der WOLF	Original	unklar	VLG 1.2
BISCAYA, 1927, deutsches Motortankschiff	Modell	MVT	VLG 6.1
BISMARCK (I), 1878, deutsche gedeckte Schraubenkreuzerkorvette	Modell	unklar	
Blake-Luftpumpe	Original	unklar	
Blinkfeuer-Leuchtbake	Modell	SMR	VLG 6.2
BLITZ (II), 1883, deutscher Aviso	Modell	unklar	
BLITZ (II), 1883, deutscher Aviso	Modell	unklar	VLG 1.2
Block	Original	unklar	VLG 6.2
Block, 19. Jh., deutsch	Original	MVT	VLG 6.1
Block, 19. Jh., deutsch	Original	MVT	VLG 5.3.1
Block eines Segelschiffs	Original	SMR	VLG 6.2
Block eines Segelschiffs	Original	SMR	VLG 6.2
Block eines Segelschiffs (doppelscheibig)	Original	SMR	VLG 6.2
Blöcke mit Bleibeschlag für Bootsheisstakel (2)	Original	unklar	
Block mit Doppelkeep, einscheibig	Original	unklar	
Block zum Kielholen	Original	SMR	
BLÜCHER, 1902, deutsches Fracht- und Passagierdampfschiff	Modell	MVT	VLG 6.1
Bodenverbände	Modell	unklar	
Bodenverbindung, Ende 19. Jh.	Modell	unklar	VLG 6.2
Boje eines Räumgerätes aus dem 1. Weltkrieg	Original	MHM	VLG 5.1
Boje Oderbank	Modell	unklar	VLG 5.1
Boje Oderbank	Modell	unklar	VLG 5.1
Bojer	Modell	SMR	
Bojer	Modell	SMR	
Bojer, 17. Jh., niederländisches Segelschiff	Modell	unklar	
Bojer, Gerippe	Modell	unklar	
Boot, chinesisch	Modell	unklar	VLG 6.2
Bootsaussatzvorrichtung, nach Lindemann	Modell	unklar	
Bootsbahnbrett der STOSCH	Original	unklar	VLG 1.1
Bootshaken, 19. Jh.	Original	MVT	VLG 6.1
Bootslehnbrett der FORMIDABLE, britisches Linienschiff	Original	unklar	VLG 1.2
Bootspaddel, 18./19. Jh., Südsee	Original	MVT	VLG 6.1
Bootspaddel, 18./19. Jh., Südsee	Original	MVT	VLG 6.1
Bootspaddel, 18./19. Jh., Südsee	Original	MVT	VLG 6.1
Bootsriemen der KÖNIGIN LUISE	Original	unklar	
Bootswappen der ILTIS	Original	unklar	VLG 1.2

Bezeichnung	Art	Standort	Verlagerung
Bordpanzerung der MOLTKE, deutscher Schlachtkreuzer	Original	MHM	VLG 5.1
Bordpanzerung der SEYDLITZ, deutscher Kreuzer	Original	MHM	VLG 5.1
Bordwandstück der SEYDLITZ, 1911, deutsch	Original	MVT	VLG 7.2
Bowle von der WÖRTH, deutsches Linienschiff	Original	unklar	VLG 1.2
BRANDENBURG, 1893, deutsches Linienschiff	Modell	unklar	
BRANDTAUCHER, 1850/51, deutsches Tauchboot	Original	MHM	VLG 9.0
Brandungsboot	Modell	unklar	
BRAUNSCHWEIG , 1902, deutsches Linienschiff (BRAUNSCHWEIG-Klasse)	Modell	MVT	VLG 5.3.1
BRAUNSCHWEIG, 1902, deutsches Linienschiff (BRAUNSCHWEIG-Klasse)	Modell	MHM	VLG 5.1
BREMEN, 1928, deutsches Turbinenschnelldampfschiff	Modell	MVT	VLG 5.3.1
BREMSE, 1931, deutsches Artillerieschulschiff und Minenleger	Modell	unklar	
BREMSE, deutsches Panzerkanonenboot	Modell	unklar	VLG 1.2
BRESLAU, 1901, deutsches Fracht- und Passagierdampfschiff	Modell	zerstört	VLG 6.5
Briefbeschwerer von der CHRISTIAN VII	Original	unklar	VLG 1.2
BRUMMER (I), 1884, deutsch	Modell	unklar	
BRUMMER (II), 1916, deutscher Minenleger	Modell	unklar	
Bügelklüse der SPITFIRE, britischer Zerstörer	Original	MHM	VLG 5.1
Bugschild der AUGSBURG	Original	unklar	VLG 1.5
Bugschild der BREMEN	Original	unklar	VLG 1.5
Bugschild der BRESLAU	Original	unklar	VLG 1.2
Bugschild der GÖBEN	Original	unklar	VLG 1.2
Bugschild der KAISER KARL DER GROSSE	Original	unklar	VLG 1.3
Bugschild der KOLBERG	Original	unklar	VLG 1.3
Bugschild der KÖLN	Original	unklar	VLG 1.2
Bugschild der LÜBECK	Original	unklar	VLG 1.5
Bugschild der MOLTKE	Original	unklar	VLG 1.2
Bugschild der NASSAU	Original	unklar	VLG 1.2
Bugschild der OLDENBURG	Original		VLG 1.5
Bugschild der OSTFRIESLAND	Original	unklar	VLG 1.5
Bugschild der Posen	Original	unklar	VLG 1.2
Bugschild der ROON	Original	unklar	VLG 1.5
Bugschild der STUTTGART	Original	unklar	VLG 1.5
Bugschild der THÜRINGEN	Original	unklar	VLG 1.5
Bugschild der WESTFALEN	Original	unklar	VLG 1.5
Bugspillanlage eines Kleinen Kreuzers	unklar	unklar	
Bugteil der BLITZ, deutsches Kanonenboot, 1882	Modell	MHM	VLG 5.1
Bugverzierung der HELGOLAND, deutsches Schlachtschiff, 1909	Original	MHM	VLG 5.1
Bugverzierung der KAISER FRIEDRICH WILHELM III, deutsches Schlachtschiff	Original	MHM	VLG 5.1
Bugverzierung der OLDENBURG, deutsches Schlachtschiff, 1910	Original	MHM	VLG 5.1
Bugverzierung der PREUSSEN, deutsche Panzerfregatte, 1873	Original	MHM	VLG 5.1
Bugverzierung der RHEINLAND, deutsches Schlachtschiff, 1909	Original	MHM	VLG 5.1
Bugverzierung der ROWER, britische Schulbrigg, 1. Hälfte 19. Jh.	Original	unklar	VLG 5.1
Bugverzierung einer Brigg, deutsch	Original	unklar	VLG 5.1
Bugzier, 18. Jh., deutsch	Original	MVT	VLG 6.1
Bugzier der ILTIS (I)	Original	unklar	
Büste Kaiser Wilhelms II.	Büste	unklar	VLG 2.0
Büste Prinz Adalberts	Büste	unklar	VLG 2.0
CAP ARCONA, 1907,deutsches Doppelschrauben-Fracht- und Passagierdampfschiff	Modell	zerstört	VLG 6.5
Cape-Cross-Säule, 1485, portugiesischer Padrão	Original	MVT	VLG 7.1
CARL CORDS, Dampfschiff	Modell	SMR	VLG 6.2
CASTELL PELESCH, 1912, deutsches Frachtdampfschiff	Modell	zerstört	VLG 6.5
CHARLOTTE, Segelschiff (Teil)	Original	unklar	VLG 6.2
CHARLOTTE CORDS, 1923, Frachtdampfschiff	Modell	SMR	VLG 6.2
CHRISTIAN VIII, dänisches Linienschiff (ECKERNFÖRDE)	Modell	unklar	VLG 1.2
CLERMONT, amerikanisches Dampfschiff, 1807	Modell	SMR	VLG 5.2

Bezeichnung	Art	Standort	Verlagerung
CONDOR I, 1892, deutscher Kreuzer	Modell	unklar	
COQUETTE, 1865, preußisches Segelschiff	Modell	unklar	VLG 1.2
Cysterne für Dampfbeiboot Kl. I	Original	unklar	
D 9, Divisionsboot	Modell	unklar	
D 9, 1894, deutsches Torpedoboot	Modell	unklar	
Dampfabsperrventil, um 1900	Modell	SMR	VLG 6.2
Dampfbeiboot der Yacht HOHENZOLLERN	Modell	unklar	VLG 1.2
Dampfkessel	Modell	zerstört	VLG 6.5
Dampfkühler, um 1900	Modell	MVT	VLG 5.3.1
Dampfmaschine der Yacht KAISERADLER, 1876, deutsch	Modell	MVT	VLG 5.3.1
Dampfmaschine mit Generator, Anfang 20. Jh.	Modell	MVT	VLG 6.1
Dampfmaschine mit Kulissensteuerung	Modell	SMR	VLG 6.2
Dampfmaschinensystem der HABICHT und MÖWE, 1878	Modell	MHM	VLG 5.1
Dampfpumpe	Modell	unklar	VLG 5.2
Dampfschiffsrumpf, 19. Jh.	Modell	zerstört	VLG 6.5
Dampfschiffsrumpf, Anfang 20. Jh.	Modell	zerstört	VLG 6.5
Dampfschiffsrumpf, Anfang 20. Jh.	Modell	zerstört	VLG 6.5
Dampfturbine	Modell	SMR	VLG 5.2
Dampfumsteuerungsmaschine für Schiffsmaschine	Modell	unklar	VLG 6.2
DANZIG (I), 1853, preußische Radkorvette	Modell	unklar	
Danziger Krantor, 1444, deutsch	Modell	MVT	VLG 5.3.1
DAS JUBELFEST, 1840, preußische Galiot	Modell	unklar	VLG 1.2
Deckspallung	Modell	SMR	VLG 5.2
Deckspallungen mit Teil des Schiffsbodens	Modell	unklar	VLG 5.1
Delfter Kacheln	Original	unklar	
DERFFLINGER, 1914, deutscher Schlachtkreuzer	Modell	unklar	VLG 1.2
DER FRIEDE, deutsche Hansekogge	Modell	unklar	VLG 1.2
Destillierapparat System Normandy	Original	unklar	
Destillierapparat System Normandy	Modell	unklar	
DEUTSCHLAND (I), 1875, deutsche Panzerfregatte	Modell	unklar	VLG 1.2
DEUTSCHLAND (II), 1906, deutsches Linienschiff (DEUTSCHLAND-Klasse)	Modell	unklar	
DEUTSCHLAND (III) (LÜTZOW), 1933, deutsches Panzerschiff	Modell	unklar	
DEUTSCHLAND, 1852, preußisches Vollschiff	Modell	unklar	
DEUTSCHLAND, 1916, deutsches Handels-U-Boot	Modell	unklar	
Dhau, arabisch	Modell	unklar	
Dienstsäbel des Prinzen Adalbert von Preußen	Original	unklar	
Dieselmotor, 1910, deutsch	Modell	MVT	VLG 6.1
Diorama des Antarktischen Tierlebens	Diorama	unklar	
Diorama der Grundschleppnetzfischerei in der Nordsee, 1895 deutsch	Diorama	unklar	
Diorama eines Hafens, um 1900, deutsch	Diorama	MVT	VLG 5.3.1
Diorama eines Korallenriffs vor der Sinai-Küste des Roten Meeres	Diorama	unklar	
Diorama einer Linienschiffsdivision im Hafen vor Anker	Diorama	unklar	
Diorama einer Lummenwand von Helgoland	Diorama	unklar	
Diorama des Vogellebens auf dem schleswig-holsteinischen Watt	Diorama	unklar	
Diorama der Zeesenfischerei bei Rügen	Diorama	unklar	
Doppelkanu von den Fidschiinseln	Modell	unklar	VLG 1.2
Doppelschrauben-Passagier-Schnelldampfschiff, 1. Hälfte 20. Jh.	Modell	zerstört	VLG 6.5
DORTMUND, 1901, deutsches Dampfschiff	Modell	unklar	VLG 6.2
Dose von der CHRISTIAN VII	Original	unklar	VLG 1.2
DREI GEBRÜDER, 1886, deutscher Ewer	Modell	unklar	
Dreipropeller-Schiffsschraube	Original	SMR	VLG 6.2
DRESDEN (I), 1908, deutscher Kleiner Kreuzer	Modell	unklar	
Dschunke, um 1900, chinesisch	Modell	MVT	VLG 6.1
Dschunke, chinesisch	Modell	unklar	VLG 1.2
Dschunke, chinesisch	Modell	SMR	VLG 6.2

Bezeichnung	Art	Standort	Verlagerung
Dschunke, japanisch	Modell	MVT	VLG 8.1
Dschunke, japanisch	Modell	unklar	VLG 1.2
Dschunke, um 1900, chinesisch	Modell	unklar	VLG 6.2
Dynamomaschine für Torpedoboote	Original	unklar	
EBER (I), 1887, deutsches Kanonenboot	Modell	unklar	
EBER (II), 1903, deutsches Kanonenboot (ILTIS-Klasse)	Modell	unklar	
EI, deutsches Wasserflugzeug	Modell	unklar	VLG 1.2
EIDER, 1907, deutscher Tonnenleger	Modell	unklar	
Eimerkettenbagger, 1842, deutsch	Modell	MVT	VLG 6.1
Einbaum mit Ausleger, Südsee	Modell	unklar	VLG 6.2
Einspritz- und Oberflächenkondensator	Modell	unklar	
Einzylindrige Dampfmaschine, Ende 19. Jh.	Modell	unklar	
Eisapparat	Original	unklar	
Eisenbahnfähre, Ende 19. Jh., amerikanisch	Modell	zerstört	VLG 6.5
Eisernes Kreuz	Original	unklar	VLG 1.2
Eisernes Kreuz von der U. DEUTSCHLAND	Original	unklar	VLG 1.2
Elbinger Kogge, um 1350, deutsch	Modell	unklar	
Elektro-Messgerät der DERFFLINGER, 1919, deutscher Kreuzer	Original	MHM	VLG 5.1
ELEONORE WOERMANN, 1902, deutsch	Modell	unklar	
ELISABETH, 1869, preußische Schraubenfregatte	Modell	unklar	VLG 1.2
ELISABETH, 1869, preußische Schraubenfregatte	Modell	MHM	VLG 5.1
ELISE LINCK, 1875, deutsche Bark	Modell	unklar	VLG 6.2
ELLIDA, Fischerboot, norwegisch	Modell	SMR	VLG 6.2
ELSASS, 1904, deutsches Linienschiff	Modell	unklar	
ELSASS, 1904, deutsches Linienschiff	Modell	unklar	
EMDEN (I), 1909, deutscher Kleiner Kreuzer (DRESDEN-Klasse)	Modell	unklar	VLG 1.2
EMDEN (III), 1925, deutscher Leichter Kreuzer	Modell	unklar	VLG 1.2
EMMA BAUER, deutsche Bark	Diorama	privat	VLG 6.4
Entermesserscheide von der AMAZONE	Original	unklar	VLG 1.2
Epauletten (2)	Original	unklar	VLG 1.1
Epauletten von dem U-Boot TURQUOISE, französisch	Original	unklar	VLG 1.2
Erdglobus mit Routen der Entdeckungsfahrten	Original	unklar	
ERDKUGEL, 1842, deutsches Rudersegelboot	Modell	unklar	VLG 6.2
ERNST MERK, deutsche Bark	Modell	SMR	VLG 6.2
Fahrwasserbefeuerung Swinemünde-Kaiserfahrt-Haff, deutsch	Modell	unklar	
FALKE (II), 1891, deutscher Kreuzer	Modell	unklar	
Fallreep	Original	MVT	VLG 7.2
Fallreepsvorsetzer (4)	Original	unklar	VLG 1.2
Fallreepsvorsetzer der HOHENZOLLERN (4)	Original	unklar	VLG 1.2
Fallreepsvorsetzer der KAISERADLER	Original	unklar	VLG 1.2
Falzbein der CHRISTIAN VII	Original	unklar	VLG 1.2
FAMILIE DADE 1875, deutsche Yacht	Modell	MVT	VLG 6.1
FEHMARNBELT, 1904, deutsches Feuerschiff	Modell	unklar	
FEHMARNBELT, Feuerschiff	Modell	unklar	
Fender	Original	MVT	VLG 6.1
Fernrohr von der DERFFLINGER	Original	unklar	VLG 1.1
Fernrohr von der VON DER TANN	Original	unklar	VLG 1.2
FERONIA (oder PERONIA), um 1900, Dampfschiff	Modell	zerstört	VLG 6.5
Figurengruppe von Schiffstauchern	Figuren	unklar	
Filter für Trinkwasser	Modell	SMR	VLG 6.2
Fischerboot (Einmaster), 19. Jh.	Modell	MO	VLG 6.3
Fischereiboot	Modell	MVT	VLG 8.1
Fischereiboot	Modell	MVT	VLG 8.1
Fischereiboot (einmastig), 19. Jh.	Modell	zerstört	VLG 6.5
Fischereiboot (einmastig; Quatze?), 19. Jh.	Modell	zerstört	VLG 6.5

Bezeichnung	Art	Standort	Verlagerung
Fischereiboot (zweimastig), 19. Jh.	Modell	zerstört	VLG 6.5
Fischereiboot, 19. Jh.	Modell	zerstört	VLG 6.5
Fischereifahrzeug	Modell	unklar	VLG 1.2
Fischereifahrzeuge (2) für die Minensuchgruppe, deutsch	Modell	unklar	VLG 1.2
Fischkutter	Modell	SMR	
Flachblock, einscheibig	Original	unklar	
Flagge der ADLER	Original	unklar	VLG 1.1
Flagge der deutschen Flotte, 1920-1930	Muster	MHM	VLG 5.1
Flagge der EBER	Original	unklar	VLG 1.2
Flagge der Kaiserlichen Marine, 1900-1918	Muster	MHM	VLG 5.1
Flagge der Kaiserlichen Marine, 1900-1918	Muster	MHM	VLG 5.1
Flaggenkopf der GROSSEN KURFÜRST	Original	unklar	VLG 1.1
Fleischback von der AMAZONE	Original	unklar	VLG 1.1
FLINK, 1883, deutsch	Modell	unklar	
FLORA VON GUNDE, 18. Jh., dänisches Kriegsschiff	Modell	unklar	VLG 1.2
Flußprahm, 19. Jh.	Modell	zerstört	VLG 5.3.3
Fockmast der Schraubenkreuzerkorvette STOSCH, um 1877, deutsch	Original	unklar	
Formolbehälter (Alkoholarium?)	Original	zerstört	
Frachtdampfschiff	Modell	SMR	VLG 6.2
Frachtdampfschiff, Anfang 20. Jh.	Modell	zerstört	VLG 6.5
FRANZ KLASEN, 1932, deutsches Tankschiff	Modell	unklar	
FRAUENLOB I, 1856, preußischer Kriegsschoner	Modell	unklar	VLG 1.2
FREIHEIT, Rennyacht	Modell	unklar	
FREYA (I), 1876, deutsche Glattdeckskorvette	Modell	unklar	
FRIEDRICH CARL (I), 1867, preußisch	Modell	unklar	
FRIEDRICH CARL (II), 1903, deutscher Großer Kreuzer	Modell	unklar	VLG 4.0
FRIEDRICH WILHELM, 1869, preußische Panzerfregatte	Modell	MHM	VLG 5.1
FRIEDRICH WILHELM II., 1789, preußische Galiot	Modell	MVT	VLG 6.1
FRIEDRICH WILHELM ZU PFERDE	Modell	MVT	VLG 8.1
FUCHS (I), 1860, preußisches Kanonenboot (CHAMÄLEON-Klasse)	Modell	unklar	VLG 1.2
Funkgerät der SCHLESWIG HOLSTEIN	Original	unklar	VLG 1.1
FÜRST BISMARCK, 1900, deutscher Großer Kreuzer	Modell	MHM	VLG 1.4
Fußblock	Original	unklar	
G 108, deutsches Torpedoboot	Modell	unklar	
G 113, 1902, deutsches Torpedoboot	Modell	unklar	
G 174, 1910, deutsches Torpedoboot	Modell	unklar	VLG 1.2
Galionsfigur "Nike von Samothrake"	Replik	unklar	
Galionsfigur (Siegesgöttin) der PRINZ ADALBERT (II), 1878, deutsch	Original	unklar	
Galionsfigur der AYESHA	Original	unklar	VLG 1.2
Galionsfigur der BARBAROSSA	Original	unklar	VLG 1.5
Galionsfigur der BARBAROSSA (ex BRITANNIA), 1849, deutsch	Original	unklar	
Galionsfigur der Fregatte GEFION, 1843, dänisch	Original	unklar	
Galionsfigur der LORELEY	Original	unklar	VLG 1.2
Galionsfigur der MOHIKAN	Original	unklar	VLG 1.5
Galionsfigur der MUSQUITO	Original	unklar	VLG 1.2
Galionsfigur der OLGA	Original	unklar	VLG 1.2
Galionsfigur der ROVER	Original	unklar	VLG 1.2
Galionsfigur des Linienschiffs KAISER FRIEDRICH III, 1898, deutsch	Original	unklar	
Galionsfigur (Sklave)	Original	SMR	
GALVESTON, um 1925, deutsches Saug- und Druckbaggerschiff	Modell	MVT	VLG 5.3.1
Gangspill	Modell	SMR	VLG 6.2
Gangspill	Modell	unklar	
GAUSS, 1910, deutsches Forschungsschiff	Modell	unklar	
GAZELLE (I), 1861, preußische Schraubenfregatte	Modell	unklar	
GAZELLE (I), 1861, preußische Schraubenfregatte	Modell	unklar	VLG 1.2

Bezeichnung	Art	Standort	Verlagerung
GAZELLE (II), 1900, deutscher Kleiner Kreuzer (GAZELLE-Klasse)	Modell	unklar	
Gedenktafel	Original	unklar	
Gedenktafel der HANSA, Großer Kreuzer	Original	unklar	VLG 1.2
GEFION (I) (ECKERNFÖRDE), 1852, dänische Fregatte	Modell	unklar	VLG 1.2
GEFION (I) (ECKERNFÖRDE), 1852, dänische Fregatte	Modell	unklar	VLG 1.2
GEFION (II), 1894, deutscher Kleiner Kreuzer	Modell	unklar	VLG 1.2
GEIER, 1895, deutscher Kreuzer	Modell	unklar	
Geräte der Funkstation der BRAUNSCHWEIG, deutsches Linienschiff, 1902	Original	MHM	VLG 5.1
Gerät zur Vermessung eines Fischdampfschiffes	Modell	unklar	VLG 6.2
Germanenschiff aus dem Nydamer Moor, 4. Jh.	Modell	unklar	
GERMANIA, 1852, preußisches Vollschiff	Modell	unklar	VLG 1.2
Geschoßkopf einer explodierten 380 mm Granate, britisch	Original	MHM	VLG 5.1
Geschütz aus Helgoland, 15. Jh.	Original	unklar	VLG 1.5
Geschütze aus der brandenburgischen Kolonie Groß-Friedrichsburg	Original	unklar	
Geschützhebezeuge	Original	unklar	
Geschützlade	Original	unklar	VLG 1.5
Geschützmodelle (2), Nachlaß Brommy	Modell	unklar	VLG 1.2
Geschützturm der PREUSSEN, deutsches Panzerschiff	Original	unklar	
Gig	Modell	unklar	
Gigewer, 1853-1860, deutsches Fischereifahrzeug	Modell	unklar	
Gipsabguß einer Inschrift im Holzrahmen, 1622	Replik	MVT	VLG 6.1
Glockenleuchtboje, Ende 19. Jh., deutsch	Modell	MVT	VLG 5.3.1
GNEISENAU (II), 1908, deutscher Großer Kreuzer	Modell	unklar	
GOEDE HOP (GODE HOOP), 1770, preußische Galiot	Modell	unklar	VLG 1.2
Gokstad-Schiff, skandinavisch	Modell	unklar	
GORCH FOCK, 1933, deutsches Segelschulschiff	Modell	MVT	VLG 6.1
Gösch, britisch	Original	MHM	VLG 5.1
Gösch der Kaiserlichen Marine, 1900-1918	Muster	MHM	VLG 5.1
Gösch der LEIPZIG, deutsche Korvette, 19. Jh.	Original	MHM	VLG 5.1
Gösch der MÖWE, deutscher Hilfskreuzer	Original	unklar	VLG 1.2
GOTTFRIED, 19. Jh., deutsche Quatze	Modell	zerstört	VLG 6.5
GRAF WALDERSEE, 1898, deutsches Fracht- und Passagierdampfschiff	Modell	zerstört	VLG 6.5
Granaten (3) von der EMDEN I	Original	unklar	VLG 1.5
GREIF (I), 1887, deutscher Aviso	Modell	unklar	VLG 4.0
GRILLE (I), 1858, preußisches Schulschiff (königliche Yacht; Aviso)	Modell	unklar	VLG 4.0
GRILLE (III), 1935, deutsche Yacht	Modell	unklar	
GROSSER KURFÜRST (I), 1878, deutsches Panzerschiff	Modell	unklar	
GROSSHERZOG VON OLDENBURG, 1905, deutscher Kabelleger	Modell	unklar	
GUTRUNE, um 1900, Frachtdampfschiff	Modell	zerstört	VLG 6.5
Gyrometer (Geschwindigkeitsmesser), deutsch	Original	MVT	VLG 6.1
H 145, deutsches Torpedoboot	Modell	unklar	VLG 1.2
H 147, 1917-20, deutsches Torpedoboot	Modell	unklar	
H.F. 233, um 1925, deutsches Fischereifahrzeug	Modell	MVT	VLG 6.1
H.F. 244, um 1920/30, deutscher Fischkutter	Modell	MO	VLG 6.3
H.H. MEIER, 1892, deutsches Schnelldampfschiff	Modell	unklar	VLG 6.2
H.H. MEYER, deutsches Doppelschraubenschnelldampfschiff	Modell	unklar	
HABICHT (II), 1880, deutscher Aviso	Modell	unklar	VLG 1.2
HABICHT, deutsches Kanonenboot	Modell	unklar	VLG 1.2
Hafen von Tsingtau	Modell	unklar	
Haffkahn	Modell	SMR	
Haken, 19. Jh.	Original	MVT	VLG 6.1
HAMBURG, 1904, deutscher Kleiner Kreuzer	Modell	unklar	
Handgranate	Original	unklar	VLG 1.1
Handgranate	Original	unklar	VLG 1.2
Handspeise und Lenzpumpe für Dampfbeiboot Klasse I	Original	unklar	

Bezeichnung	Art	Standort	Verlagerung
Handwaffen, 1848-1900	Original	unklar	
HANNA CORDS, Frachtschiff	Modell	SMR	VLG 6.2
Hansekogge, um 1470, deutsch	Modell	unklar	VLG 1.2
HARMINA, 1893, deutsche Tjalk	Modell	unklar	
Harpune zum Walfang mit Schaft, 19. Jh.	Original	MVT	VLG 6.1
Hauptanker der Panzerfregatte KÖNIG WILHELM, 1869	Original	unklar	
HAY (I), 1860, preußisches Kanonenboot (JÄGER-Klasse)	Modell	unklar	VLG 1.2
Hebevorrichtung einer Schiffsschraube, 1877	Modell	unklar	VLG 5.1
Heckflagge der BAYERN, deutsches Linienschiff	Original	MHM	VLG 5.1
Heckflagge der CAROLA, deutsche Korvette, 1881	Original	MHM	VLG 5.1
Heckflagge der LEIPZIG, deutsche Korvette, 1887	Original	MHM	VLG 5.1
Heckflagge einer U-Bootfalle, türkisch, 1914-18	Original	MHM	VLG 5.1
Heckflagge eines britischen Dampfschiffes	Original	MHM	VLG 5.1
Heckverzierung der HANNOVER, deutsches Schlachtschiff, 1905	Original	MHM	VLG 5.1
Heckverzierung der HELGOLAND, deutsches Schlachtschiff, 1909	Original	MHM	VLG 5.1
Heckverzierung der LÜBECK, 1904, deutscher Kreuzer	Original	MHM	VLG 5.1
Heckverzierung der THÜRINGEN, deutsches Schlachtschiff, 1909	Original	MHM	VLG 5.1
Heckverzierung der WESTPHALEN, deutsches Schlachtschiff, 1908	Original	MHM	VLG 5.1
Heckverzierung der WITTELSBACH, deutsches Schlachtschiff, 1900	Original	MHM	VLG 5.1
HEILIGE ANNA, spanisches Schlachtschiff	Modell	MHM	VLG 5.1
HEINRICH, deutsches Dampf-Fischtransportschiff	Modell	unklar	
HELA (I), 1854, preußischer Schoner	Modell	unklar	VLG 4.0
HELA (II), 1895, deutscher Kleiner Kreuzer	Modell	unklar	
HELA (II), 1895, deutscher Kleiner Kreuzer	Modell	unklar	
HELENE BLUMENFELD, 1905, deutsch	Modell	unklar	
HELGOLAND, 1911, deutsch	Modell	unklar	
Helgoländer Fährboot, deutsches Segelboot	Modell	unklar	
Helgoländer Mittelboot für Vergnügungsfahrten	Modell	unklar	
Helling der Bremer Vulkan-Werft	Modell	unklar	
Helling mit Panzerschiff	Modell	unklar	
Hemd, russisch	Original	unklar	VLG 1.1
Hering Logger, 1886	Modell	MVT	VLG 6.1
HERTHA (II), 1898, deutscher Großer Kreuzer (VIKTORIA-LUISE-Klasse)	Modell	unklar	VLG 4.0
HERTHA (II), 1898, deutscher Großer Kreuzer (VIKTORIA-LUISE-Klasse)	Modell	unklar	
HERZOGIN CECILIE, 1902, deutsche Viermastbark	Modell	unklar	
Hilfsminensucher, deutsch	Modell	unklar	
HOERDE, 1901, deutsch	Modell	unklar	
HOHENZOLLERN (I) (KAISERADLER), 1876, deutsche Kaiserliche Yacht	Modell	unklar	
HOHENZOLLERN (I) (KAISERADLER), 1876, deutsche Kaiserliche Yacht	Modell	unklar	VLG 4.0
HOHENZOLLERN, 1899, deutsche Yacht	Modell	unklar	
Holzboje, 19. Jh.	Original	MVT	VLG 6.1
Holz der CHRISTIAN VIII, dänisches Linienschiff	Original	unklar	VLG 1.5
Holzpaddel (2)	Original	SMR	VLG 6.2
Holzpaddel (2)	Original	unklar	VLG 6.2
Holzpaddel, Südsee (2)	Original	SMR	VLG 6.2
Holzplatte mit Andenken an ILTIS	Original	unklar	VLG 1.1
Hörapparat für Unterwasserschallsignale, deutsch	Original	unklar	
HORST WESSEL, 1936, deutsches Segelschulschiff	Modell	unklar	VLG 1.2
HORTENSE, französisches Linienschiff	Modell	unklar	VLG 1.2
Hosenboje	Original	unklar	
Hubzähler	Original	unklar	
HUDSON, Ende 19. Jh., Dampf-Fähre	Modell	zerstört	VLG 6.5
ILLINOIS, Ende 19. Jh. Küstendampfschiff	Modell	zerstört	VLG 6.5
ILTIS (I), 1878, deutsches Kanonenboot	Modell	unklar	
ILTIS (I), 1878, deutsches Kanonenboot	Modell	SMR	VLG 6.2

Bezeichnung	Art	Standort	Verlagerung
ILTIS (II), 1898, deutsches Kanonenboot	Modell	unklar	VLG 1.2
IMPERATOR, 1912/13, deutsches Turbinenschnelldampfschiff	Modell	MVT	VLG 6.1
Innenansicht der Außenhaut eines Handelsschiffes, um 1908, deutsch	Modell	unklar	
IRENE, 1888, deutsche Kreuzerkorvette	Modell	unklar	VLG 4.0
Yacht, 17.Jh., brandenburgisch	Modell	MHM	VLG 1.4
Jackett, russisch	Original	unklar	VLG 1.1
JAGD (I), 1889, deutscher Aviso	Modell	unklar	VLG 1.2
JAGD (I), 1989, deutscher Aviso	Modell	unklar	
JÄGER (II), 1883, deutsches Torpedoboot	Modell	MHM	VLG 5.1
JAN STEEN, Ende 19. Jh., holländischer Kutter	Modell	MVT	VLG 5.3.1
JOACHIM ZELCK, 1912, deutsches Frachtschiff	Modell	SMR	VLG 6.2
JOHANN, 1867, preußische Galiot	Modell	unklar	
JOHANNA VON WISMAR, preußischer Schoner	Modell	unklar	
Kabel-Suchanker, deutsch	Original	unklar	
Kabelkasten	Original	unklar	VLG 1.5
Kabine erster Klasse eines Lloyd-Schnelldampfschiffes	Nachbau	unklar	
Kaik, 19. Jh., türkisches Fischereiboot	Modell	zerstört	VLG 6.5
KAISER (I), 1875, deutsche Panzerfregatte (Kasemattenschiff Ersten Ranges)	Modell	unklar	
KAISER (II), 1912, deutsches Schlachtschiff (KAISER-Klasse)	Modell	unklar	VLG 4.0
KAISER KARL DER GROSSE, 1902, deutsches Linienschiff	Modell	unklar	
Kaiser-Wilhelm-Hafen in Hamburg	Modell	unklar	
KAISER WILHELM DER GROSSE, 1901, deutsches Linienschiff	Modell	unklar	
KAISER WILHELM II., 1898, deutsches Seedampfschiff	Modell	MVT	VLG 6.1
KAISERIN AUGUSTA, 1892, deutscher Großer Kreuzer	Modell	unklar	VLG 1.2
Kaiserliche Werft Wilhelmshaven, 1889	Modell	unklar	
Kajak, grönländisch	Modell	unklar	
Kajüttür der CHARLOTTE	Original	unklar	
Kajüttür der CRESSY, britischer Panzerkreuzer	Original	unklar	VLG 1.2
Kajüttür des Schulschiffs CHARLOTTE	Original	unklar	VLG 1.5
Kammerschild (3) der ADLER	Original	unklar	VLG 1.1
Kanonenboot, schleswig-holsteinisch	Modell	unklar	
Kanonenkugeln (Vollkugel und 2 Kettenkugeln)	Original	unklar	VLG 1.5
Kanonenrohre mit Lafette (2), (erbeutet von der MÖWE)	Original	unklar	VLG 1.5
Kanu, Samoa	Modell	unklar	
KARK II, Fischereiboot	Modell	MVT	VLG 8.1
KARL RITTER, deutsche Brigg (Rumpf)	Modell	SMR	VLG 6.2
KARLSRUHE (I), 1914, deutscher Kleiner Kreuzer	Modell	unklar	VLG 1.2
KARLSRUHE (II), 1916, deutscher Kleiner Kreuzer	Modell	unklar	
KARLSRUHE (III), 1929, deutscher Leichter Kreuzer (KÖNIGSBERG-Klasse)	Modell	unklar	
KARL UND MARIA, 1884, deutsche Galeaß	Modell	unklar	
Kartusche des Schlachtkreuzers SEYDLITZ, 1911, deutsch	Original	MVT	VLG 7.2
Kasten	Original	unklar	VLG 1.1
KATHARINA, 1851, preußischer Rundgattewer	Modell	unklar	
Kegelmine vom Typ S-06-SA	Modell	MHM	VLG 5.1
Kesselausblasehahn für Dampfbeiboot Kl. I	Original	unklar	
Kessel für Dampfbeiboot	Original	unklar	
Kesseltelegrafen-Anlage	Original	unklar	
Kesselturbinenanlage des Leichten Kreuzers STETTIN	Modell	unklar	VLG 6.2
Kesselturbinenanlage eines Kriegsschiffes, 1914/15	Modell	MHM	VLG 5.1
Kettenglied des Passagierschiffes BREMEN, 1929, deutsch	Original	MVT	VLG 6.1
Kettenheisstropp	Original	unklar	
Kettenstopper, Patent Hartfield	Modell	unklar	
Kettenstropp aus 3 Dreikantringen	Original	unklar	
Kieler Quatze, 1907	Modell	unklar	VLG 6.2
Kimmschlitten	Modell	unklar	

Bezeichnung	Art	Standort	Verlagerung
Kimmschlitten mit Dockwand	Modell	unklar	
Kirchturm Wangerooge	Modell	unklar	VLG 1.1
Klug-Steuerung mit Riderschem Expansionsschieber	Modell	unklar	
Klumpblock, einscheibig	Original	unklar	
Kofferkessel	Modell	unklar	
Kofferkessel	Modell	unklar	VLG 1.5
Kohlenprähme (4)	Modell	unklar	VLG 1.2
KOLBERG, 1910, deutscher Kleiner Kreuzer	Modell	unklar	VLG 4.0
Kollektion 222	Original	unklar	VLG 5.1
Koller (Ochsenkopf)	Original	unklar	VLG 1.5
Kombüse der Segelfregatte NIOBE, 1861	Replik	unklar	
Kommandobrücke der BRAUNSCHWEIG, deutsches Linienschiff	Replik	unklar	
Kommandostand eines Unterseebootes	unklar	unklar	
Kommandowimpel für Befehlshaber, 1939-1945	Muster	MHM	VLG 5.1
KOMMODORE, deutsche Segelyacht	Modell	unklar	VLG 1.2
Kompaß	Original	unklar	VLG 1.1
Kompaß (Kessel und Deckel)	Original	unklar	VLG 5.1
Kompaßlampe der AMAZONE	Original	unklar	VLG 1.1
Kompaßlampe der AMAZONE	Original	unklar	VLG 1.2
KONDOR, 1926, deutsches Torpedoboot	Modell	unklar	VLG 1.2
KÖNIG, 1914, deutsches Linienschiff (KÖNIG-Klasse)	Modell	unklar	
KÖNIGIN ELISABETH, 1849, preußisch	Modell	unklar	
KÖNIGSBERG (I), 1907, deutscher Kleiner Kreuzer	Modell	MHM	VLG 5.1
Königspinguin	Präparat	MVT	VLG 8.1
KÖNIG WILHELM, deutsches Panzerschiff, 1865-1889, mit Torpedonetzen	Modell	unklar	VLG 5.1
Konteradmiralsflagge der deutschen Flotte, 1900-1918	Original	MHM	VLG 5.1
Korvette, 19. Jh.	Modell	SMR	VLG 6.2
Korvette, Dreimastsegelschiff	Modell	MVT	VLG 8.1
Kranbalkenverzierung der GROẞER KURFÜRST	Original	unklar	VLG 1.2
Krankentafeln, japanisch	Original	unklar	VLG 1.1
Kriegsflagge	Original	unklar	VLG 1.2
Kriegsflagge der SEAL, britisch	Original	unklar	VLG 1.1
Kriegskanu, Südsee	Modell	unklar	VLG 1.2
Kriegsschiff, 17.-18. Jh.	Modell	MHM	VLG 1.4
Kriegsschiff, 17. Jh., holländisch (Votivschiff)	Modell	unklar	VLG 1.2
Kriegsschiff, 18. Jh., holländisch	Modell	unklar	VLG 1.2
Kristallkrug von der KURFÜRST FRIEDRICH WILHELM	Original	unklar	VLG 1.1
Krone vom Flaggenstock der STOSCH	Original	unklar	VLG 1.1
Krone von der STOSCH, deutsches Schulschiff	Original	unklar	VLG 1.2
KRONPRINZ WILHELM, 1901, deutsches Passagier-Schnelldampfschiff	Modell	unklar	
Kugeln vom Heimatwimpel der ILTIS	Original	unklar	VLG 1.2
KURPRINZ, 1685, brandenburgischer Zweidecker	Modell	MVT	VLG 8.2
KURPRINZ, 1685, brandenburgischer Zweidecker	Modell	unklar	VLG 1.2
KURPRINZ, um 1830, dänisches Linienschiff	Modell	unklar	
Kutter, 19. Jh.	Modell	MVT	VLG 6.1
Kutter, Ende 19. Jh., deutsches Fischereifahrzeug	Modell	unklar	
Kutter der deutschen Korvette MEDUSA	Modell	unklar	
LA COQUETTE	Modell	unklar	
LA COURONNE, 1638, französisches Linienschiff	Modell	privat	VLG 6.4
Ladehaken, Anfang 20. Jh.	Original	privat	VLG 6.4
LAHN, um 1900, deutscher Leichter	Modell	MVT	VLG 6.1
Lanzen (19) mit Stahlenden und Holzschäften	Original	MHM	VLG 5.1
Lanzen (2) mit flachen Stahlenden und Holzschäften, deutsch	Original	MHM	VLG 5.1
Lanzen (7) mit quadratischen Stahlenden, 19. Jh.	Original	MHM	VLG 5.1
Laufbahnabzeichen und Ärmelabzeichen der Reichsmarine, 1918-1933	Original	MHM	VLG 5.1

Bezeichnung	Art	Standort	Verlagerung
LEBERECHT MAASS (Z 1), 1937, deutscher Zerstörer	Modell	unklar	
Lehnbrett der AUGUSTA	Original	unklar	VLG 1.2
Lehnbrett der STOSCH, Schulschiff	Original	unklar	VLG 1.2
LEIPZIG (III), 1931, deutscher Leichter Kreuzer	Modell	unklar	
Leitblock	Original	unklar	
Lenzejektor für Dampfbeiboot Klasse I	Original	unklar	
Leuchtseezeichen, Ende 19. Jh., deutsch	Modell	MVT	VLG 5.3.1
Linienschiff, dänisch, 1830	Modell	unklar	
Linienschiff, um 1830, dänisch	Modell	unklar	
LION, britisches Kriegsschiff	Modell	unklar	VLG 5.1
LIVADIA, russische Yacht	Modell	unklar	
Lokomotivkessel für kleine Torpedoboote, 1880-1900	Modell	unklar	VLG 5.1
LOTHARINGIA, Dampfschiff	Modell	SMR	VLG 6.2
LÜBECK, 1905, deutscher Kleiner Kreuzer	Modell	unklar	VLG 1.2
Lucas-Patent-Schneidanker, deutsch	Original	unklar	
Luftpumpe	Modell	unklar	VLG 5.1
Luftpumpe für Dampfbeiboot Klasse I	Original	unklar	
LUST, 1885, deutsche Yacht	Modell	unklar	
M 17, deutsches Minensuchboot	Modell	unklar	VLG 1.2
M 49, deutsches Minensuchboot	Modell	unklar	VLG 1.2
MACKENSEN, 1914, deutscher Großer Kreuzer	Modell	unklar	
MAGDEBURG, 1912, deutscher Kleiner Kreuzer	Modell	unklar	VLG 4.0
Magnetkompaß, Modell 3 der Firma Bamberg, Berlin Nr. 21 981	Original	unklar	VLG 5.1
Manövrierventil für Dampfbeiboot Kl. I	Original	unklar	
Manövrierventil mit Drosselklappe für ein Torpedoboot, deutsch	Original	unklar	
MARGARETE, 1886, deutsche Schnigge	Modell	unklar	
Marinedegen mit Lederscheide, 18. Jh.	Original	MHM	VLG 5.1
Marineinfanteriehelm mit Kokarde, Federbusch und Wappen	Original	MHM	VLG 5.1
MARKGRAF, 1914, deutsches Schlachtschiff (KÖNIG-Klasse)	Modell	unklar	
MARS (I), 1881, deutsches Artillerieschulschiff	Modell	unklar	
Maschine der FRIEDRICH CARL, Panzerschiff	Modell	unklar	
Maschine der FRIEDRICH KARL	Modell	unklar	VLG 1.5
Maschine der OLGA	Modell	unklar	VLG 1.5
Maschine der OLGA, Korvette	Modell	unklar	
Maschine für Dampfbeiboot Kl. I	Original	unklar	
Maschine für Dampfbeiboot Kl. II	Original	unklar	
Maschinenanlage	Original	unklar	
Maschinenanlage des Schnelldampfschiffes DEUTSCHLAND	Modell	SMR	VLG 6.2
Maschinenspeise/Lenzpumpe einer liegenden Schiffsmaschine	Modell	SMR	VLG 6.2
MASSALIA, Dampfschiff	Modell	unklar	VLG 6.2
Mastgaller der KÖNIG WILHELM	Original	unklar	VLG 1.5
MATHILDE, deutscher Bojer, Norderney	Modell	SMR	VLG 6.2
MAURY, 1845, preußische Schonerbrigg	Modell	unklar	VLG 1.2
MECKLENBURG, 1903, deutsches Linienschiff (WITTELSBACH-Klasse)	Modell	unklar	
MECKLENBURG, 1903, deutsches Linienschiff (WITTELSBACH-Klasse)	Modell	unklar	
Mecklenburgisches Kriegsschiff, 17. Jh.	Modell	unklar	VLG 1.2
MEDUSA (I), 1865, preußische Glattdeckskorvette	Modell	unklar	VLG 1.2
MEDUSA (I), 1865, preußische Glattdeckskorvette	Modell	unklar	
MELLUSA, Rennyacht	Modell	SMR	VLG 6.2
MELUSINE, 1865, preußisches Vollschiff	Modell	unklar	VLG 1.2
MERCUR, 1847, preußische Glattdeckskorvette	Modell	unklar	
MERCURIUS, 1845, preußische Bark	Modell	unklar	VLG 1.2
MERKUR, 1900, russisches Frachtdampfschiff	Modell	zerstört	VLG 6.2
Meßgerät von der HINDENBURG, deutscher Schlachtkreuzer	Original	MHM	VLG 5.1
METEOR (I), 1865, preußisch	Modell	unklar	

Bezeichnung	Art	Standort	Verlagerung
METEOR (II), 1891, deutscher Aviso	Modell	unklar	VLG 1.2
METEOR (III), 1924, deutsches Vermessungsschiff	Modell	unklar	VLG 1.2
METEOR, 1863, preußisches Kanonenboot (CHAMÄLEON-Klasse)	Modell	MVT	VLG 6.1
METEOR I, 1887, deutsche Yacht	Modell	unklar	
METEOR III, 1902, deutsche Segelyacht	Modell	MVT	VLG 6.1
MICHIGAN CENTRAL, 1884, amerikanische Dampffähre	Modell	unklar	
Mine	Modell	MHM	VLG 5.1
Mine	Original	unklar	
Minen für Minensperren, ohne Kappen, 1877	Original	MHM	VLG 5.1
Mittelstück der GERMANIA	Modell	unklar	
Molenkop	Modell	SMR	VLG 5.2
Molenteil	Modell	unklar	
MOLTKE (II), 1911, deutscher Schlachtkreuzer	Modell	unklar	VLG 1.2
MOLTKE, 1901, deutsches Passagierdampfschiff	Modell	unklar	
Monitor, 2. Hälfte 19. Jh. Zweischraubenpanzerschiff	Modell	zerstört	VLG 6.5
MONTE PENEDO, 1912, deutsches Dieselmotorschiff	Modell	zerstört	VLG 6.5
MORIAN, 1670, brandenburgische Fregatte	Modell	unklar	VLG 1.2
Motor-Kreiselpumpe	unklar	unklar	
Motor für Flugzeug, 200 PS	Original	unklar	
Motor von Feucht-Schneider	Modell	MHM	VLG 5.1
MÖWE, deutscher Hilfskreuzer	Modell	unklar	VLG 1.2
MÜCKE, deutsches Panzerkanonenboot	Modell	unklar	VLG 1.2
MÜNCHEN, 1905, deutscher Kleiner Kreuzer	Modell	unklar	
Mützenband von der S 90	Original	unklar	VLG 1.1
Mützenbänder (6) von der ILTIS	Original	unklar	VLG 1.2
Mützenband von der SCHARNHORST	Original	unklar	VLG 1.1
NACHTIGAL, 1885, deutsches Regierungsdampfschiff	Modell	unklar	VLG 1.2
Nachtrettungsboje der BAYERN	Original	unklar	VLG 1.2
Nachtrettungsboje der SEYDLITZ	Original	unklar	VLG 1.2
Nagelbank der NIOBE	Original	SMR	VLG 6.2
Namensschild der EBER	Original	unklar	VLG 1.1
Namensschild der HARDY, britischer Zerstörer	Original	unklar	VLG 1.2
Namensschild der SEAL	Original	unklar	VLG 1.1
Namensschild der UNDINE	Original	unklar	VLG 1.
Namensschild der BERLIN	Original	unklar	VLG 15
Namensschild der DEUTSCHLAND	Original	unklar	VLG .5
Namensschild der GOEBEN	Original	unklar	VLG1.5
Naphtabootsmaschine	Modell	unkla	
Naphtamaschine	Original	unklr	
NASSAU, 1909, deutsches Schlachtschiff	Modell	unklar	
Nationalflagge, deutsch, 1900-1918	Muster	MHM	VLG 5.1
NATTER (II), 1881, deutsches Kanonenboot (WESPE-Klasse)	Modell	unklar	
NAUTILUS (II), 1907, deutscher Minenkreuzer	Modell	unklar	
Niederdruckkessel	Modell	unklar	VLG 5.1
Niederdruckzylinder einer Dreifachexpansionsdampfmaschine, um 1890/95	Modell	MVT	VLG 6.1
NIOBE (I), 1849, britische Fregatte; preußisches Schulschiff	Modell	unklar	VLG 1.2
NIOBE (II), 1900, deutscher Kleiner Kreuzer	Modell	unklar	VLG 1.2
NIOBE (III), 1923, deutsches Segelschulschiff	Modell	unklar	
NIXE, 1899, deutsches Raddampfschiff	Modell	unklar	
NORDERNEY, um 1900, deutsches Feuerschiff	Modell	MVT	VLG 5.3.1
Nordlandboot	Modell	unklar	
NORDSEE, 1895, deutsch	Modell	unklar	
NORDSEE, 1907, deutsches Turmdeckdampfschiff	Modell	unklar	
Notruder	Modell	unklar	
Numeriergerät der OLGA, deutsche Korvette, 19. Jh.	Original	MHM	VLG 5.1

Bezeichnung	Art	Standort	Verlagerung
Nydam-Boot, skandinavisch	Modell	unklar	
NYLAND, 1898, deutsches Frachtdampfschiff	Modell	unklar	
NYMPHE (I), 1863, preußische Glattdeckskorvette	Modell	unklar	
NYMPHE (II), 1900, deutscher Kleiner Kreuzer	Modell	unklar	
OCEANA, 1865, preußische Schonerbark	Modell	unklar	VLG 1.2
OLDENBURG (I), 1886, deutsches Panzerschiff	Modell	unklar	
Öldruckfaß	Original	unklar	VLG 6.2
OLGA, 1881, deutsche Glattdeckskorvette (Bark)	Modell	unklar	VLG 4.0
OLGA, 1881, deutsche Glattdeckskorvette (Bark)	Modell	unklar	
Orlogflagge der CHRISTIAN VII	Original	unklar	VLG 1.1
Orlogflagge der GEFION	Original	unklar	VLG 1.1
Oseberg-Schiff, um 850, skandinavisch	Modell	unklar	VLG 1.2
OSIRIS, 1910, deutsches Fracht- und Passagierdampfschiff	Modell	MVT	VLG 6.1
OSTFRIESLAND, 1911, deutsches Schlachtschiff (HELGOLAND-Klasse)	Modell	unklar	
OTTER II, 1910, deutsches Minenschulschiff	Modell	unklar	VLG 1.2
Paddel, Südsee	Original	unklar	
PANAMA, Brigg	Modell	privat	VLG 6.4
Panzergeschoß, 380 mm, von der BADEN, deutsches Panzerschiff	Original	MHM	VLG 5.1
PATRICIA, 1899, deutsch	Modell	unklar	
Peildiopter, Nr. 13 927	Original	unklar	VLG 5.1
Peilscheibe von der AMAZONE	Original	unklar	VLG 1.1
Periskop, Anfang 20.Jh., deutsch	Original	MVT	VLG 7.2
PETER, deutsches Zweimastsegelschiff	Modell	SMR	VLG 6.2
PETER VON DANZIG (ex PIERRE DE LA ROCHELLE), 1462, französische Karacke	Modell	unklar	VLG 1.2
Petroleumtank der DEUTSCHLAND	Modell	SMR	VLG 6.2
Pfahlspill	Modell	unklar	VLG 6.2
Pfeif- und Leuchtboje	Modell	SMR	VLG 6.2
PFEIL (II), 1884, deutscher Aviso	Modell	unklar	
Pinnkompaß, 17. Jh.	Original	MVT	VLG 6.1
Plankenstück der GNEISENAU, deutsches Schulschiff	Original	unklar	VLG 1.2
Pokal von der KURFÜRST FRIEDRICH WILHELM	Original	unklar	VLG 1.2
Pokal von der LOTHRINGEN	Original	unklar	VLG 1.2
Poller der KÖNIG WILHELM, 1868, preußisches Panzerschiff	Original	MHM	VLG 5.1
POMMERN, 1907, deutscher Eisbrecher	Modell	MVT	VLG 6.1
Portepee, Bild von Admiral Tegetthoff	Original	unklar	VLG 1.2
POSEN, deutsches Schlachtschiff, 1908	Modell	MHM	VLG 5.1
POTOSI, deutsche Fünfmastbark	Modell	zerstört	VLG 6.5
PRÄSIDENT HERWIG, 19. Jh., deutscher Zweimastschoner	Modell	MVT	VLG 6.1
PREUSSEN, deutsche Panzerfregatte, 1873	Modell	MHM	VLG 5.1
PREUSSEN vor Dover, 1902	Diorama	privat	VLG 6.4
PREUSSEN (I), 1876, deutsches Panzerschiff	Modell	unklar	VLG 6.2
PREUSSEN (II), 1905, deutsches Linienschiff (BRAUNSCHWEIG-Klasse)	Modell	unklar	
PREUSSEN (II), 1905, deutsches Linienschiff (BRAUNSCHWEIG-Klasse)	Modell	unklar	
PREUSSEN, 1902, deutsches Fünfmast-Vollschiff	Modell	MVT	VLG 6.1
PREUSSEN, 1902, deutsches Fünfmastvollschiff	Modell	zerstört	VLG 6.5
PREUSSEN, 1902, deutsches Vollschiff	Modell	unklar	VLG 6.2
PREUSSISCHER ADLER, 1846, preußischer Dampfaviso	Modell	zerstört	VLG 1.1
PREUSSISCHER ADLER, 1846, preußischer Dampfaviso	Modell	unklar	
PRINCESSE ALEXANDRINE, dänische Dampffähre	Modell	unklar	
PRINZ ADALBERT (I), 1865, preußisches Panzerschiff	Modell	unklar	
PRINZ ADALBERT (II), 1904, deutscher Großer Kreuzer	Modell	unklar	
PRINZ SIGISMUND, 1899, deutsch	Modell	unklar	
PRINZESSIN VICTORIA LUISE, 1900, deutsch	Modell	unklar	
PRINZESS WILHELM, 1889, deutsche Kreuzerfregatte	Modell	unklar	VLG 1.2
Prisma eines U-Bootes, britisch	Original	unklar	VLG 1.2

Bezeichnung	Art	Standort	Verlagerung
PROMETHEUS, 1903, deutsches Tankschiff	Modell	unklar	
Pult mit Gedenkbüchern	Original	unklar	
Pumpe (Lenzpumpe?), um 1920/25, deutsch	Original	zerstört	VLG 6.5
Pumpeneinrichtung der KÖNIG	Modell	unklar	
Pumpeneinrichtung der KÖNIGSBERG	Modell	unklar	
Pumpeneinrichtung der REGENSBURG	Modell	unklar	
Pumpeneinrichtung der ROSTOCK	Modell	unklar	VLG 3.0
Pumpeneinrichtung der STRALSUND	Modell	unklar	
Pumpenmodell, System Worthington	Modell	unklar	VLG 5.1
Puppblock	Original	unklar	
Quatze, 19. Jh., Fischereiboot	Modell	zerstört	VLG 6.5
Raddampfschiff, um 1860	Modell	SMR	VLG 6.2
Raketenapparat	Original	unklar	
Rammschiff mit Seitenramme	Modell	unklar	
Rangabzeichen der Unteroffiziere der deutschen Flotte, 1890-1910	Original	MHM	VLG 5.1
Räumotter, französisch	Modell	MHM	VLG 5.1
R.C. RICKMERS, 1906, deutsche Fünfmastbark	Modell	zerstört	VLG 6.5
Reedereiflaggen	Original	unklar	
REGENSBURG, 1915, deutscher Kleiner Kreuzer	Modell	unklar	
Reichspostdampfschiff, deutsch	Modell	SMR	VLG 5.2
Relief von der Versenkung der Kriegsschiffe bei Scapa Flow, 21.6.1919	Relief	unklar	
RENOWN, 1857, preußisches Artillerieschulschiff	Modell	unklar	VLG 1.2
Reservelampe des U-Bootes U.B.46	Original	unklar	VLG 1.2
Rettungsboje aus Holz der ILTIS	Original	unklar	VLG 1.2
Rettungsboje der BADEN	Original	unklar	VLG 1.5
Rettungsboje der BASILISK	Original	unklar	VLG 1.5
Rettungsboje der BERLIN	Original	unklar	VLG 1.5
Rettungsboje der BLITZ	Original	unklar	VLG 1.5
Rettungsboje der BREMSE	Original	unklar	VLG 1.2
Rettungsboje der BRISBANE	Original	unklar	VLG 1.5
Rettungsboje der COELN	Original	unklar	VLG 1.
Rettungsboje der EBBING	Original	unklar	VLG 12
Rettungsboje der FRAUENLOB	Original	unklar	VLG .2
Rettungsboje der GORCH FOCK	Original	unklar	VLG1.5
Rettungsboje der GROM (?)	Original	unklar	VL 1.5
Rettungsboje der GROSSER KURFÜRST	Original	unklar	VG 1.2
Rettungsboje der HELA	Original	unklar	LG 1.2
Rettungsboje der HINDENBURG	Original	unklar	VLG 1.5
Rettungsboje der JOSEF STALIN	Original	unklar	VLG 1.5
Rettungsboje der KAISER	Original	unklar	VLG 1.5
Rettungsboje der KAISERIN	Original	unklar	VLG 1.2
Rettungsboje der Lützow	Original	unklar	VLG 1.2
Rettungsboje der MARSCHALL FOCH	Original	unklar	VLG 1.5
Rettungsboje der MÜNCHEN	Original	unklar	VLG 1.5
Rettungsboje der NASSAU	Original	unklar	VLG 1.5
Rettungsboje der NIOBE, deutsches Schulschiff	Original	unklar	VLG 1.5
Rettungsboje der OSTFRIESLAND	Original	unklar	VLG 1.5
Rettungsboje der POMMERN	Original	unklar	VLG 1.5
Rettungsboje der PRINZREGENT LUITPOLD	Original	unklar	VLG 1.5
Rettungsboje der ST. NAZUR	Original	unklar	VLG 1.5
Rettungsboje der WIESBADEN	Original	unklar	VLG 1.2
Rettungsboje des Torpedoboots S 126	Original	unklar	VLG 1.5
Rettungsboje des Torpedoboots S 17	Original	unklar	VLG 1.5
Rettungsboje des U-Bootes U-9, deutsch	Original	MHM	VLG 5.1
Rettungsboje des U-Bootes U-9, deutsch	Original	MHM	VLG 5.1

Bezeichnung	Art	Standort	Verlagerung
Rettungsbojen (26), erbeutet	Original	unklar	VLG 1.5
Rettungsbojen der THÜRINGEN (2)	Original	unklar	VLG 1.5
Rettungskoje der GROSSER KURFÜRST	Original	unklar	VLG 1.1
Rettungsring	Original	MHM	VLG 5.1
Rettungsring der ILTIS	Original	unklar	VLG 1.1
Rettungsring des Linienschiffes BADEN, 1914, deutsch	Original	MVT	VLG 6.1
Rettungsring des U-Bootes U-25, deutsch	Original	MVT	VLG 5.3.1
Rettungsring des U-Bootes U-65, deutsch	Original	MHM	VLG 5.1
Revolverkanone (3,7 cm)	Original	unklar	
Revolverkanonen der ILTIS (I)	Original	unklar	
RHENANIA, 1904, deutsch	Modell	unklar	
Ring aus der Kette des Feuerschiffes ELBE 1, deutsch	Original	unklar	
Ring aus einer Tonnenkette, deutsch	Original	unklar	
Robbenfangschiff	Modell	unklar	
Rohrleitung der HELGOLAND	Modell	unklar	VLG 1.5
Rohrleitung der KAISERIN	Modell	unklar	VLG 1.5
Rohrleitung der REGENSBURG	Modell	unklar	VLG 1.5
ROVUMA, deutsches Kolonialdampfschiff	Modell	unklar	VLG 1.2
ROYAL LOUIS, französisches Linienschiff	Modell	unklar	VLG 1.2
Ruderanlage des Schnelldampfschiffes DEUTSCHLAND	Modell	SMR	VLG 6.2
Ruderblatt eines Werftdampfschiffes	Original	unklar	
Ruderboot	Modell	zerstört	VLG 6.5
Ruderboot, 18. Jh. (Ozeanien?)	Modell	zerstört	VLG 6.5
Ruderjoch der EBER	Original	unklar	VLG 1.1
Ruderkanonenboot	Modell	unklar	VLG 1.2
Ruderkanonenschaluppe, 1848	Modell	unklar	VLG 1.2
Rudermaschine	unklar	unklar	
Rudermaschine der S.M.S. AEGIR, elektrisch (mit Glaskasten)	Modell	unklar	
Ruderrad der NIOBE	Original	unklar	
Ruderraddecke der UNDINE	Original	unklar	VLG 1.2
Ruderradvorsetzer (2)	Original	unklar	VLG 1.2
Ruderreep-Leitungen (3)	Modell	unklar	
RUDOLPH JOSEPH I, 1883, deutsche Schonerbark	Modell	privat	VLG 6.4
Rundlauf-Umsteuerungsmaschine, 1. Hälfte 20. Jh., deutsch	Modell	zerstört	VLG 6.5
S.M.S. HOHENZOLLERN, Dampfboot	Modell	unklar	
S 1, 1884, deutsches Torpedoboot	Modell	unklar	
S 114, 1902, deutsches Großes Torpedoboot	Modell	unklar	VLG 1.2
S 13C, deutsches Torpedoboot	Modell	unklar	
S 165, deutsches Torpedoboot	Modell	unklar	VLG 1.2
S 19, 1885, deutsches Torpedoboot	Modell	unklar	VLG 1.2
S 24, 1886, deutsches Torpedoboot	Modell	unklar	VLG 1.2
S 26, 1886, deutsches Torpedoboot	Modell	unklar	
S 31, deutsches Torpedoboot	Modell	unklar	
S 36 II, 1913-15, deutsches Torpedoboot	Modell	unklar	
S 41, 1887, deutsches Torpedoboot	Modell	unklar	
S 42, 1889, deutsches Torpedoboot	Modell	unklar	
S 67, deutsches Torpedoboot	Modell	unklar	
S 73, 1893-94, deutsches Torpedoboot	Modell	unklar	
S 74, deutsches Torpedoboot, 1874	Modell	MHM	VLG 1.4
S 75, deutsches Torpedoboot	Modell	unklar	
S 81, 1895, deutsches Torpedoboot	Modell	unklar	
S 9, 1885, deutsches Torpedoboot	Modell	unklar	VLG 1.2
S 90, deutsches Torpedoboot	Modell	unklar	VLG 1.2
SAALE, 1886, deutsch	Modell	unklar	
SAALE, 1901, deutscher Seeleichter	Modell	unklar	

Bezeichnung	Art	Standort	Verlagerung
SAAR, 1934, deutsches U-Boot-Begleitschiff	Modell	unklar	VLG 3.0
SACHSEN (I), 1878, deutsche Ausfallschraubenkorvette (SACHSEN-Klasse)	Modell	unklar	
SANTA MARIA, 1492, spanische Não	Modell	unklar	
SANTA MARIA, 1907, deutsch	Modell	unklar	
SARUCHAN, 1898, deutsches Tankschiff	Modell	unklar	
Säule der ILTIS	Modell	unklar	VLG 1.2
SCHARNHORST (I), 1907, deutscher Großer Kreuzer	Modell	unklar	
Schaufelrad	Modell	SMR	VLG 6.2
Schaufelrad mit festen Schaufeln	Modell	unklar	
Schaukasten Hanftauwerk, um 1900	Schaukasten	unklar	VLG 6.2
Schaukasten Hanftauwerk, um 1900	Schaukasten	unklar	VLG 6.2
Schaukasten über die seemännische Verarbeitung des Hanfwerkes, um 1900	Schaukasten	MVT	VLG 6.1
Schautafel „Das Forschungsschiff METEOR auf einer Station bei der Arbeit"	Schautafel	unklar	
Schiff aus Ozeanien	Modell	unklar	VLG 5.1
Schiffs-Kränkungspendel (Klinometer), deutsch	Original	MVT	VLG 6.1
Schiffsdampfmaschine mit Umsteuerung, stehend	Modell	SMR	VLG 6.2
Schiffsgeschütze von der Weichselmündung (4), 15. Jh.	Original	unklar	VLG 1.5
Schiffsglocke	Original	unklar	VLG 1.1
Schiffsglocke der B 110, 1916, deutscher Zerstörer	Original	MHM	VLG 5.1
Schiffsglocke der BISMARCK	Original	unklar	VLG 1.5
Schiffsglocke der EBER	Original	unklar	VLG 1.
Schiffsglocke der ELBING, deutscher Kreuzer, 1914	Original	MHM	VLG 5.1
Schiffsglocke der ILTIS	Original	unklar	VLG 1.5
Schiffsglocke der ILTIS (I)	Original	unklar	
Schiffsglocke der KRONPRINZ WILHELM, 1914, deutsches Linienschiff	Original	MVT	VLG 5.3.1
Schiffsglocke der WESTPHALEN, deutsches Linienschiff	Original	MHM	VLG 5.1
Schiffsräume der NIOBE	Replik	unklar	
Schiffsrumpf, 1. Hälfte 20. Jh.	Modell	zerstört	VLG 6.5
Schiffstachometer, 1900, deutsch	Original	MVT	VLG 6.1
Schiffsventilator mit einzylindriger Dampfmaschine, um 1900	Modell	MVT	VLG 5.3.1
Schild mit Messingadler SCHLESWIG-HOLSTEIN	Original	unklar	VLG 1.2
Schild von der ADLER	Original	unklar	VLG 1.1
Schlauch der BISMARCK, deutsches Schlachtschiff	Original	unklar	VLG 1.5
Schlepphaken der VULKAN	Original	unklar	
Schleppnetz, Anfang 20. Jh.	Original	unklar	VLG 6.2
Schleppschiff, polnisch	Modell	unklar	VLG 1.
Schleppversuchsanstalt	Modell	unklar	
SCHLESIEN, 1908, deutsches Linienschiff (DEUTSCHLAND-Klasse)	Modell	unklar	VLG 1.2
Schlüssel vom Kartenhaus der ARIADNE	Original	unklar	VLG 1.2
Schnabelwalfangschiff, norwegisch	Modell	unklar	
Schnitzwerke der KURFÜRST FRIEDRICH WILHELM (2)	Original	unklar	VLG 1.2
Schonerbrigg, 18. Jh.	Modell	unklar	VLG 6.2
Schornstein der ILTIS, deutsches Kanonenboot	Original	unklar	
Schottwand	Modell	SMR	VLG 6.2
Schraube, Schraubenwelle und Wellenrohr, 1910/17	Modell	MHM	VLG 5.1
Schraube des Kanonenbootes ILTIS (I)	Original	unklar	
Schraube für Motorboote, verstellbar	Original	unklar	
Schreibzeug von der CHRISTIAN VII	Original	unklar	VLG 1.2
Schreibzeug von der HOHENZOLLERN	Original	unklar	VLG 1.2
Schulterstücke zur Paradeuniform eines Stabsoffiziers, Ende 19. Jh.	Original	MHM	VLG 5.1
SCHÜTZE, 1883, deutsches Torpedoboot (SCHÜTZE-Klasse)	Modell	unklar	
SCHWALBE (II), 1888, deutscher Kreuzer (Schonerbark)	Modell	unklar	
Schwimmboje, Ende 19. Jh.	Original	MVT	VLG 7.2
Schwimmdock, Nüske & Co AG	Modell	unklar	VLG 6.2
Schwimmkran (150 t)	Modell	unklar	

Bezeichnung	Art	Standort	Verlagerung
Schwimmkran, 1903	Modell	MVT	VLG 5.3.1
SEENYMPHE, 1866, preußische Brigg	Modell	unklar	VLG 1.2
Seezeichen	Modell	SMR	VLG 6.2
Seezeichen	Modell	SMR	VLG 6.2
Seezeichen (Hafeneinfahrt Swinemünde)	Modell	SMR	VLG 6.2
Seezeichen (Windbake)	Modell	SMR	VLG 6.2
Seezeichen, 1871	Modell	SMR	VLG 6.2
Seezeichen, 1873, deutsch	Modell	MVT	VLG 5.3.1
Seezeichen mit Gasbeleuchtung	Modell	SMR	VLG 6.2
Segel- und Flaggentuchmuster	Muster	MHM	VLG 5.1
Segeljolle der Yacht HOHENZOLLERN	Modell	unklar	VLG 1.2
Segelschiff	Modell	SMR	VLG 6.2
Segelschiff	Modell	SMR	VLG 6.2
Segelschiff	Modell	SMR	VLG 6.2
Segelschiff, 19. Jh., amerikanisch	Modell	zerstört	VLG 6.5
Segelyacht mit durchgehendem Kiel, Klotz	Modell	unklar	
Segelyacht mit Flosse	Modell	unklar	
Segelyacht mit Schwert	Modell	unklar	
Seitenverbände	Modell	unklar	
Seitenverbindung (2), Ende 19. Jh.	Modell	unklar	VLG 6.2
Sektkühler von der WÖRTH	Original	unklar	VLG 1.1
SELANDIA, 1911, niederländisches Motorschiff	Modell	MVT	VLG 6.1
Selterwasserapparat	Original	unklar	
Sextant, 1920, deutsch	Original	MVT	VLG 5.3.1
Sextant mit zwei Okularen	Original	unklar	VLG 5.1
SICHER, 1883, deutsches Torpedoboot	Modell	unklar	VLG 1.2
SIEGFRIED, 1890, deutsches Küstenpanzerschiff (SIEGFRIED-Klasse)	Modell	unklar	VLG 1.2
Signalflagge	Original	unklar	VLG 1.2
SODEN, 1890, deutsches Kolonialdampfschiff	Modell	unklar	
Sowjetflaggen (2)	Original	unklar	VLG 1.1
Spanten	Modell	SMR	
Spanten einer Fregatte	Modell	unklar	
SPARTEN CHIEF, 1898, Frachtdampfschiff	Modell	unklar	VLG 6.2
Speer zum Aalfang, 19. Jh.	Original	MVT	VLG 6.1
Speer zum Aalfang, 19. Jh.	Original	MVT	VLG 6.1
Speer zum Aalfang mit Schaft, 19. Jh.	Original	MVT	VLG 6.1
Speer zum Walfang mit Schaft	Original	MVT	VLG 6.1
Speer zum Walfang mit Schaft, 19. Jh.	Original	MVT	VLG 6.1
Speise- und Lenzpumpe, System Penn	Modell	unklar	
Speisewasserregler, Ende 19. Jh., deutsch	Original	zerstört	VLG 6.5
Sperrbrecher, deutsch	Modell	unklar	
Spierentorpedoboot, deutsch	Modell	unklar	VLG 1.2
Spieß zum Fischfang	Original	MVT	VLG 6.1
Spieß zum Fischfang	Original	MVT	VLG 6.1
Spieß zum Walfang mit Schaft, 19. Jh.	Original	MVT	VLG 6.1
Spill	Modell	SMR	VLG 6.2
Spill	Modell	unklar	VLG 6.2
Spill	Modell	unklar	VLG 6.2
Spillvorrichtung eines leichten Kreuzers, 1906/1910	Modell	MHM	VLG 5.1
ST. MARIE, 1893, amerikanische Dampffähre	Modell	unklar	
Stake zum Abstoßen des Bootes, Ende 19. Jh.	Original	unklar	
Standarte des Kaisers, 1870-1918	Muster	MHM	VLG 5.1
Standbild Kaiser Wilhelm II.	Standbild	unklar	VLG 2.0
Stehende Einzylinderdampfmaschine der Bremer Vulcan um 1900, deutsch	Original	MVT	VLG 6.1
Steinanker	Original	MVT	VLG 5.3.1

Bezeichnung	Art	Standort	Verlagerung
Steinanker	Original	unklar	
STETTIN, 1907, deutscher Kleiner Kreuzer (STETTIN-Klasse)	Modell	unklar	
Steuermaschine, elektrisch	Modell	unklar	VLG 1.5
Steuerung der ELISABETH, Korvette	Modell	unklar	
Stockanker, Anfang 20.Jh.	Original	MVT	VLG 6.1
STOMBECK II, Fischereiboot	Modell	MVT	VLG 8.1
STOSCH, 1878, deutsche Schraubenkreuzerkorvette (BISMARCK-Klasse)	Modell	unklar	VLG 1.2
STOSCH, 1878, deutsche Schraubenkreuzerkorvette (BISMARCK-Klasse)	Modell	unklar	
STRALSUND (I), 1817, preußischer Kriegsschoner	Modell	zerstört	VLG 1.2
Tachometer, System Frahm	Original	unklar	
Tafelaufsatz von der KÖNIG WILHELM	Original	unklar	VLG 1.2
Tafel mit 13 Bootswappen	Original	unklar	
Tafel mit Booten vom Panzerschiff DEUTSCHLAND	Modell	unklar	
Tafel mit Bootswappen	Original	unklar	VLG 1.5
Tafel mit Segel- und Flaggentuchproben	Original	unklar	
Tafeln (8) mit Hanf- und Metalltrossen	Original	MHM	VLG 5.1
Tafeln mit seemännischen Arbeiten (5)	Original	unklar	
Tafeln mit Tauwerkproben (8)	Original	unklar	
Takelage einer Fregatte	Modell	unklar	
Talje eines Geschützes	Original	unklar	VLG 1.5
Tau-Fender (5)	Original	unklar	VLG 1.5
Taucherpumpe (Bootsgebläse), um 1880	Modell	SMR	VLG 6.2
Taufdukaten	Original	unklar	VLG 1.1
Teile eines Ankers (Ring, Stock, Schaft)	Original	MVT	VLG 6.1
TENDER, deutscher Lotsenschoner	Modell	unklar	VLG 6.2
THETIS, deutsche Fregatte, 19. Jh.	Modell	MHM	VLG 5.1
THÜRINGEN, 1911, deutsches Schlachtschiff (HELGOLAND-Klasse)	Modell	unklar	VLG 4.0
Tiefensteller der WOLF	Original	unklar	VLG 1.1
TIJUCA, 1899, deutsches Fracht- und Passagierdampfschiff	Modell	MVT	VLG 6.1
Torpedo	Original	unklar	VLG 1.5
Torpedoapparat der Küstenbatterie, 1877	Original	MHM	VLG 5.1
Torpedoapparat der Küstenbatterie, 1877-1880	Original	MHM	VLG 5.1
Torpedogerät, 1897	Original	MHM	VLG 5.1
Torpedoheisswinde	Original	unklar	
Torpedokopf nach Schüß (Manöverkopf)	Original	unklar	VLG 1.5
Torpedo S-84-A, Serie des Jahres 1884	Original	MHM	VLG 5.1
Torpedo Typ S-45, 1891	Original	MHM	VLG 5.1
Torpedo Typ S-76, 1876	Original	MHM	VLG 5.1
Torpedo Typ S-77, 1877	Original	MHM	VLG 5.1
Torpedovisier der BERLIN, deutscher Kreuzer, 1903	Original	MHM	VLG 5.1
Triebwerk für den Unterwasser-Nebelsignalapparat der WESER, deutsch	Original	unklar	
Triebwerk für Glockenpocher (Unterwasserschallanlage),1905	Original	SMR	VLG 6.2
Trinkhorn von der NIOBE	Original	unklar	VLG 1.2
Trockenkompaß, 1874, deutsch	Original	MVT	VLG 6.1
Trockenkompaß, 19. Jh., deutsch	Original	MVT	VLG 5.3.1
Trockenkompaß, 2.Hälfte 19. Jh.	Original	MVT	VLG 6.1
Trockenkompaß, um 1900, deutsch	Original	MVT	VLG 5.3.1
Tropenhelm	Original	MHM	VLG 5.1
Turbine der MAGDEBURG, Kleiner Kreuzer (mit Glaskasten)	Modell	unklar	
Turbinenanlage des Turbinenschnelldampfschiffs KAISER der Hapag, 1905	Modell	MVT	VLG 5.3.1
Turbodynamo	Original	unklar	
U-Abwehrbomben (3), 1914-1918	Original	HM	VLG 5.1
U 122, deutsches Unterseeboot	Modell	unklar	VLG 1.2
U 123 I, 1918, deutsches Unterseeboot	Model	unklar	
U 151, deutsches Unterseeboot	Modell	unklar	VLG 1.2

Bezeichnung	Art	Standort	Verlagerung
U 155 I, 1917, deutsches Unterseeboot	Modell	unklar	
U 157 I, 1917, deutsches Unterseeboot	Modell	unklar	
U 1 II, 1935, deutsches Unterseeboot	Modell	unklar	VLG 1.2
U 21, deutsches Unterseeboot	Modell	unklar	VLG 1.2
U 23 I, 1913, deutsches Unterseeboot	Modell	unklar	
U 25, deutsches Unterseeboot	Modell	unklar	
U 26 II, 1935-36, deutsches Unterseeboot	Modell	unklar	
U 27, deutsches Unterseeboot	Modell	unklar	
U 36 II, 1935-36, deutsches Unterseeboot	Modell	unklar	
U 9 I, 1910, deutsches Unterseeboot	Modell	unklar	VLG 1.2
U B 1, deutsches Unterseeboot	Modell	unklar	VLG 1.2
U B 30, deutsches Unterseeboot	Modell	unklar	VLG 1.2
U B 41, 1914-16, deutsches Unterseeboot	Modell	unklar	
U B 60, deutsches Unterseeboot	Modell	unklar	
U B 65, 1916-17, deutsches Unterseeboot	Modell	unklar	
U C 11, deutsches Unterseeboot	Modell	unklar	
U C 15, 1914-15, deutsches Unterseeboot	Modell	unklar	
U C 49, 1916, deutsches Unterseeboot	Modell	unklar	VLG 1.2
U C 54, 1916, deutsches Unterseeboot	Modell	unklar	
Umdrehungs- (Schiffswellen-) Fernanzeiger	Original	MVT	VLG 6.1
Umdrehungsanzeiger	Original	unklar	
Uniformen	Original	unklar	
Untere Teile von Turbinenschaufeln	Modell	unklar	VLG 5.1
Unterwasser-Schallgeberapparate (4), deutsch	Original	unklar	
Unterwasser-Schallglocke des Feuerschiffes WESER, 1905, deutsch	Original	SMR	VLG 5.3.2
URSEL, deutsche Segeljolle	Modell	MVT	VLG 8.1
URSULA, 1885, deutsche Fregatte	Modell	MVT	VLG 5.3.1
V 1, deutsches Torpedoboot	Modell	unklar	
V 10, 1884, deutsches Torpedoboot	Modell	unklar	
V 150, 1907, deutsches Torpedoboot	Modell	unklar	
V 164, deutsches Torpedoboot	Modell	MHM	VLG 5.1
V 47, deutsches Torpedoboot	Modell	unklar	VLG 1.2
V 48, 1914-15, deutsches Torpedoboot	Modell	unklar	
V 65, deutsches Torpedoboot	Modell	unklar	VLG 1.2
Vager der CHRISTIAN VII	Original	unklar	VLG 1.2
VATERLAND, deutsches Flußkanonenboot	Modell	unklar	VLG 1.2
Ventil, um 1920	Original	zerstört	VLG 6.5
Ventilationseinrichtung	Modell	unklar	
Ventilatorkopf der ILTIS	Original	unklar	VLG 1.5
Ventilsteuerung, 1. Hälfte 20. Jh., deutsch	Original	zerstört	VLG 6.5
Verladebrücke, 20. Jh. (2 Teile)	Modell	unklar	VLG 6.2
Verwundetentafeln, japanisch	Original	unklar	VLG 1.1
Vierflunkenbootsanker (Draggen) 19. Jh.	Original	MVT	VLG 6.1
Vierflunkenbootsanker (Draggen) 19. Jh.	Original	MVT	VLG 6.1
VINETA, Rennyacht	Modell	SMR	VLG 6.2
Violinblock für Segelschiff, 18.-19. Jh.	Original	unklar	
Vollschiff (aus Knochen gearbeitet)	Modell	unklar	
Vollschiff der Reederei Linck, Danzig	Modell	SMR	VLG 6.2
VON DER TANN, 1910, deutscher Schlachtkreuzer	Modell	unklar	VLG 4.0
VON DER TANN, schleswig-holsteinisches Kanonenboot	Modell	unklar	VLG 1.2
VON PODBIELSKI	Modell	unklar	
Vordersteven einer hölzernen Schraubenkorvette	Modell	unklar	
Vordersteven einer Korvette	Modell	unklar	
Vordersteven eines Kriegsschiffes	Modell	MHM	VLG 5.1
VULKAN, 1908, deutsches U-Boot-Hebeschiff	Modell	MHM	VLG 5.1

Bezeichnung	Art	Standort	Verlagerung
W 1, deutsches Torpedoboot	Modell	unklar	
W 6, 1884, deutsches Torpedoboot	Modell	unklar	
WACHT (I), 1888, deutscher Aviso	Modell	unklar	
WAGRIEN, 1879, deutsche Schlup	Modell	MVT	VLG 6.1
Walfangschiff	Modell	unklar	
WAMI, 1893, deutscher Zollkreuzer	Modell	unklar	
Wappenschild der BRANDENBURG	Original	unklar	VLG 1.2
Wappenschild der OLDENBURG	Original	unklar	VLG 1.2
WAPPEN VON HAMBURG, 1680, deutsches Konvoischiff	Modell	MVT	VLG 5.3.1
WASHINGTON, Raddampfschiff	Modell	privat	VLG 6.4
Wasserbomben (2)	Original	unklar	VLG 1.5
Wasserdichtes Schott	Modell	unklar	
Wasserfahrzeug aus Brasilien	Modell	unklar	
Wasserfahrzeug aus Brasilien	Modell	unklar	
Wasserfahrzeug aus der Südsee	Modell	unklar	VLG 1.2
Wasserrohrkessel (System BELLEVILLE), Ende 19. Jh.	Modell	MVT	VLG 5.3.1
Wasserrohrkessel, Ende 19. Jh., deutsch	Modell	MVT	VLG 5.3.1
Wellenleitung mit Schraube	Modell	unklar	
Werft Wilhelmshaven	Modell	unklar	
Werkstattschilder (2)	Original	unklar	VLG 1.5
WESPE (II), 1876, deutsches Kanonenboot (WESPE-Klasse)	Modell	unklar	
WIESBADEN, 1915, deutscher Kleiner Kreuzer	Modell	unklar	VLG 1.2
Wikingerboot von Danzig-Ohra, 12. Jh.	Modell	unklar	
Wikingerschiff	Modell	unklar	VLG 5.1
WILLKOMMEN, 1895, deutsch	Modell	unklar	VLG 1.1
Wimpel der GEFION	Original	unklar	VLG 1.1
Winde, zweitrommlig, für Schernetzfischerei	Modell	unklar	VLG 6.2
Windfahne eines Fischereifahrzeuges aus Kurischem Haff, 1904	Original	unklar	
Windradsteuerung	Modell	unklar	VLG 1.5
WITTELSBACH, 1902, deutsches Linienschiff (WITTELSBACH-Klasse)	Modell	unklar	
WOLF (ex WACHTFELS), 1916, deutscher Hilfskreuzer	Modell	unklar	VLG 1.2
WÖRTH, 1894, deutsches Linienschiff (BRANDENBURG-Klasse)	Modell	unklar	
WÖRTH, 1894, deutsches Linienschiff (BRANDENBURG-Klasse)	Modell	unklar	VLG 1.2
Wrackstätte der ILTIS	Modell	unklar	VLG 1.2
Wurfmine, 19. Jh.	Original	MHM	VLG 5.1
WÜRTTEMBERG (I), 1881, deutsche Ausfallschraubenkorvette	Modell	unklar	VLG 4.0
ZÄHRINGEN, 1902, deutsches Linienschiff	Modell	unklar	
Zentrifugalpumpe	Original	unklar	
Zielfernrohr	Original	unklar	VLG 1.1
ZIETEN (I), 1876, deutscher Aviso	Modell	unklar	
ZIETEN (I), 1876, deutscher Aviso	Modell	unklar	
ZIETEN (I), 1876, deutscher Aviso	Modell	unklar	
Zinnbecher von der AMAZONE	Original	unklar	VLG 1.1
Zinnbecher von der CHRISTIAN VII	Original	unklar	VLG 1.1
Zündmaschine	Original	unklar	VLG 1.5
Zusatzhahn für Süß- und Seewasser für Dampfbeiboot Klasse I	Original	unklar	
Zusatzhahn für Tank für Dampfbeiboot Kl. I	Original	unklar	
Zweidecker, um 1650	Modell	unklar	
Zweimast-Kriegsschiff, Ozeanien	Modell	MVT	VLG 5.3.1
Zweizylindrige Schiffsdampfmaschine, 19. Jh.	Modell	MVT	VLG 5.3.1

Dirk Böndel
Bettina Probst
Patricia Rißmann

DIE BILDERSAMMLUNG DES INSTITUTS UND MUSEUMS FÜR MEERESKUNDE

Die Schiffsbildersammlung bestand bis zum Zeitpunkt ihrer Verlagerung aus zwei Teilen. Der erste Teil dokumentierte mit mehr als 8000 photographischen Abbildungen, die zwischen 1870 und 1940 entstanden sind, nahezu alle Themenbereiche zur allgemeinen Schiffahrtsgeschichte. Der zweite Teil bestand entsprechend aus über 700 schiffbautechnischen Zeichnungen und Drucken.

Während die photographische Sammlung mit 7459 Aufnahmen 1986 nahezu vollständig vom Altonaer Museum übernommen werden konnte, befinden sich heute nur zu 240 Schiffen und Schiffstypen 437 Blatt Zeichnungen im Bestand des MVT.

Die Revision und Neuordnung der Photographien wurde 1989 im Rahmen des wissenschaftlichen Volontariats von Thomas Köppen M.A. vorgenommen. Den Bestand der schiffsbautechnischen Zeichnungen verzeichnete Dipl. Dok. Marlinde Dierolf im Jahre 1992. Die Einrichtung der Tabellen besorgte Peter Mika.

Photosammlung

Gruppe	Titel	Anzahl	fehlt
A Geschichte der Schiffahrt			
I.	Seewesen des Altertums	74	2
II.	Seewesen der Germanen, bis 1200	43	11
III.	Seewesen von 1200 bis 1500	33	20
IV.	Galeeren	17	8
V.	Seewesen im 16. Jahrhundert	21	23
VI.	Seewesen im 17. Jahrhundert	47	58
VII.	Seewesen im 18. Jahrhundert	82	124
VIII.	Allg. Schiffahrtsgeschichte des 19. Jh.	17	13
IX.	Schiffspapiere	12	2
X.	Meer und Schiff in der Kunst, seit 1800	165	2
XI.	Flaggen		fehlt
XII.	Verschiedenes	27	2
B Schiffbau			
I.	Werftansichten, Holzschiffwerften s. B III.	49	1
II.	Schleppversuchsanstalten	11	-
III.	Holzschiffbau, seit 1800	91	3
IV.	Hellinge und der Bau der Schiffe auf dem Lande	54	-
V.	Schiffstaufe und Stapellauf	10	24
VI.	Ausbau auf dem Wasser	8	-
VII.	Werftkräne	13	18
VIII.	Werkstätten	8	9
IX.	Hilfsindustrien	14	-
X.	Schiffsmaschinen, Hilfsmaschinen, Kessel	30	-
XI.	Wiederherstellungsarbeiten und Umbauten	55	1
XII.	Schwimm- und Trockendocks	28	6
XIII.	Einzelne Schiffsteile, ohne Ladegeschirr	26	2
C Segelschiffe			
I.	Hölzerne Rahsegler	243	30
II.	Hölzerne Schoner	152	10
III.	Hölzerne Küstenfahrer	329	21
IV.	Hölzerne Fischereifahrzeuge	219	21
V.	Eiserne Rahsegler	110	3

Gruppe	Titel	Anzahl	fehlt
VI.	Eiserne Schoner	31	-
VII.	Eiserne Küstenfahrer und Fischereifahrzeuge	37	1
VIIIa.	Schulschiffe	73	3
VIIIb.	Besatzung	32	-
VIIIc.	Schiffsjungen- und Marineschulen	29	-
IX.	Rotorschiffe	15	-
X.	Leichter, Boote, Binnenschiffe	47	2
XI.	Kriegsschiffe , seit 1800	21	10
XII.	Verschiedenes	6	1
D Dampfer			
I.	Dampfer auf Binnengewässern und Küstenflüssen, bis 1882	5	5
II.	Küstendampfer, bis 1888	10	6
III.	Fremde seegehende Schiffe, bis 1888	33	14
IV.	Deutsche, seegehende Dampfer, bis 1888	31	9
V.	Fremde Schnelldampfer, seit 1888	11	-
VI.	Deutsche Schnelldampfer, seit 1888	86	5
VII.	Fremde Passagier- und Frachtdampfer, seit 1888	18	3
VIII.	Deutsche Passagier- und Frachtdampfer, seit 1888	10	46
IX.	Fremde Frachtdampfer, seit 1881	6	-
X.	Deutsche Frachtdampfer, seit 1888	39	3
XI.	Tankdampfer	15	-
XII.	Dampfer für besondere Frachten, seit 1888	19	2
XIII.	Fähr- und Bäderschiffe, einschl. Hochsee- und Vergnügungsdampfer, seit 1888	2	6
XIV.	Eisenbahnfähren, seit 1888	21	-
XV.	See- und Hafenschlepper, seit 1888	8	-
XVI.	Fisch- und Walfänger, seit 1888	23	-
XVII.	Dampfer für die deutschen Kolonien	6	-
XVIII.	Regierungsdampfer	6	-
XIX.	Kriegsschiffe	24	2
XX.	Dampfer auf Binnengewässern und Küstenflüssen, seit 1888	7	-
XXI.	Diverses, Schiffsbildersammlung „Dampfer"	50	-
E Dienst und Leben an Bord			
I.	Sicherungsmaßregeln/Schotten	13	-
II.	Sicherungsmaßregeln/Brandbekämpfung	21	-
III.	Sicherungsmaßregeln/Rettungsboote	31	1
IV.	Rettungsapparate	9	1
V.	Funkendienst	3	-
VI.	Seeleute	36	2
VII.	Passagiere	12	-
VIII.	Auswanderer	5	-
IX.	Seepost	7	-
F Innenräume			
I.	Deutsche Schnell-Fahrgastschiffe, seit 1888	71	5
II.	Deutsche Fahrgastschiffe, seit 1888	115	1
III.	Fremde Fahrgastschiffe	33	-
IV.	Frachtschiffe		fehlt
G Nautik			
I.	Schulwesen	12	-
II.	Instrumente	95	-
III.	Ortsbestimmungen	7	-
IV.	Schiffe im Seegang	19	-

Gruppe	Titel	Anzahl	fehlt
V.	Schiffahrt unter besonderen Verhältnissen	29	-
VI.	Lotsenwesen	24	-
H Hafenbetrieb			
I.	Allgemeines	16	-
II.	Schuppen und Speicher	41	-
III.	Laden und Löschen	71	-
IV.	Kräne	59	2
V.	Schwimmkräne	15	-
VI.	Verladebrücken	18	20
VII.	Getreideheber	13	4
VIII.	Kohlenkipper und Kohlenheber	12	-
IX.	Brandschutz	14	-
X.	Desinfektion und Hygiene	14	-
XI.	Eisbrecher	13	12
I Hafenbau			
I.	Allgemeines	3	-
II.	Hafenbecken	10	-
III.	Schleusen und Kanäle	20	-
IV.	Molen und Landungsbrücken	44	-
V.	Bagger	49	-
VI.	Küstenbau	34	-
K Kabelwesen			
I.	Kabelwerke	6	-
II.	Kabeldampfer	23	-
III.	Kabeldampferausstattung	48	-
IV.	Kabellegung und Reparatur	152	1
L Seeflug			
I.	Luftschiffe	39	-
II.	Flugzeuge	7	-
M Signale			
I.	Luftnebelsignale	12	-
II.	Unterwasserschallsignale	8	-
III.	Drahtlose Telegrafie und Telefonie	8	-
IV.	Zeit und Wind	18	2
V.	Wasserstand	14	-
VI.	Signalflaggen und Lichterführung	4	-
N Seezeichen			
I.	Feuerschiffe	43	-
II.	Feuerschiffsausstattung	13	-
III.	Leuchttürme an der deutschen Ostseeküste	28	-
IV.	Leuchttürme an der deutschen Nordseeküste	56	6
V.	Leuchttürme an fremden Küsten	52	2
VI.	Lichtquellen	6	-
VII.	Leuchtfeuerapparate	63	-
VIII.	Tonnen	65	1
IX.	Tonnen- und Bakenwartung	14	-
X.	Tonnen und Baken	51	1

Gruppe	Titel	Anzahl	fehlt
O Schiffsunfälle			
I.	Zusammenstöße	32	-
II.	Strandung	66	3
III.	Sonstige	28	2
IV.	Rettungsfahrzeuge an den Küsten	29	-
V.	Rettungswesen an den Küsten	21	-
VI.	Bergungswesen	54	-
VII.	Taucherwesen	19	-
P Wassersport			
I.	Segelfahrzeuge, seit 1800	18	2
II.	Ruderfahrzeuge	3	-
III.	Motorfahrzeuge	11	-
IV.	Dampfyachten	11	-
Q Museen			
I.	Geschichte und Ausstellung des MfM	11	-
II.	Reichsmarinesammlung des MfM	73	22
III.	Historische und volkswirtschaftliche Sammlung des MfM	41	7
IV.	Hafen und Küstenwesen-Sammlung des MfM	21	4
V.	Ozeanographische Sammlung und Instrumentarium des MfM	14	2
VI.	Fischereisammlung des MfM	28	7
VII.	Biologische Sammlung des MfM	49	2
VIII.	Institut für Meereskunde	5	-
IX.	Deutsche Schiffahrtsmuseen	32	2
X.	Ausländische Schiffahrtsmuseen	49	-
R Meereskunde			
I.	Geschichte der Forschung, Gazelle-Expedition	27	2
II.	Forschungsschiffe	85	5
III.	Instrumente und Methoden	118	-
IV.	Wellen	15	-
V.	Brandung	35	-
VI.	Gezeiten	8	-
VII.	Eis	76	3
VIII.	Küstenansichten	25	1
IX.	Wolken	27	-
X.	Verschiedenes	1	-
XI.	Forschungsinstitute	21	-
S Fischerei, einschl. Meeresprodukte			
I.	Fischertypen und Fischerhäuser in Deutschland	12	-
II.	Fischereihäfen und Marktanlagen in Deutschland	9	1
III.	Niederelbische Segelfischerei	12	-
IV.	Helgoländer Fischerei	13	-
V.	Heringsfischerei mit Loggern in Deutschland	9	8
VI.	Austernfischerei in Deutschland	4	-
VII.	Garneelenfischerei in Deutschland	4	-
VIII.	Dampffischerei in Deutschland	9	1
IX.	Fischkonserven in Deutschland	10	-
X.	Bernsteinabbau in Deutschland	10	3
XI.	Lachsfischerei in Deutschland	12	-
XII.	Sonstiges Deutschland	7	-
XIII.	Fischerei in Dänemark	7	-
XIV.	Fischerei in Norwegen	28	-

Gruppe	Titel	Anzahl	fehlt
XV.	Fischerei in Großbritannien	9	-
XVI.	Fischerei in Italien	11	-
XVII.	Fischerei in der Türkei	5	-
XVIII.	Fischerei in Rußland	30	-
XIX.	Fischerei auf Sachalin	64	-
XX.	Fischerei in Japan	20	-
XXI.	Fischerei in den USA	52	-
XXII.	Fischerei auf den Bahamas, Westindien	11	-
XXIII.	Walfang	13	-
XXIV.	Guanoabbau	19	-
XXV.	Salz		fehlt
T Primitive und außereuropäische Schiffe			
I.	Europa	4	-
II.	Afrika und Arabien	20	2
III.	Asien	68	19
IV.	Südsee und Australien	14	-
V.	Amerika	7	-
VI.	Polarkreis	2	-
U Motorschiffe			
I.	Deutsche Passagier- und Frachtschiffe	25	-
II.	Fremde Passagier- und Frachtschiffe	12	-
III.	Tanker	17	-
IV.	Motorfahrzeuge, ohne Yachten	6	-
V.	Unterwasserfahrzeuge	8	-
VI.	Motorenanlagen	9	-
V Hafenansichten			
I.	Ostfriesland	66	2
II.	Wilhelmshaven und Oldenburg	20	-
III.	Bremen und andere Weserhäfen	37	-
IV.	Helgoland	33	-
V.	Westküste Schleswig-Holstein und Inseln	104	1
VI.	Hamburg	146	4
VIa.	Umgebung von Hamburg mit Altona	27	9
VIb.	Niederelbische Inseln	33	1
VIc.	Cuxhaven und Außenelbe	0	-
VII.	Ostküste Schleswig-Holstein, ohne Kiel	28	2
VIII.	Kiel und Nord-Ostsee-Kanal	60	1
IX.	Lübeck	21	2
X.	Mecklenburg	24	-
XI.	Vorpommern, mit Stettin	60	44
XII.	Hinterpommern	50	5
XIII.	Ost- und Westpreußen, ohne Danzig	64	2
XIV.	Danzig	44	2
XV.	Deutsche Binnenhäfen	74	1
XVI.	Rußland und Ostseeprovinzen		fehlt
XVIa.	Finnland		fehlt
XVII.	Schweden		fehlt
XVIII.	Dänemark, mit Färöer und Island		fehlt
XVIIIa.	Spitzbergen und Grönland		fehlt
XIX.	Norwegen	1	17
XX.	Großbritannien		fehlt
XXI.	Niederlande		fehlt

Gruppe	Titel	Anzahl	fehlt
XXII.	Belgien		fehlt
XXIII.	Frankreich, Kanalküste und Golf von Biskaya		fehlt
XXIV.	Spanien		fehlt
XXV.	Portugal		fehlt
XXVI.	Azoren, Madeira, Teneriffa u.a.		fehlt
XXVII.	Englische Besitzungen im Mittelmeer	6	-
XXVIII.	Frankreich, Mittelmeerküste		fehlt
XXIX.	Monaco		fehlt
XXX.	Italien	65	1
XXXI.	Ostküste der Adria	31	-
XXXII.	Griechenland und Nordküste des ägäischen Meeres	118	-
XXXIII.	Bosporus und Dardanellen	18	-
XXXIV.	Rumänien	4	-
XXXV.	Südrußland	10	1
XXXVI.	Kleinasien	8	-
XXXVII.	Ägypten, Suezkanal, Sinai, Rotes Meer	60	-
XXXVIII.	Algier und Tunis	15	1
XXXIX.	Marokko	26	1
XL.	Afrika, West und Südküste	17	1
XLI.	Afrika, Ostküste	11	-
XLII.	Aden	8	-
XLIII.	Vorderindien und Ceylon	7	1
XLIV.	Singapore, Penang und Siam		fehlt
XLV.	Niederl. Indien		fehlt
XLVI.	Südsee		fehlt
XLVII.	Australien, Neuseeland		fehlt
XLVIII.	Japan		fehlt
XLIX.	China		fehlt
L.	Sibirien, Mandschurei, Korea, Sachalin		fehlt
LI.	Nördliches Rußland		fehlt
LII.	USA, Westküste		fehlt
LIII.	Amerikanische Besitzungen im Stillen Ozean		fehlt
LIIIa.	Alaska		fehlt
LIIIb.	Kanada		fehlt
LIV.	Westküste von Amerika, ohne USA		fehlt
LIVa.	Südatlantischer Ozean und Antarktis		fehlt
LV.	Argentinien		fehlt
LVI.	Uruguay		fehlt
LVII.	Brasilien		fehlt
LVIII.	Venezuela, Kolumbien, Panamakanal, Mexiko		fehlt
LIX.	Westindien		fehlt
LX.	USA		fehlt

Plansammlung

Signatur	Titel	Zeichner, Stecher	Ausführungsart	Datierung
IV. 2. C 107	Van [M], Schiffsbau, Werft Rotterdam (?) Fregath.		Lichtpause auf Karton kaschiert	o.J. (1743)
IV. 2. C 110	Een Plan of Teekening, van een Schip van Oorlog. (Kriegsschiff)	Gent, Willem van	Lichtpause auf Karton kaschiert	o.J. (1750)
IV. 2. C 109	Een Buis (Küstenfahrzeug, vermutl. Heringsbüse)		Lichtpause auf Karton kaschiert	o.J. (18. Jh.)
IV. 2. C 112	De Onderneming (Küstenfrachter, Galiot, „Die Unternehmung")	[Hoogewerf], C.	Lichtpause auf Karton kaschiert	o.J. (18. Jh.)
IV. 2. C 108	Teekening van een Binnelandl. Zeyl Iaght. Geschikt ten Dienste van d'Admiralityts Collegien der Vereenigde Nederlanden	Gent, Willem van	Lichtpause auf Karton kaschiert	o.J. (1752)
IV. 2. A 079	Fregatte (1. Klasse) mit Fregatt-Takelung	Chapman, Fredrik Henrik af	Kupferstich	1775
IV. 2. A 080	Fregatte (1. Klasse) mit Fregatt-Takelung	Chapman, Fredrik Henrik af	Kupferstich	1775
IV. 2. A 082	Fregatte (1. Klasse) mit Fregatt-Takelung	Chapman, Fredrik Henrik af	Kupferstich	1775
IV. 2. A 083	Fregatte (1. Klasse) mit Fregatt-Takelung	Chapman, Fredrik Henrik af	Kupferstich	1775
IV. 2. A 084	Fregatte (1. Klasse) mit Fregatt-Takelung 1:59 (No. 7) und Fregatte mit Schnau-Takelung 1:55 (No. 8)	Chapman, Fredrik Henrik af	Kupferstich	1775
IV. 2. A 085	Fregatte (1. Klasse) mit Schoner-Takelung 1:49 (No. 9), mit Yacht-Takelung (No. 10), Bark (Schiff mit geringem Tiefgang, mit Yacht-Takelung 1:59 (No. 6) und Schlup 1:24 (No. 2)	Chapman, Fredrik Henrik af	Kupferstich	1775
IV. 2. A 086	Heckboot (2. Klasse) mit Fregatt-Takelung	Chapman, Fredrik Henrik af	Kupferstich	1775
IV. 2. A 087	Heckboot (2. Klasse) mit Fregatt-Takelung	Chapman, Fredrik Henrik af	Kupferstich	1775
IV. 2. A 088	Heckboot (2. Klasse) mit Fregatt-Takelung	Chapman, Fredrik Henrik af	Kupferstich	1775
IV. 2. A 089	Heckboot (2. Klasse) mit Fregatt-Takelung	Chapman, Fredrik Henrik af	Kupferstich	1775
IV. 2. A 090	Pinke (3. Klasse) mit Fregatt-Takelung (No. 15 und No. 16)	Chapman, Fredrik Henrik af	Kupferstich	1775
IV. 2. A 091	Pinke (3. Klasse) mit Schnau-Takelung 1:58 (No. 17), mit Brigg-Takelung 1:55 (No. 18), Schlup 1:24 (No. 3 und No. 4)	Chapman, Fredrik Henrik af	Kupferstich	1775
IV. 2. A 092	Pinke (Klasse 3) mit Brigg-Takelung 1:49 (No. 19), mit Yacht-Takelung 1:49 (No. 20), Bark (Schiff mit geringem Tiefgang) mit Galeaß-Takelung 1:31 (No. 5), Barkasse 1:31 (No. 1)	Chapman, Fredrik Henrik af	Kupferstich	1775

Signatur	Titel	Zeichner, Stecher	Ausführungsart	Datierung
IV. 2. A 093	Katt (4. Klasse) mit Fregatt-Takelung (No. 21)	Chapman, Fredrik Henrik af	Kupferstich	1775
IV. 2. A 095	Katt (4. Klasse) mit Fregatt-Takelung (No. 23)	Chapman, Fredrik Henrik af	Kupferstich	1775
IV. 2. A 096	Katt (4. Klasse) mit Fregatt-Takelung (No. 24 und No. 25)	Chapman, Fredrik Henrik af	Kupferstich	1775
IV. 2. A 097	Katt (4. Klasse) mit Fregatt-Takelung 1:57 (No. 26) und mit Schnau-Takelung 1:55 (No. 27)	Chapman, Fredrik Henrik af	Kupferstich	1775
IV. 2. A 098	Jolle 1:20 (No. 5 und No. 6), Katt (4. Klasse) mit Brigg-Takelung 1:53 (No. 28), mit 1:49 (No. 29 und No. 30)	Chapman, Fredrik Henrik af	Kupferstich	1775
IV. 2. A 100	Bark (5. Klasse) mit Fregatt-Takelung	Chapman, Fredrik Henrik af	Kupferstich	1775
IV. 2. A 102	Bark (5. Klasse) mit Fregatt-Takelung (No. 34 und No. 35)	Chapman, Fredrik Henrik af	Kupferstich	1775
IV. 2. A 103	Bark (5. Klasse) mit Schnau-Takelung 1:59 (No.36), mit Brigg-Takelung 1:55 (No. 37), Jolle 1:21 (No. 7, No. 8, No. 9)	Chapman, Fredrik Henrik af	Kupferstich	1775
IV. 2. A 104	Schlup 1:27 (No. 1), Barkasse 1:27 (No. 4), Barkasse (5. Klasse) mit Brigg-Takelung 1:48 (No. 38), mit Yacht-Takelung 1:49 bzw. 1:24 (No. 39, No. 40)	Chapman, Fredrik Henrik af	Kupferstich	1775
IV. 2. A 105	Fleute (Schiffe mit geringem Tiefgang) mit Fregatt-Takelung 1:58 (No. 1), Bark (Schiffe mit geringem Tiefgang) mit Schoner-Takelung) 1:52 (No. 4)	Chapman, Fredrik Henrik af	Kupferstich	1775
IV. 2. A 106	Bark (Schiffe mit geringem Tiefgang) mit Fregatt-Takelung 1:58 (No. 2), mit Schnau-Takelung 1:58 (No. 3), mit Galeaß-Takelung 1:53 (No. 14)	Chapman, Fredrik Henrik af	Kupferstich	1775
IV. 2. A 107	Bark (Schiffe mit geringem Tiefgang) mit Brigg-Takelung 1:53 (No. 7), mit Krayer-Takelung 1:53 (No. 8), mit Yacht-Takelung (werden im Mälarsee eingesetzt) 1:41 (No. 9, No. 10)	Chapman, Fredrik Henrik af	Kupferstich	1775
IV. 2. A 108	Pinke (Schiffe mit geringem Tiefgang) mit Huker-Takelung (No. 11), Galiot (Schiffe mit geringem Tiefgang) mit Tjalk-Takelung (No. 12), Bark (Schiffe mit geringem Tiefgang) mit Galeaß-Takelung (No. 13), Leichter (Schiffe mit geringem Tiefgang) auch als Schute bezeichnet (No. 15), Fähre (Schiffe mit geringem Tiefgang) (No. 16)	Chapman, Fredrik Henrik af	Kupferstich	1775

Signatur	Titel	Zeichner, Stecher	Ausführungsart	Datierung
IV. 2. A 099	Bark (5. Klasse) mit Fregatt-Takelung	Chapman, Fredrik Henrik af	Kupferstich	1775
IV. 2. A 101	Bark (5. Klasse) mit Fregatt-Takelung	Chapman, Fredrik Henrik af	Kupferstich	1775
IV. 2. A 081	Fregatte (1. Klasse) mit Fregatt-Takelung	Chapman, Fredrik Henrik af	Kupferstich	1775
IV. 2. A 094	Katt (4. Klasse) mit Fregatt-Takelung	Chapman, Fredrik Henrik af	Kupferstich	1775
IV. 2. X 007	Engl. 74 Kanonen-Linienschiff 1781	Stalkartt, M.	Tusche auf Papier	1781.03.01
IV. 2. C 116	Kesseltelegraphen-Anlage		Tusche auf Papier, Linien tlws. farbig	1800 nach
IV. 2. C 111	Een Fluit (Fleute „Der junge Fuchs", Frachtschiff mit drei Stückpforten)	[Glaviman]	Lichtpause auf Karton kaschiert	1809
IV. 2. A 073	Längendurchschnitt, Querprofil & Deckspläne einer Handels Fregatte von 900 Norm, Last à 4000 to (Bauzeichnung)	Lignitz, W. (Stettin)	Tusche, Linien tlws. farbig	1820 ca.
IV. 2. A 133	Raddampfer Maas 1821 (Neues Maasboot)		Tusche auf Papier, tlws. col. Linien	1821.11.03
IV. 2. B 082	Kuff (als Marssegel-Schuner getakelt)		Tusche auf Papier	1830 ca.
IV. 2. X 010	Baltimore-Schooner		Tusche auf Pausleinwand	1830 ca.
IV. 2. XX 002	Raddampfer Samson 1836		Tusche und Bleistift auf Papier	1836
IV. 2. A 112	Brigg		Tusche auf Transparentpapier	1839
IV. 2. C 100	Bootszeichnung		Tusche und Bleistift auf Papier	1841-1889 ca.
IV. 2. A 075	Handelsfregatte (1843)	Lignitz, W. (Stettin)	Tusche, Linien tlws. farbig	1843
IV. 2. A 078	Pinkschiff „Mercur" 1846		Tusche auf Transparentpapier	1846
IV. 2. B 069	Pinkschiff „Mercur" 1846		Tusche auf Transparentpapier	1846
IV. 2. A 072	Fregattschiff „Gutenberg" von Hamburg. Erbaut 1847 in Lübeck von J. Meyer		Tusche auf Transparentpapier	1847
IV. 2. XX 003	Wolgadampfer, 460 PS (Wolga Sleepbooten A&B, 460 pdkr)		Tusche und Bleistift auf Papier, Linien tlws. farbig	1847
IV. 2. X 037	Kgl. Kriegs-Corvette „Amazone"	Zieske, E. (Schiffsbau-ing.), Haring (Hauptmann im Kriegsministerium), Kubisch (copirt), Devrient (copirt)	Tusche und Bleistift auf Papier, Linien tlws. farbig	1850-1851
IV. 2. A 110	Bark „Gustav Adolf"		Tusche auf Pausleinwand	1850.01
IV. 2. B 076	Schlup		Tusche auf Transparentpapier	1851
IV. 2. B 075	Rahschlup		Tusche auf Transparentpapier	1852
IV. 2. B 065	Sovereign of the Seas (Klipperschiff, 1854)		Blaupause	o.J. (1854)
V. 2. B 071	Brigg „Galilei" Capt. H. Voß. (constr.)	Wilken, Y. H.	Tusche auf Pausleinwand, Linien tlws. farbig	1854.05
IV. 2. X 009	Dänische Korvette (1855, 26 Kanonen)		Tusche, tlws. col.	1855
IV. 2. A 076	Dänische Korvette (1855, 26 Kanonen)	Maßmann, D.	Tusche	1855.10
IV. 2. A 077	Segelzeichnung einer dänischen Corvette von 26 Kanonen (1855)	Maßmann, D.	Tusche, Linien tlws. farbig	1855.11

Signatur	Titel	Zeichner, Stecher	Ausführungsart	Datierung
IV. 2. XX 001	Viermast-Bark „Great Republic"	Domcke, Carl A. (Schiffbaumeister)	Tusche auf Pausleinwand, Linien tlws. farbig	1857
IV. 2. A 113	Brigg „Joachim Allwardt" von Rostock. Erbaut 1857 in Rostock von J. Möller		Tusche auf Transparentpapier	1857
IV. 2. X 004	Handels-Fregatte von 500 Normallasten Tragfähigkeit (Vollschiff 1858)	Alafsmann, D.	Druck, Linien tlws. farbig	1858
IV. 2. X 014	Schraubendampfer „Ida" (Frachtdampfer, 60 Pfdkt. =Pferdekräfte)		Tusche und Bleistift auf Papier, col., Linien tlws. farbig	1858
IV. 2. D 034	Pommersche Jacht		Tusche auf Transparentpapier	1860
IV. 2. A 126	Schooner-Bark	Steinhaus, C.F. (Hamburg)	Tusche auf Papier, tlws. col.	1861.04
IV. 2. B 079	Schaluppe eines Südsee-Walfängers	Steinhaus, C.F. (Hamburg)	Tusche auf Papier, Linien tlws. farbig	1861.08
IV. 2. B 070	Besahn Ewer 1864, 19 Last		Tusche auf Pausleinwand, Linien tlws. farbig	1864
IV. 2. C 093	Schnigge von 13 Last, gebaut 1864		Tusche auf Pausleinwand, Linien tlws. farbig	1864
IV. 2. X 012	Bark Tek-Li No. 24		Tusche auf Papier, Linien tlws. farbig	1864.09
IV. 2. X 019	Schiffsschraube für den Bugsier-Dampfer „Stade"	Steinhaus, C.F. (Hamburg)	Tusche auf Papier, col.	1865.02.04
IV. 2. C 096	Stralsundener Zesener-Kahn	[Saefkow], H.	Tusche	1866.02
IV. 2. X 022	Zeichnung eines amerikanischen Packet-Schiffes	Dienstbach, George (constr.)	Tusche auf Papier	1867.10.29
IV. 2. X 031	Sidoritning till ett Barkskepp om circa 180 Svara Läster	Dienstbach, George (constr.)	Tusche auf Papier	1867.11.11
IV. 2. X 025	Segelschiff Impérieuse	Dienstbach, George (constr.)	Tusche auf Papier, Linien tlws. farbig	1868.01.09
IV. 2. X 034	Zeichnung einer Brigg. Erbaut zu Stralsund im Jahre 1864 & 1865	Dienstbach, George (copirt)	Tusche auf Papier, Linien tlws. farbig	1868.01.20
IV. 2. X 030	Zeichnung zu einem Fregattschiff mit 500 Normallasten	Dienstbach, George (constr.)	Tusche auf Papier	1868.02.03
IV. 2. X 029	Zeichnung eines Dreimast-Schoners	Dienstbach, George (constr.)	Tusche auf Papier	1868.02.07
IV. 2. X 033	Zeichnung eines Schooners [Cassandra]	Dienstbach, George (constr.)	Tusche auf Papier, Linien tlws. farbig	1868.03.01
IV. 2. X 028	Zeichnung einer Bark	Dienstbach, George (constr.)	Tusche auf Papier	1868.12.12
IV. 2. C 094	Pommersche Jacht		Tusche auf Transparentpapier	1869
IV. 2. B 095	Lastenmaßstab einer Bark	Dienstbach, George (constr.)	Tusche auf Papier, Linien tlws. farbig	1869.02.07
IV. 2. B 088	Dimensionen der Masten und Rundhölzer eines Schoners von 90 Fuß Länge, 22 1/2 Fuß Breite und 13 Fuß bei Tiefe	Dienstbach, George (constr.)	Tusche auf Papier, Linien tlws. farbig	1869.02.16
IV. 2. B 090	Segelzeichnung einer Fregatte	Dienstbach, George (constr.)	Tusche auf Papier, Linien tlws. farbig	1869.02.18
IV. 2. C 113	Segelzeichnung einer Brigg	Dienstbach, George (constr.)	Tusche auf Papier, Linien tlws. farbig	1869.02.23
IV. 2. B 089	Segelzeichnung einer Bark	Dienstbach, George (constr.)	Tusche auf Papier, tlws. col.	1869.02.27

Signatur	Titel	Zeichner, Stecher	Ausführungsart	Datierung
IV. 2. B 096	Lastenmaßstab einer Fregatte	Dienstbach, George (constr.)	Tusche auf Papier, Linien tlws. farbig	1869.03.07
IV. 2. C 115	Zeichnungen zur Abschlags-zeichnung (Segelschiffteile (?))	Dienstbach, George (constr.)	Tusche auf Papier, Linien tlws. farbig	1869.10.23
IV. 2. A 123	Wherry	Steinhaus, C.F. (Hamburg)	Tusche auf Papier	[1870]
IV. 2. C 103	Schoner für Capt. R. [M]alling, 1875-1876, Rostock		Tusche auf Papier, Bleistifteinzeichnungen	[1875]
IV. 2. X 013	Jachtschuner „Marie". Erbaut 1876 in Heiligenhafen von J. Tornoe.		Tusche auf Transparentpapier	1876
V. 2. X 017	Bark „Psyche"	Lignitz, Stettin	Tusche auf Papier	1876
IV. 2. C 102	Segelzeichnung zum Schooner: Capt. H.C.M. Kienow, erbaut 1877	Ludewig jun.	Tusche und Bleistift auf Papier, Linien tlws. farbig	[1877]
IV. 2. A 111	Schunerbrigg „Elisabeth"		Tusche auf Transparentpapier, Tusche auf Papier, Linien tlws. farbig	1878
IV. 2. A 121	Frachtdampfer	Steinhaus, C.F. (Hamburg), Timm, A. (Hamburg)	Tusche und Bleistift auf Papier, Linien tlws. farbig	1878.01
IV. 2. A 122	Lootsenboot/Rettungsboot projectirt für die Station des zweiten Feuerschiffes	Steinhaus, C.F. (Hamburg)	Bleistift auf Papier	1878.08
IV. 2. B 072	Schaluppe (Schlupp) „Wagrien", Capitän C. Hempel, gebaut in Kiel 1879	Hein, Th. (constr.)	Tusche auf Pausleinwand, Linien tlws. farbig	1879
IV. 2. A 132	Raddampfer. Anlagen zu den Submissions-Bedingungen betr: Lieferung eines Räder-Dampfschif-fes. Hamburg, August 1879. A. Krieg	Hoeckel, R. (Autographie), Krieg, A.	Lithographie	1879
IV. 2. A 115	Baggerschute von 25 cbm Laderaum	Krieg, A.	Lithographie	1879.07
IV. 2. A 129	Frachtdampfer. Register-Tons brutto = 1694 tons		Lichtpause	1880
IV. 2. B 068	S.S. Hafis (brit.)		Druck	1880 um
IV. 2. A 119	Frachtdampfer. Register-Tons brutto 1499 tons	Steinhaus, C.F. (Hamburg)	Tusche und Bleistift auf Papier, Linien tlws. farbig, Lithographie	1880.04
IV. 2. A 127	Topsegel-Schuner „Deborah". Capt. Haak. Erbaut im Jahre 1881 in Leer		Tusche auf Papier, tlws. col. Tusche (blau) auf Papier	1881
IV. 2. C 106	Außereuropäische Segelboote (Afrika, Arabien, Asien, Neuseeland. 18./19. Jh.)	Pâris, Edmond (del.), Adam (sc.), Lemaitre (sc.)	Kupferstich	1882-1892
IV. 2. A 109	Dampf-Quatze für G. Bentzien, Ribnitz.	Wilken, Y. H. (constr., gebaut)	Tusche auf Pausleinwand, Linien tlws. farbig	1883
IV. 2. B 073	Galeas „Karl u. Marie"		Tusche auf Pausleinwand und Transparentpapier, Linien tlws. farbig	1885-1884
IV. 2. X 020	Austral.-Dampfer		Lithographie (?), tlws. col.	[1886]
IV. 2. A 135	Umgebautes Dampfbeiboot von 9,3 m Länge	Brinkmann (Schiffbauingenieur)	Tusche auf Gewebe, tlws. col., Vor- und Rückseite bezeichnet	1887.03.21
IV. 2. C 105	Galiot „Johann" erbaut 1890-91 von J.F. Strenge, Fünfhausen		Bleistift auf Papier	1890

Signatur	Titel	Zeichner, Stecher	Ausführungsart	Datierung
IV. 2. A 130	Tjalk „Harmjedina". Kapitän H. Brahms, erbaut 1890-1891	Lühring, Hinrick	Tusche auf Papier	1890 um
IV. 2. D 033	Quersegel-Caravelle aus der zweiten Hälfte des XV. Jh.		Lichtpause	1892
IV. 2. X 018	Galiot „Johann" ca. 1892		Tusche auf Papier, Bleistift auf Papier	[1892]
IV. 2. A 124	Rettungsboot (4,25 m Länge)	H., A.	Lichtpause (?)	[1897]
IV. 2. X 015	Hinterraddampfer „N'Daki" für den Kongo. Erbaut von Gebrüder Sachsenberg AG, Rosslau a.d. Elbe und Köln-Deutz		Lichtpause col.	[1900]
IV. 2. XX 004	Doppelschrauben-Passagier- u. Frachtschiff „Magdalena"		Lithographie (?), col.	1900 nach
IV. 2. R 006	Zweischrauben-Turbinendampfer „Cap Arcona"		Farblithographie, tlws. col.,Tusche	1900 nach
IV. 2. A 116	Elbe-Schleppdampfer „König Friedrich August" für die Deutsch-Oesterr. Dampfschiff-fahrts-AG, Dresden. Erbaut von Gebrüder Sachsenberg AG Rosslau a.d. Elbe und Köln-Deutz		Lichtpause col.	1900 nach
IV. 2. B 067	S.S. No. 131. Petroleum-Transport-Dampfer		Blaupause	[1900]
IV. 2. B 083	Besahn-Ewer (Holz), erbaut 1900/1910		Blaupause	[1900]
IV. 2. A 137	Zu- und Abdampfleitung des S.M.S. [Seiner Majestät Schiff] „Schwaben"		Tusche auf Papier, col. Linien	[1900]
IV. 2. R 005	Hochseefischereidampfer neuzeitlicher Bauart		Lithographie, tlws. col.	[1900]
IV. 2. X 027	Erzverladeeinrichtung mit elektrischem Betrieb für Rheinische Stahlwerke, Meiderich		Lithographie	[1900-1930]
IV. 2. B 093	Längenschnitt und Oberansicht der Magdalena		Lithographie (?)	o.J.
IV. 2. A 140	Leucht-Feuerschiff „Fehmarnbelt". Erbaut von der A.G. „Weser" in Bremen für die Königliche Wasser-bauinspection „Flensburg" im Jahre 1905		Tusche auf Papier	[1905]
IV. 2. B 131	Pinasschip 1640		Tusche aquarelliert	[1905]
IV. 2. B 132	Engelsch Schip van Oorlog 1690		Tusche, Freifläche eingefärbt	[1905]
IV. 2. A 179	Oorlogschip van de 4. charter vorende 46 stukken, 1757		Tusche, Freifläche eingefärbt	[1905]
IV. 2. B 133	Fransch Schip van Oorlog 1790		Tusche, Freifläche eingefärbt	[1905]
IV. 2. B 134	2 Deks Stokker		Tusche aquarelliert, Freifläche eingefärbt	[1905]
IV. 2. A 180	Driemast Koopyaardij Hoeker		Tusche aquarelliert	[1905]
IV. 2. A 181	Bootschip 1757		Tusche aquarelliert, Vor- und Rückseite bezeichnet	[1905]
IV. 2. A 182	Fluit 1809		Tusche, Freifläche eingefärbt, Vor- und Rückseite bezeichnet	[1905]
IV. 2. B 135	Brik		Tusche, Freifläche eingefärbt	[1905]

Signatur	Titel	Zeichner, Stecher	Ausführungsart	Datierung
IV. 2. B 136	Koopvaardij Hoeker		Tusche aquarelliert	[1905]
IV. 2. B 137	Smak		Tusche aquarelliert	[1905]
IV. 2. B 138	Kofschip		Tusche aquarelliert	[1905]
IV. 2. A 183	Kof 1830		Tusche, Freifläche eingefärbt	[1905]
IV. 2. B 139	Loodsboot 1831		Tusche aquarelliert	[1905]
IV. 2. B 140	Haring Buis		Tusche aquarelliert	[1905]
IV. 2. B 141	Visch Hoeker		Tusche aquarelliert	[1905]
IV. 2. C 123	Bom		Tusche aquarelliert	[1905]
IV. 2. B 142	Fransche Logger		Tusche, Freifläche eingefärbt	[1905]
IV. 2. C 124	Logger		Tusche, Freifläche eingefärbt	[1905]
IV. 2. C 125	Sloep van Ostende		Tusche, Freifläche eingefärbt	[1905]
IV. 2. C 126	Vischsloep		Tusche, Freifläche eingefärbt	[1905]
IV. 2. C 127	Koftjalk		Tusche aquarelliert	[1905]
IV. 2. A 184	Waterschip		Tusche, Freifläche eingefärbt	[1905]
IV. 2. C 128	Beurtschip van de Lemmmer-Amsterdam		Tusche aquarelliert	[1905]
IV. 2. C 129	Zuid-Hollandsche Gaffeltjalk		Tusche aquarelliert	[1905]
IV. 2. C 130	Hektjalk		Tusche aquarelliert	[1905]
IV. 2. C 131	Otter Schip		Tusche aquarelliert	[1905]
IV. 2. A 185	Statie Tjalk		Tusche aquarelliert	[1905]
IV. 2. C 132	Statiepoon		Tusche aquarelliert	[1905]
IV. 2. C 133	Jacht		Tusche aquarelliert	[1905]
IV. 2. C 134	Zeeuwsche Poon		Tusche aquarelliert	[1905]
IV. 2. B 143	Statie Schuit		Tusche aquarelliert	[1905]
IV. 2. C 135	Kraak		Tusche aquarelliert	[1905]
IV. 2. C 136	Beurt Somp		Tusche aquarelliert	[1905]
IV. 2. A 186	Boeierschuit 1840		Tusche aquarelliert	[1905]
IV. 2. C 137	Paviljoen Schuit		Tusche aquarelliert	[1905]
IV. 2. C 138	Binnenmot		Tusche aquarelliert	[1905]
IV. 2. C 139	Buiten Mot		Tusche aquarelliert	[1905]
IV. 2. B 144	Eems Punt		Tusche aquarelliert	[1905]
IV. 2. A 187	Dorstensche Aak		Tusche aquarelliert	[1905]
IV. 2. B 145	Neckar Aak		Tusche aquarelliert	[1905]
IV. 2. B 146	Gladboordig Stevenschip		Tusche aquarelliert	[1905]
IV. 2. C 140	Praam Aak		Tusche aquarelliert	[1905]
IV. 2. C 141	Aaktjalk		Tusche aquarelliert	[1905]
IV. 2. C 142	Hollandsche Aak		Tusche aquarelliert	[1905]
IV. 2. B 147	Spitse Aak		Tusche aquarelliert	[1905]
IV. 2. C 143	Hagenaar [Hagenaak?]		Tusche aquarelliert	[1905]
IV. 2. A 188	Slof		Tusche aquarelliert	[1905]
IV. 2. X 026	Kabeldampfer „Großherzog von Oldenburg". Klasse: Germanischer Lloyd 100 A. All. Spardeckschiff mit festgesetztem Freibord(?)		Lithographie, Tusche auf Transparentpapier	[1905]
IV. 2. C 095	Dreimast-Gaffelschuner (Pommerscher Frachtschuner)		Tusche auf Transparentpapier	[1910]
IV. 2. B 086	Schiff der Deutsch-Arktischen Expedition	Oertz, Max	Blaupause	1912.06
IV. 2. A 142	Dampfer „Solfels" Erbaut von Joh. C. Tecklenborg AG, Geestemünde für die Deutsche Dampfschifffahrtsgesellschaft Hansa Bremen		Lithographie, col.	1913.11.27
IV. 2. C 104	Gaffelschuner „De Hoop" (holländ. Hospitalschiff) (Meereskunde 1914)		Tusche auf Transparentpapier	[1914]

Signatur	Titel	Zeichner, Stecher	Ausführungsart	Datierung
IV. 2. X 023	Dänischer Fischkutter von Skagen	[Molls], Dr. Ing. F. Berlin	Tusche und Bleistift auf Papier	1918.04.20
IV. 2. X 024	Seequatze Hildegard	Manthe, Karl (Ing.)	Tusche auf Papier, Linien tlws. farbig	1918.06
IV. 2. D 055	Fokker DR. I. Jagdflugzeug aus dem Ersten Weltkrieg		Farbdruck	[1920]
IV. 2. A 145	Wirkungsweise des Frahm'schen Schlingertanks mit Außenbord öffnung. Diese Tanks sind eingebaut auf den Schiffen „Hansa" und „Deutschland" der Hamburg-Amerika Linie		Tusche auf Karton, col.	[1924]
IV. 2. A 114	Umbau S. „Buckau" (Einrichtung)	Scheibe	Lichtpause	1924.11.05
IV. 2. R 002	TS Dortmund. 1929		Tusche auf Papier, col.	1929.11.29
IV. 2. X 039	Segelschulschiff für die Deutsche Marine	Wustrau, H. (Marinebaurat a.D.), Brauer, W.	Lichtpause	1932.10
IV. 2. A 136	Adler von Lübeck. 1566 e.D.	Reinhardt, [K.]	Tusche auf Transparentpapier, Linien tlws. farbig	1934-1940
IV. 2. B 189	Bauplan Nr. 3 und 4, Band III des praktischen Modellschiffbaus	Friedemann, O. M.	Tusche auf Transparentpapier, Lichtpause	1937
IV. 2. B 190	Bauplan Nr. 1 und 2, Band III des praktischen Modellschiffbaus	Friedemann, O. M.	Tusche auf Transparentpapier, Lichtpause	1937
IV. 2. B 191	Bauplan Nr. 5 und 6, Band III des praktischen Modellschiffbaus	Friedemann, O. M.	Tusche auf Transparentpapier, Lichtpause	1937
IV. 2. B 186	Ohra II, Lastboot aus der Wikingerzeit. (Slawisches Ruderboot aus dem 10. und 11. Jh., das in einem Moor bei Danzig-Ohra [Gdansk-Orunia] im Jahre 1933 gefunden wurde)	Göbel, D. Berlin	Lichtpause	1937.01.16 1937.01.22
IV. 2. A 131	Wappen von Hamburg 1667	Hoeckel, R.	Lichtpause	1938
IV. 2. B 188	Bauplan Nr. 7 und 8, Band III des praktischen Modellschiffbaus	Friedemann, O. M.	Tusche auf Transparentpapier, Lichtpause	[1938]
IV. 2. B 084	Raule's Yacht „Bracke". Erbaut ca. 1670 in Seeland	Hoeckel, R.	Lichtpause, col.	1939
IV. 2. A 125	„Jesus von Lübeck" ca. 1540	Reinhardt, K.	Tusche auf Transparentpapier, Lichtpause	1940, 1941.04.17
IV. 2. B 085	Kurfürstliche „Grosse Yacht" Kolberg, 1678	Hoeckel, R.	Lichtpause	1940
IV. 2. B 192	Zerstörer	Friedemann, O. M.	Tusche auf Transparentpapier, Lichtpause	1941
IV. 2. A 239	Leichter Kreuzer „Nürnberg", Tafel II		Tusche auf Transparentpapier, Lichtpause	1942
IV. 2. A 240	Leichter Kreuzer „Nürnberg", Tafel I	Friedemann, Gewerbelehrer Ing. O.M.	Tusche auf Transparentpapier, Lichtpause	1942
IV. 2. B 193	Schwerer Kreuzer „Prinz Eugen" und Schwesternschiffe „Admiral Hipper" und „Blücher"	Friedemann, Gewerbelehrer Ing. O.M.	Tusche auf Transparentpapier, Lichtpause	1943
IV. 2. C 189	Torpedoboote der Raubtier- und Raubvogelklasse	Reng, August, Studien-Assessor Kiel	Tusche auf Transparentpapier, Lichtpause	1944
IV. 2. C 191	Räumboot	Reng, August, Studien-Assessor Kiel	Tusche auf Transparentpapier, Lichtpause	1944
IV. 2. A 071	Zollkutter (Anf. 19. Jh., brit.)		Tusche auf Pausleinwand, tlws. col.	o.J.

Signatur	Titel	Zeichner, Stecher	Ausführungsart	Datierung
IV. 2. A 074	Motor-Fischkutter Typ: Pommern		Lichtpause col.	o.J.
IV. 2. X 011	United States Brig Lawrence		Tusche auf Pausleinwand	o.J.
IV. 2. B 074	Gaffel-Schuner (Lotsenschuner)	Lühring	Tusche auf Pausleinwand	o.J.
IV. 2. B 077	Segelschiff		Tusche auf Transparentpapier	o.J.
IV. 2. B 078	Schaluppe		Bleistift und Tusche auf Papier	o.J.
IV. 2. A 117	Kohlendampfer „Helene Blumenfeld". Bau No. 163		Lichtpause	o.J.
IV. 2. A 118	Frachtdampfer „Riga". Bau No. 166		Lichtpause	o.J.
IV. 2. A 120	Frachtdampfer „Marudu" und „Darvel". Bau No. 160 u. 161		Lichtpause	o.J.
IV. 2. C 097	Rettungsboot (Halbklappboot)		Blaupause	o.J.
IV. 2. C 098	Rettungsboot von 8,60 m Länge		Blaupause	o.J.
IV. 2. B 080	Kutter (Gewicht ca. 950 kg) Rettungsboot (Gewicht ca. 1100 kg, 9,15 m Länge)		Blaupause	o.J.
IV. 2. C 099	Rettungsboote (8600 x 2680 x 1100 m/m, 7600 x 2280 x 880 m/m, 6100 x 1830 x 810 m/m)		Blaupause	o.J.
IV. 2. X 016	Francis-Patent-Rettungsboot		Lichtpause (?)	o.J.
IV. 2. B 081	Rettungsapparat. Aufnahme 30-35 Personen, Material: Stahlblech		Tusche auf Papier	o.J.
IV. 2. C 101	Boote vor 1850		Tusche col., auf Gewebe kaschiert	o.J.
IV. 2. A 128	Gaffel-Schuner (Lotsenschuner)	Lühring	Tusche auf Papier, Linien tlws. farbig	o.J.
IV. 2. D 035	Preussischer Ostindienfahrer „König von Preussen"		Lichtpause	o.J.
IV. 2. A 134	„S 179" Decks-Einrichtung		Blaupause	o.J.
IV. 2. A 138	Oseberg-Wikingerschiff		Tusche auf Pausleinwand, Tusche auf Transparentpapier Bleistift auf Transparentpapier	o.J.
IV. 2. B 087	Motorkutter für die Nordsee (Proj. Oertz)		Lithographie	o.J.
IV. 2. B 091	Segelzeichnung zur Schonerbrigg „Laetitia"		Tusche auf Papier	o.J.
IV. 2. A 139	Segelriß (o. Angaben)		Tusche auf Papier	o.J.
IV. 2. B 092	Katalonische Nāo. 1450. Rotterdamm Modell Jeltsch Schiffsb.-Ing. Winter, Heinrich (Entwurf)		Lichtpause col.	o.J.
IV. 2. B 094	Pommerscher Kutter		Tusche und Bleistift auf Papier	o.J.
IV. 2. A 141	Rumpfquerschnitte eines Segelschiffs		Tusche auf Papier	o.J.
IV. 2. C 114	Segelboot		Tusche auf Papier, col.	o.J.
IV. 2. A 143	Dreimast Schoner „Gauss"		Tusche auf Papier, col.	o.J.
IV. 2. A 144	Triebwerk für den Glockenpocher		Tusche auf Papier	o.J.
IV. 2. B 097	Zeichnung einer Yacht		Tusche auf Papier, Linien tlws. farbig	o.J.
IV. 2. X 032	Bark Comissionsrath Dienstbach	Dienstbach, George (constr.) ?	Tusche auf Papier, tlws. col.	o.J.
IV. 2. X 035	Segelschiff (Zwei-Mast)		Tusche auf Papier	o.J.
IV. 2. X 036	Segelschiff (Drei-Mast)		Tusche auf Papier, Linien tlws. farbig	o.J.
IV. 2. B 098	Zeichnung zu einem Ruderboote		Tusche auf Papier	o.J.

Signatur	Titel	Zeichner, Stecher	Ausführungsart	Datierung
IV. 2. X 038	Schiffslinienrisse (o. Angaben)		Lithographie, Lichtpause, Tusche und Bleistift auf Papier	o.J.
IV. 2. A 146	Eisbrecher „Pommern". Erbaut von den Stettiner Oberwerken		Tusche auf Karton, col.	o.J.
IV. 2. A 217	Segelschulschiff „Horst Wessel"		Druck	o.J.
IV. 2. C 182	Schnelldampfer „Europa" des Norddeutschen Lloyd		Farbdruck	o.J.
IV. 2. X 021	Schraubenfregatte „Niagara"		Tusche auf Transparentpapier	o.J.
IV. 2. R 003	Schraubendampfer „Rucia" der Hamburg-Amerika Packetfahrt Actien-Gesellschaft	Zelts, A. Arppe, J. Steinecke	Tusche auf Papier col.	o.J.
IV. 2. R 004	Dampfturbinenschiff 2 TS „New York"		Tusche auf Papier, col.	o.J.
IV. 2. A 241	Zerstörer „Iltis", „Jaguar", „Tiger", „Lux", „Wolf"		Tusche auf Transparentpapier, Lichtpause	o.J.
IV. 2. C 190	SMS U-Kreuzer „U 139-141"	Reng, August, Studien-Assessor Kiel	Tusche auf Transparentfolie, Lichtpause	o.J.

Jörg Schmalfuß

VOM INSTITUT FÜR MEERESKUNDE HERAUSGEGEBENE LITERATUR

Diese Bibliografie hat den Anspruch, möglichst vollständig zu sein. Sie enthält ausschließlich Titel, die vom Institut für Meereskunde herausgegeben wurden und im Buchhandel erhältlich waren. Nicht verzeichnet sind Werke von Mitarbeitern des Museums, die selbständig oder bei anderen Institutionen erschienen sind. Ebenso wurde das „Graue Schrifttum" ausgeklammert. Die im Bestand der Bibliothek des MVT befindlichen Titel sind mit * und der Signatur gekennzeichnet.

Denkschrift über die Ergebnisse einer Studienreise nach Frankreich, England und Holland für die Ausgestaltung des Instituts und Museums für Meereskunde zu Berlin. Berlin. Sittenfeld. 1900.

Denkschrift über die Begründung und Ausgestaltung des Instituts und Museums für Meereskunde zu Berlin, Georgenstrasse 34-36. Berlin. Greve. 1901.

Museum für Meereskunde an der Königlichen Friedrich-Wilhelms-Universität zu Berlin. <Führer>. Berlin. Reichsdruckerei. 1906.

Führer durch das Museum für Meereskunde. Berlin. Mittler. 1907. * 2/91/1009

Führer durch das Museum für Meereskunde. Berlin. Mittler. 1913.

Führer durch das Museum für Meereskunde. Berlin. Mittler. 1917.

Führer durch das Museum für Meereskunde. Berlin. Mittler. 1918. * 2/91/1011

Führer durch das Museum für Meereskunde. Berlin. Mittler. 1923. * 2/92/1778

Führer durch das Museum für Meereskunde. Berlin. Mittler. 1930.

Führer durch das Museum für Meereskunde der Universität Berlin und der Kriegsmarine. (ca. 1935.)

Meereskunde in gemeinverständlichen Vorträgen und Aufsätzen. Berlin. Mittler. 1903.

1. Thieß, Karl: Organisation und Verbandsbildung in der Handelsschiffahrt. 1903.
2. Schwarz, Tjard: Das Linienschiff einst und jetzt. 1903.

Veröffentlichungen des Instituts für Meereskunde und des Geographischen Instituts an der Universität Berlin. Berlin. Mittler. 1903-1911.

1. Drygalski, Erich von: Deutsche Südpolar-Expedition auf dem Schiff „Gauß". (1).
2. Drygalski, Erich von: Deutsche Südpolar-Expedition auf dem Schiff „Gauß". (2).
3. Wiedenfeld, K[urt]: Die nordeuropäischen Welthäfen. 1903.
4. Chalikiopoulos, Leonidas: Sitia, die Halbinsel Kretas. 1903.
5. Drygalski, Erich von: Deutsche Südpolar-Expedition auf dem Schiff „Gauß". (3).
6. Kümmel, Otto: Die deutschen Meere im Rahmen der internationalen Meeresforschung. 1904.
7. Mecking, Ludwig: Die Eistrift aus dem Bereich der Baffinsbai, beherrscht von Strom und Wetter. 1906.
8. Rühl, Alfred: Beiträge zur Kenntnis zur morphologischen Wirksamkeit der Meeresströmungen. 1906.
9. Wiszwianski, Helene: Die Faktoren der Wüstenbildung.
10. Zahn, W. von: Die Stellung Armeniens im Gebirgsbau von Vorderasien unter besonderer Berücksichtigung der türkischen Teile.
11. Kükenthal, W.: Die marine Tierwelt des arktischen und antarktischen Gebietes in ihren gegenseitigen Beziehungen.
12. Petterson, Otto: Über Meeresströmungen. 1908. * 2/92/379
13. Kretschmer, Konrad: Die italienischen Portolane des Mittelalters. 1909.
14. Moritz, Eduard: Die Insel Röm. 1909.
15. Braun, Gustav: Entwicklungsgeschichtliche Studien an europäischen Flachlandküsten und ihren Dünen. 1911.

Meereskunde. Sammlung volkstümlicher Vorträge zum Verständnis der nationalen Bedeutung von Meer und Seewesen. Berlin. Mittler. 1907-1932. (Ab 1919 enthält jeder Band mehrere Erscheinungsjahre.)

Bd. 1 (1907)

(1) 1. Penck, Albrecht: Das Museum für Meereskunde zu Berlin.

(2) 2. Holzhauer, [Eduard]: Unterseeboote.

(3) 3. Bidlingmaier, Fr[iedrich]: Der Kompass in seiner Bedeutung für die Seeschiffahrt, wie für unser Wissen von der Erde.

(4) 4. Abel, O[thenio]: Die Stammesgeschichte der Meeressäugetiere.

(5) 5. Hoeniger, Robert: Die Kontinentalsperre in ihrer geschichtlichen Bedeutung.

(6) 6. Stahlberg, Walter: Auf einem deutschen Kabeldampfer bei einer Kabelreparatur in der Tiefsee.

(7) 7. Vogel, W.: Nordische Seefahrten im frühen Mittelalter.
(8) 8. Solger, Fr[iedrich]: Die deutschen Seeküsten in ihrem Werden und Vergehen.
(9) 9. Zahn, Gustav W. von: Eine Ozeanfahrt. I. Der Dienst auf der Kommandobrücke.
(10) 10. Stahlberg, Walter: Der Hamburger Hafen und das Modell der Hamburger Hafenbetriebes im Museum für Meereskunde.
(11) 11. Stahlberg, Walter: Der Hamburger Hafen, seine Gliederung und sein Betrieb.
(12) 12. Baschin, Otto: Die Wellen des Meeres.

Bd. 2 (1908)

(13) 1. Fischer, Theobald: Seehäfen von Marokko. * 2/92/822
(14) 2. Dinse, P[aul].: Die Anfänge der Nordpolarforschung und die Eismeerfahrten Henry Hudsons.
(15) 3. Woltereck, [Richard]: Tierische Wanderungen im Meere.
(16) 4. Koch, Paul: Vierzig Jahre Schwarz-Weiß-Rot. * 2/92/823
(17) 5. Bidlingmaier, Fr[iedrch]: Ebbe und Flut. * 2/92/824
(18) 6. Holzhauer, E[duard]: Kohlenversorgung und Flottenstützpunkte. * 2/92/824
(19) 7. Krümmel, [Otto]: Flaschenposten, treibende Wracks und andere Triftkörper in ihrer Bedeutung für die Enthüllung der Meeresströmungen.
(20) 8. Wittmer, R[ud.]: Große und kleine Kreuzer.
(21) 9. Klaus, [Otto]: Die Post auf dem Weltmeer.
(22) 10. Zahn, Gustav W. von: Eine Ozeanfahrt. II. Der Dienst des Proviantmeisters. * 2/92/825-2
(23) 11. Günther, S[iegmund]: Die Beteiligung der Deutschen am Zeitalter der Entdeckungen.
(24) 12. Stahlberg, Walter: Das Reich des Todes im Meer.

Bd. 3 (1909)

(25) 1. Schulze, Fr[ranz]: Schiffsordnungen und Schiffsbräuche.
(26) 2. Hartmeyer, R[obert]: Die westindischen Korallenriffe und ihr Tierleben. * 2/92/826
(27) 3. Laas, W[alter]: Die Segelschiffahrt der Neuzeit.
(28) 4. Wittmer, R[ud.]: Die Torpedowaffe.
(29) 5. Spethmann, Hans: Die Küste der englischen Riviera. * 2/92/827
(30) 6. Holzhauer, E[duard]: Kiel und Wilhelmshaven.
(31) 7. Stahlberg, Walter: Unsere Kalisalzlager ein Geschenk des Meeres an den deutschen Boden. * 2/92/828
(32) 8. Krainer, P.: Die Entwicklung der Schiffsmaschine. * 2/92/829
(33) 9. Lübbert, H[ans]: Die deutsche Hochsee-Segelfischerei.
(34) 10. Zahn, Gustav W. von: Eine Ozeanfahrt. III. Der innere Dienst an Bords. * 2/92/830-3
(35) 11. Mecking, L[udwig]: Das Eis des Meeres.
(36) 12. Franz, Victor: Die Scholle ein Nutzfisch der deutschen Meere. * 2/92/831

Bd. 4 (1910)

(37) 1. Penck, Albrecht: Der Hafen von New York. * 2/92/832
(38) 2. Dinse, P[aul]: Der Seeraub. Eine geographisch-historische Skizze.
(39) 3. Schulze, Franz: Lübeck, sein Hafen, seine Wasserstraßen. * 2/92/833
(40) 4. Eulenburg, Albert: Die Heilkräfte des Meeres. * 2/92/834
(41) 5. Wenke, Karl: Gefiederte Bewohner des Meeres. I. Vögel des nordatlantischen Ozeans. * 2/92/835-1
(42) 6. Wittmer, R[ud.]: Kriegsschiffbesatzungen in Vergangenheit und Gegenwart. * 2/92/836
(43) 7. Vogel, Walther: Eine Wanderung durch altniederländische Seestädte. * 2/92/837
(44) 8. Lütgens, R[ud.]: Auf einem Segler um Kap Horn.
(45) 9. Neubauer, Paul: Der Suez-Kanal, seine Entstehung und Entwicklung.
(46) 10. Thierry, G. de: Die freie Hansestadt Bremen, ihre Hafenanlagen und Verbindungen mit der See und dem Hinterlande. * 2/92/838
(47) 11. Kohlschütter, E[rnst]: Nautische Vermessungen.
(48) 12. Zahn, Gustav W. von: Eine Ozeanfahrt. IV. Der Sicherheitsdienst an Bord. * 2/92/839-4

Bd. 5 (1911)

(49) 1. Behrmann, Walter: Der Deichschutz an Deutschlands Küsten. * 2/92/840
(50) 2. Koch, P[aul]: Kriegsrüstung und Wirtschaftsleben. * 2/92/840
(51) 3. Mecking, Ludwig: Der Golfstrom.
(52) 4. Hochstetter, Franz: Die Abschaffung des britischen Sklavenhandels im Jahre 1806/07. * 2/92/842
(53) 5. Michelsen, [Andreas H.]: Unterseebootunfälle unter besonderer Berücksichtigung des Unfalls auf „U 3".
(54) 6. Lütgens, Rud.: Valparaiso und die Salpeterküste.
(55) 7. Maurer, Hans: Der Kreisel als Kompassersatz auf eisernen Schiffen.
(56) 8. Wittmer, R[ud.]: Die Zusammensetzung und Taktik der Schlachtflotten in Vergangenheit und Gegenwart. * 2/92/843
(57) 9. Krebs, N[orb.]: Die Häfen der Adria.
(58) 10. Kross, Georg Wilhelm: Die Fahrten eines deutschen Seemanns um die Mitte des 19. Jahrhunderts. * 2/92/844
(59) 11. Ebeling, A[ugust]: Ferngespräche über See. * 2/92/845
(60) 12. Penck, Albrecht: Tsingtau. * 2/92/846

Bd. 6 (1912)

(61) 1. Reuter, Christian: Ostseehandel und Landwirtschaft im sechzehnten und siebzehnten Jahrhundert. * 2/92/847
(62) 2. Pfeil, Joachim von: Marokko. Wirtschaftliche Möglichkeiten und Aussichten. * 2/92/848

(63) 3. Fowler, Herbert: Das schwimmende Leben der Hochsee. * 2/92/849
(64) 4. Hennig, R[ich.]: Die deutsche Seekabelpolitik zur Befreiung vom englischen Weltmonopol. * 2/92/850
(65) 5. Lübbert, H[ans]: Die großbritannische Hochseefischerei. * 2/92/851
(66) 6. Hambruch, Paul: Die Schiffahrt auf den Karolinen- und Marshallinseln. * 2/92/852
(67) 7. Braun, Gustav: Der Fährverkehr zur See im europäischen Norden. * 2/92/853
(68) 8. Mangold, Ernst: Tierisches Licht in der Tiefsee. * 2/92/854
(69) 9. Heiderich, Franz: Triest und die Tauernbahn. * 2/92/855
(70) 10. Vogel, Walther: Die Namen der Schiffe im Spiegel von Volks- und Zeitcharakter. * 2/92/856
(71) 11. Spethmann, Hans: Meer und Küste von Rügen bis Alsen. * 2/92/857
(72) 12. Michaelsen, Heinz: Die festländischen Nordsee-Welthäfen. * 2/92/858

Bd. 7 (1913)

(73) 1. Koch, P[aul]: Die deutsche Eisenindustrie und die Kriegsmarine. * 2/92/859
(74) 2. Reuter, Christian: Handelswege im Ostgebiet in alter und neuer Zeit. * 2/92/860
(75) 3. Glaesner, Leopold: Ein Ausflug nach Sansego in der Adria. * 2/92/861
(76) 4. Vogel, Walther: Deutschlands Lage zum Meere im Wandel der Zeiten. * 2/92/862
(77) 5. Merz, Alfred: Land- und Seeklima. * 2/92/863
(78) 6. Schlenzka: Auf S.M.S. „Möwe". Bilder aus der Vermessungstätigkeit der Kaiserlichen Marine. * 2/92/864
(79) 7. Braun, Gustav: Über Marine Sedimente und ihre Benutzung zur Zeitbestimmung. * 2/92/865
(80) 8. Mecking, Ludwig: Von Singapur bis Yokohama. * 2/92/866
(81) 9. Henking, H[erm.]: Das Meer als Nahrungsquelle. * 2/92/867
(82) 10. Rühl, Alfred: San Francisco. * 2/92/868
(83) 11. Lehmann, Edward: Auf den Färöern. * 2/92/869
(84) 12. Doflein, F[ranz]: Neue Forschungen über die Biologie der Tiefsee. * 2/92/870

Bd. 8 (1914)

(85) 1. Vogel, Walther: Die deutsche Handelsmarine im 19. Jahrhundert. * 2/92/871
(86) 2. Tschermak, Armin von: Die zoologische Station in Neapel. * 2/92/872
(87) 3. Michaelsen, Heinz: Riesenschiffe. * 2/92/873
(88) 4. Köster, Aug[ust]: Die Nautik im Altertum. * 2/92/874
(89) 5. Duge, F.: Wohlfahrtseinrichtungen in der Seefischerei. * 2/92/875
(90) 6. Gemmingen, [Max Frhr.] von: Das Zeppelinschiff zur See. * 2/92/876
(91) 7. Goedel, Gustav: Durch die Magellanstrasse. * 2/92/877
(92) 8. Hennig, Richard: Überland und Übersee im Wettbewerb, nebst einem Ausblick auf die kommenden Wettbewerbsmöglichkeiten des Luftverkehrs. * 2/92/878
(93) 9. Glaesner, Leopold: Wehr und Schutz der Meerestiere. * 2/92/879
(94) 10. Behrmann, Walter: Nach Deutsch-Neuguinea. * 2/92/880
(95) 11. Hartwig, Alfred: Die Salpeterindustrie Chiles und ihre weltwirtschaftliche Bedeutung. * 2/92/881
(96) 12. Mohr, P[aul]: Politische Probleme im westlichen Mittelalter. * 2/92/882

Bd. 9 (1915)

(97) 1. Neuberg, Johannes: Das Seekriegsrecht im jetzigen Krieg. * 2/92/883
(98) 2. Kirchhoff, Hermann: Englands Willkür und bisherige Allmacht zur See. * 2/92/884
(99) 3. Merz, Alfred: Die südeuropäischen Staaten und unser Krieg. * 2/92/885
(100) 4. Vogel, Walther: Die überseeische Getreideversorgung der Welt. * 2/92/886
(101) 5. Rühl, Alfred: Antwerpen. * 2/92/887
(102) 6. Mohr, P[aul]: Der Kampf um deutsche Kulturarbeit im nahen Orient. * 2/92/888
(103) 7. Engelhardt, Robert: Englands Kohle und sein Überseehandel. * 2/92/889
(104) 8. Glaesner, Leopold: Triest und Venedig. * 2/92/890
(105) 9. Reventlow, E[rnst]: Die versiegelte Nordsee.
(106) 10. Penck, A[lbrecht]: Politisch-geographische Lehren des Krieges.
(107) 11. Schuchart, Th.: Der Außenhandel der Vereinigten Staaten von Amerika. * 2/92/891
(108) 12. Roloff, Gustav: Eine ägyptische Expedition als Kampfmittel gegen England. * 2/92/892

Bd. 10 (1916)

(109) 1. Schulze, Otto: Die wichtigsten Kanalhäfen und ihre Bedeutung für den Krieg. * 2/92/893
(110) 2. Spies, H[einrich]: Die Engländer als Inselvolk.
(111) 3. Vogel, Walther: Deutschlands Zurückdrängung von der See. * 2/92/894
(112) 4. Hennig, Richard: Die drahtlose Telegraphie im überseeischen Nachrichtenverkehr während des Krieges. * 2/92/895
(113) 5. Schulze,[Franz]: Edinburg, Glasgow und Liverpool. Eindrücke von einer Studienfahrt im Jahre 1913. * 2/92/896
(114) 6. Schroedter, C[arl]: Die Heimsuchungen der Handelsschiffahrt durch den Krieg. * 2/92/897
(115) 7. Vogel, Walther: Angriffe und Angriffsversuche gegen die Britischen Inseln. * 2/92/898
(116) 8. Stubmann, P[aul]: Gegenwart und Zukunft der Seeschiffahrt. * 2/92/899
(117) 9. Krüger, J.L.O.: Zwei Kriegsjahre in London. * 2/92/900
(118) 10. Meuß, J[oh.] F[rdr.]: Die Preußische Flagge. * 2/92/901

(119/120) 11/12. Meyer, Hans: Gegenwart und Zukunft der deutschen Kolonien. * 2/92/902

Bd. 11 (1917)

(121) 1. Manes, Alfred: Die Südsee im Weltkrieg. * 2/92/903
(122) 2. Hupfeld, Fr[iedrich]: Das deutsche Kolonialreich der Zukunft.
(123) 3. Herkner, H[einrich]: Die Zukunft des deutschen Außenhandels. * 2/92/904
(124) 4. Schrameier: Die deutsch-chinesischen Handelsbeziehungen. * 2/92/905
(125) 5. Spies, Heinrich: Englands Mannschaftsersatz in Flotte und Heer. * 2/92/906
(126) 6. Wallroth, Erich: Die Grundlagen des Ostseehandels und seine Zukunft. * 2/92/907
(127) 7. Brie, Friedrich: Britischer Imperialismus. * 2/92/908
(128) 8. Pohle, Richard: St. Petersburg. * 2/92/909
(129) 9. Mosle", A.: Japan und seine Stellung in der Weltpolitik. * 2/92/910
(130) 10. Sario, Samuli: Die Nordischen Dardanellen. * 2/92/911
(131) 11. Isermeyer, K[arl]: Wiederaufbau der deutschen Handelsschiffahrt. * 2/92/912
(132) 12. Engelhardt, E.: Bei Kriegsausbruch in Hawaii. * 2/92/913

Bd. 12 (1918)

(133) 1. Penck, Albrecht: Die natürlichen Grenzen Rußlands. Ein Beitrag zur politischen Geographie des europäischen Ostens. * 2/92/914
(134) 2. Calker, Wilhelm van: Der Reichstag und die Freiheit der Meere. * 2/92/915
(135) 3. Triepel, Heinrich: Konterbande, Blockade und Seesperre. * 2/92/916
(136) 4. Vogel, Walther: Hugo Grotius und der Ursprung des Schlagworts von der Freiheit der Meere. * 2/92/917
(137) 5. Ficke, Else: In französischen Lagern Afrikas. Erlebnisse einer Zivilgefangenen. * 2/92/918
(138) 6. Laas, W[alter]: U.S. Amerikas Schiffbau in Frieden und Krieg. * 2/92/919
(139) 7. Rühl, Alfred: Die Grundlagen des italienischen Imperialismus. * 2/92/920
(140) 8. Treutsch von Buttlar-Brandenfels: Luftschiffangriffe auf England. * 2/92/921
(141) 9. Schnell, W.: Das Seeflugzeugwesen. * 2/92/922
(142) 10. Doflein, M.: Der Kampf der Minensuchflottillen.
(143) 11. Marcus, K[urt]: Die untere Donau und ihre Fischerei. * 2/92/923
(144) 12. Meuss, J[oh.]F[rdr.]: Die deutsche Flagge. * 2/92/924

Bd. 13

(145) 1. Waetge, H[einrich]: Argentinien und seine Stellung in der Weltwirtschaft. (1919)
(146) 2. Daenell, E[rnst]: Das Ringen der Weltmächte um Mittel- und Südamerika. (1919) * 2/92/925
(147) 3. Lutz, Otto: Der Panama-Kanal als politisches und wirtschaftliches Werkzeug der Vereinigten Staaten von Amerika. (1919) * 2/92/926
(148) 4. Damme, Paul: Danzig, sein Hafen. (1919)
(149) 5. Strieder, Jakob: Levantinische Handelsfahrten deutscher Kaufleute des 16. Jahrhunderts. (1919) * 2/92/927
(150) 6. Oettinger, E.: Die Farbe des Wassers. (1919) * 2/92/928
(151) 7. Hennig, Richard: Zur Frühgeschichte des Seeverkehrs im Indischen Ozean. (1919) * 2/92/929
(152) 8. Pohle Richard: Riga.
(153) 9. Behrmann, W[alter]: Borkum. Strand- und Dünenstudien. (1920) * 2/92/930
(154/155)
10/11. Stahlberg, Walter: Die Ermittelung der Meerestiefe. (1920) * 2/92/931
(156) 12. Michaelsen, Heinz: Der moderne Passagierdampfer. (1920) * 2/92/932

Bd. 14

(157) 1. Merz, Alfred: Meereskunde, Wirtschaft und Staat. (1922) * 2/92/933
(158) 2. Schneider,[Karl]: Die deutsche Marine in den Dardanellen. (1923)
(159) 3. Weigold, [Hugo]: Die Vogelfreistätten der deutschen Nordseeküste. (1924)
(160) 4. Spiess, [Fritz] : Das deutsche Seekarten-Werk. (1925)
(161) 5. Hennig, [Richard]: Das Rätsel von Atlantis. (1925)
(162) 6. Manthey, [Eberhard von]: Die beiden Meteore der deutschen Marine. (1925)
(163) 7. Hoefer, A.: Im Pampero-Sturm. (1925) * 2/92/934
(164) 8. Grötsch, [Rudolf]: Der Funkdienst an Bord eines Handelsschiffes. (1925)
(165) 9. Köster, August: Seefahrten der alten Ägypter. (1925) * 2/92/935
(166) 10. Brühl, Ludwig: Bernstein das „Gold des Nordens". 1925.

Bd. 15

(167) 1. Maydorn, Dietrich: Der Brandtaucher. Das erste deutsche Unterseeboot Wilhelm Bauers. (1926) * 2/92/936
(168) 2. Mohr, Paul: Frankreich und Marokko. (1926) * 2/92/937
(169) 3. Herrmann, Albert: Die Irrfahrten des Odysseus. (1926) * 2/92/938
(170) 4. Methner, Wilhelm: Die Häfen Deutsch-Ostafrikas. (1927) * 2/92/939
(171) 5. Schmidt, R.: Die Abschließung und Trockenlegung der Zuidersee. (1927)
(172) 6. Braun, Gustav: Finnlands Küsten und Häfen. (1927) * 2/92/940
(173) 7. Engert, Rolf: Die Sage vom Fliegenden Holländer. (1927) * 2/92/941
(174) 8. Thierfelder: Schnelldampfer „Kronprinz Wilhelm" als Hilfskreuzer 1914 1915. (1927) * 2/92/942

(175) 9. Patschke, W.: Bilder aus Nordbrasilien und seinen Häfen. (1927) * 2/92/943
(176) 10. Patschke, W.: Von Pernambuco bis Porto Alegre. (1927) * 2/92/944

Bd. 16

(177) 1. Manthey, von: S.M.S. „Hohenzollern". (1927) * 2/92/945
(178) 2. Mohr, Paul: Konstantinopel und die Meerengenfrage. (1927) * 2/92/946
(179) 3. Croseck, Heinrich: Vom Segelschiff zum Rotorschiff. (1928) * 2/92/947
(180) 4. Schmidt, R.: Der Hindenburgdamm nach Sylt und die Landgewinnung an der schleswigschen Westküste. (1928) * 2/92/948
(181) 5. Böhnecke, Günther: Mit der Deutschen Atlantischen Expedition auf dem Forschungsschiff „Meteor". (1928)
(182) 6. Hassert, Kurt: Der neue Weltverkehr. (1928) * 2/92/949
(183) 7. Lübbert, H[ans]: Island und seine Wirtschaft. (1928) * 2/92/950
(184) 8. Mecking, L[udwig]: Japans Seehäfen und ihre neueste Entwicklung. (1929) * 2/92/951
(185) 9. Nippoldt, A.: Magnetische Kräfte über dem Meere. (1929) * 2/92/952
(186) 10. Köster, August: Schmuck und Zier des Schiffes. (1929)

Bd. 17

(187) 1. Lorey, Hermann: Der I. Offizier an Bord eines Kriegsschiffes. (1929) * 2/92/953
(188) 2. Engert, Rolf: Das Meer als Symbol. (1929) * 2/92/954
(189) 3. Andriano, R.: Der deutsche Segelsport. (1929) * 2/92/955
(190) 4. Groos Mit der Hamburg um die Welt. (1929) * 2/92/956
(191) 5. Rziha, Arthur von: Die Donau als Großschifffahrtsweg. (1929) * 2/92/957
(192) 6. Köster, August: Ostia, die Hafenstadt Roms. (1929) * 2/92/958
(193) 7. Köster, August: Seemärchen und Meeresspuk. (1930)
(194) 8. Ehlers, W[ilhelm] L.: Die Schnelldampfer „Bremen" und „Europa". (1930)
(195) 9. Engel, E.H.: Mit Fischereischutzboot „zieten" nach den Fischgründen der Nordsee und Islands. (1930) * 2/92/959
(196) 10. Lorey, Hermann: Auf der Kommandobrücke eines Kriegsschiffes. (1930) * 2/92/960

Bd. 18

(197) 1. Kohl-Larsen, Ludwig: Bei den Pinguinen und See-Elefanten Südgeorgiens. (1930) * 2/92/961
(198) 2. Müller, G.: Meer und Mensch im Spiegel neuerer Dichtung. (1930) * 2/92/962
(199) 3. Born, Axel: Die Entstehung der Ozeane. 1931.
(200) 4. Kurze, Fr. W.: Wie eine Seekarte entsteht. (1931)
(201) 5. Krebs, Norbert: Küsten und Häfen Südfrankreichs. (1931) * 2/92/963
(202) 6. Braun, Gustav: Schwedens Küste und Seehäfen. (1931) * 2/92/964
(203) 7. Defant, A[lbert]: Ebbe und Flut des Meeres. (1932) * 2/92/965
(204) 8. Hentschel, E.: Ozeanische Lebensgemeinschaften. (1932) * 2/92/966
(205) 9. Köster, August: Die Blütezeit der Segelschiffahrt. (1932) * 2/92/967

Wissenschaftliche Ergebnisse der deutschen atlantischen Expedition auf dem Forschungs- und Vermessungsschiff „Meteor" 1925-1927. Berlin. de Gruyter. 1932-1941.

1. Spiess, F[ritz]: Das Forschungsschiff und seine Reise. 1932.
2. Maurer, H[ans]: Die Echolotungen. Beobachtungen, Ergebnisse und Vergleich mit den andersartigen Lotungen. 1933.

3.1. Morphologie des Atlantischen Ozeans.
1. Lieferung: Stocks, Th[eod.] u. G. Wüst: Die Tiefenverhältnisse des offenen Atlantischen Ozeans. 1935.
2. Lieferung: Stocks, Th[eod.]: Statistik der Tiefenstufen des Atlantischen Ozeans. 1938.
4.1. Lieferung: Stocks, Th[eod.]: Grundkarte der ozeanischen Lotungen. 1937.
4.2. Lieferung: Stocks, Th[eod.]: Grundkarte der ozeanischen Lotungen. 1939.
4.3. u. 4.4. Lieferung: Stocks, Th[eod.]: Grundkarte der ozeanischen Lotungen. 1941.

3.2. Die Sedimente des Südatlantischen Ozeans.
1. Lieferung: Pratje, O[tto]: Gewinnung und Bearbeitung der Bodenproben. 1935.
2. Lieferung: Pratje, O[tto]: Die Untersuchungsergebnisse nach Stationen geordnet. 1939.

3.3. Die Sedimente des äquatorialen Atlantischen Ozeans.
1. Lieferung, Teil A: Correns, C[arl] W[ilh.]: Die Verfahren der Gewinnung und Untersuchung der Sedimente. 1935.
1. Lieferung, Teil B: Schott, W[olfgang]: Die Foraminiferen in dem äquatorialen Teil des Atlantischen Ozeans. 1935.
2. Lieferung, Teil C: Correns, C[arl] W[ilh.]: Zusammenstellung der Ergebnisse nach Stationen geordnet. 1937.
2. Lieferung, Teil C: Correns, C[arl] W[ilh.]: Auswertung der Ergebnisse. 1937.

4.1. Wüst, G.; G. Böhnecke u. Hans H.F. Meyer: Ozeanographische Methoden und Instrumente. 1932.

4.2. Das ozeanographische Beobachtungsmaterial (Serienmessungen). 1932

5. Temperatur, Salzgehalt und Dichte an der Oberfläche des Atlantischen Ozeans.
1. Lieferung: Böhnecke, G.: Das Beobachtungsmaterial und seine Aufbereitung. 1936.

2. Lieferung: Böhnecke, G.: Die Temperatur. 1938.

5. Atlas Böhnecke, G.: Temperatur, Salzgehalt und Dichte an der Oberfläche des Atlantischen Ozeans. 1936.

6.1. Schichtung und Zirkulation des Atlantischen Ozeans.
1. Lieferung: Wüst, G.: Das Bodenwasser und die Gliederung der AtlantischenTiefsee. 1933.
2. Lieferung: Wüst, G.: Die Stratosphäre. 1935.
3. Lieferung: Defant, A[lbert]: Die Troposhäre. 1936.

6.2. Quantitative Untersuchungen zur Statik und Dynamik des Atlantischen Ozeans.
1. Lieferung: Schubert, O[tto] von: Die Stabilitätsverhältnisse. 1935.
2. Lieferung: Defant, A[lbert]: Ausbreitungs- und Vermischungsvorgänge im antarktischen Bodenstrom und im subantarktischen Zwischenwasser. 1936.
3. Lieferung: Wüst, G.: Die dynamischen Werte für die Standardhorizonte an den Beobachtungsstationen. 1938.
4. Lieferung: Defant, Albert: Die relative Topographie einzelner Druckflächen im Atlantischen Ozean. 1941.
5. Lieferung: Defant, Albert: Die absolute Topographie des physikalischen Meeresniveaus und der Druckflächen, sowie der Wasserbewegungen im Atlantischen Ozean. 1941.
6. Atlas Wüst, G. u. A[lbert] Defant: Schichtung und Zirkulation des Atlantischen Ozeans.
Schnitte und Karten von Temperatur,Salzgehalt und Dichte. 1936.

7.1. Defant, A[lbert]: Die Gezeiten und inneren Gezeitenwellen des Atlantischen Ozeans.
Ergebnisse der Strom- und Serienmessungen auf den Ankerstationen des „Meteor". 1932.

7.2. Ozeanographische Sonderuntersuchungen.
1. Lieferung: Schumacher, Arnold: Stereophotogrammetrische Wellenaufnahmen.
1939.

7.2. Atlas. 1939.
8. Wattenberg, H[erm.]: Das chemische Beobachtungsmaterial und seine Gewinnung. Erster Teil der Bearbeitung des chemischen Materials. 1933.

9. Die Verteilung des Sauerstoffs und des Phosphats im Atlantischen Ozean.

9.2. Die Bearbeitung des chemischen Materials.
1. Lieferung: Wattenberg, Herm.: Die Verteilung des Sauerstoffs im Atlantischen Ozean. 1938.

9. Atlas 1939.

10. Hentschel, E[rnst]: Die biologischen Methoden und das biologische Beobachtungsmaterial der „Meteor"-Expedition. 1932.

11. Hentschel, E[rnst]: Allgemeine Biologie des Südatlantischen Ozeans.
1. Lieferung: Das Pelagial der obersten Wasserschicht. 1933.
2. Lieferung: Das Pelagial der unteren Wasserschichten. 1936.

12.1. Biologische Sonderuntersuchungen (erster Teil)
1. Lieferung: Peters, N[ic.]: Die Bevölkerung des Südatlantischen Ozeans mit Ceratien. 1932.
2. Lieferung: Klevenhusen, W[ilh.]: Die Bevölkerung des Südatlantischen Ozeans mit Corycaen;
Rammner, W[alt.]: Die Cladoceren der „Meteor"-Expedition;
Meyer, K[arl]: Die geographische Verbreitung tripyleen Radiolarien des Südatlantischen Ozeans. 1933.
3. Lieferung: Thiemann, K[arl]: Das Plankton der Flußmündungen; Gemeinhardt, K[onrad]: Die Silicoflagellaten des Südatlantischen Ozeans. 1934.

12.2 Biologische Sonderuntersuchungen (Fortsetzung).
1. Lieferung: Leloup, E[rnst]; Hentschel, E[rnst]: Die Verbreitung der calycophoren Siphonophoren im Südatlantischen Ozean; Thiel, M<ax> E<gon>: Die Besiedlung des Südatlantischen Ozeans mit Hydromedusen. 1935.
2. Lieferung: Steuer, A.: Die Verbreitung der Copepodengattungen Sapphirina, Copilia, Miracia, Pleuromamma, Rhincalanus und Cephalophanes im Südatlantischen Ozean. 1937.
3. Lieferung: Käsler, Rob.: Die Verbreitung der Dinophysiales im Südatlantischen Ozean. 1938.

13. Biologische Sonderuntersuchungen.
1. Lieferung: Thiel, Max Egon: Die Chaetognathen-Bevölkerung des Südatlantischen Ozeans. 1938.
2. Lieferung: Krüger, Hans: Die Thaliaceen der „Meteor"-Expedition. 1939.
3. Lieferung: Lohmann, H[ans]; Hentschel, E<rnst>: Die Appendicularien im Südatlantischen Ozean. 1939.

14. Kuhlbrodt, E[rich]; Reger, J[os.]: Die meteorologischen Beobachtungen. Methoden, Beobachtungsmaterial und Ergebnisse.
1. Lieferung: Die Beobachtungsmethoden und das Beobachtungsmaterial. 1936.
2. Lieferung: Die meteorologischen Ergebnisse. 1938.

15. Kuhlbrodt, E[rich]; Reger, J[os.]: Die aerologischen Methoden und das aerologische Beobachtungsmaterial. 1933.

16.2. Der statische Aufbau der Luft über dem Südatlantischen Ozean.
1. Lieferung: Reger, Jos.: Die Temperaturverhältnisse über dem Südatlantischen Ozean. 1939.

Das Meer in volkstümlichen Darstellungen. Mittler. Berlin. 1933-1940.

1. Polarbuch. Neue Forschungsfahrten in Arktis und Antarktis mit Luftschiff, U-Boot, Schlitten und Forschungsschiff. 1933
2. Luftverkehr über dem Ozean. 1934.
3. Tiefseebuch. Querschnitt durch die neuere Tiefseeforschung. 1934.
4. Ozeanfahrt auf deutschen Schiffen. 1936.
5. Werdendes Land am Meer. Landerhaltung und Landgewinnung an der Nordseeküste. 1937.
6. Kleine Wehrgeographie des Weltmeeres. 1938.
7. Kolonialprobleme der Gegenwart. 1939.
8. Wind, Wetter und Wellen auf dem Weltmeere. 1940.

Veröffentlichungen des Instituts für Meereskunde an der Universität Berlin. Neue Folge. A.
Geographisch-naturwissenschaftliche Reihe. Berlin. Mittler. 1911-1942.

1. Lehmann, H.: Untersuchungen über das Pflanzen- und Tierleben der Hochsee. 1911.
2. Groll, Max: Tiefenkarten der Ozeane. 1912.
3. Wendicke, Fitz: Hydrographische und biologische Untersuchungen auf den deutschen Feuerschiffen der Nordsee 1910/11. 1913.
4. Penck, Walter: Grundzüge der Geologie des Bosporus. 1919.
5. Merz, Alfred: Die Oberflächentemperatur der Gewäser. 1920.
6. Wüst, Georg: Die Verdunstung auf dem Meere. 1920.
7. Kleine Mitteilungen aus dem Institut für Meereskunde. 1921.
8. Michaelis, Georg: Die Wasserbewegungen des Indischen Ozeans im Januar und Juli. 1923.
9. Kossinna, Erwin: Die Tiefen des Weltmeeres. 1921.
10. Böhnecke, Günter: Salzgehalt und Strömungen der Nordsee. 1922.
11. Meyer, Hans H.F.: Die Oberflächenströmungen des Atlantischen Ozeans. 1923.
12. Wüst, Georg: Florida und Antillenstrom. 1924.
13. Möller, Lotte: Die Deviation bei Strommessungen. 1924.
14. Willimzik, Magdalene: Die Strömungen im subtropischen Konvergenzgebiet des Indischen Ozeans. 1929.
15. Möller, Lotte: Methodisches zu den Vertikalschnitten längs 35,4 Grad S und 30 Grad W im Atlantischen Ozean. 1926.
16. Paech, Harry: Die Oberflächenströmungen um Madagaskar. 1926.
17. Böhnecke, Günther: Der jährliche Gang des Salzgehaltes in der Nordsee. 1927.
18. Merz, Alfred: Hydrographische Untersuchungen in Bosporus und Dardanellen. 1928.
19. Defant, Albert: Stabile Lagerung ozeanischer Wasserkörper und das dazugehörige Stromsystem. 1929.
20. Wüst, Georg: Schichtung und Tiefenzirkulation des Pazifischen Ozeans aufgrund zweier Längsschnitte. 1929.
21. Möller, Lotte: Die Zirkulation des Indischen Ozeans. 1929.
22. Blum, Max: Die Gezeiten-Erscheinungen des Jade. 1931.
23. Möller, Lotte: Das Tidegebiet der Deutschen Bucht. 1933.
24. Lüders, Karl: Unmittelbare Sandwanderungsmessung auf dem Meeresboden. 1933.
25. Defant, Albert u. Schubert, Otto von: Strommessungen und ozeanographische Serien-Beobachtungen der 4. Länderunternehmung im Kattegat. 1934.
26. Kobe, Gertrud: Der hydrographische Aufbau und die dadurch bedingten Strömungen im Skagerrak. 1934.
27. Dietrich, Günter: Aufbau und Dynamik des südlichen Agulhasstromgebietes. 1935.
28. Bein, Willy; Hirsekorn, H.G.; Möldt, L.: Konstantenbestimmungen des Meereswassers. 1935.
29. Wüst, Georg: Kuroshio und Golfstrom. 1936.
30. Nöthlich, Friedrich: Hydrographische und hydrologische Untersuchungen im Grunewald. 1936.
31. Nöthlich, Kurt: Die hydrographischen Verhältnisse von Havel und Spree in den Jahren 1933-35. 1936.
32. Die ozeanographischen Arbeiten des Vermessungsschiffes „Meteor" in der Dänemarkstraße und Irmingersee während der Fischereischutzfahrten 1929, 30,33 und 35. Teil 1. 1936.
33. Dietrich, Günter: Die Lage der Meeresoberfläche im Druckfeld von Ozean und Atmosphäre mit besonderer Berücksichtigung des westlichen Nordatlantischen Ozeans und des Golfs von Mexiko. 1937.
34. Busse, Annemarie: Die Verbreitung des Phytoplanktons im Sakrower See und seine Beziehungen zum Medium. 1937. (Teil 4a der Veröffentlichung „Der Sakrower See" von Annemarie Busse.)
35. Wüst, Georg: Bodentemperatur und Bodenstrom in der pazifischen Tiefsee. 1937.
36. Nöthlich, Kurt: Beiträge zur Frage der Schichtungserscheinungen in Fluss-Seen (Havel). 1939.
37. Prüfer, Guntram: Die Gezeiten des Indischen Ozeans. 1939.
38. Bruch, Herbert: Die vertikale Verteilung von Windge schwindigkeit und Temperatur in den untersten Metern über der Wasseroberfläche. 1940.
39. Nöthlich, Kurt: Schichtungserscheinungen im großen Wannsee bei Berlin. 1941.
40. Hein, Erna: Hydrographische Untersuchung des Heinitzsees in Rüdersdorf/Mark. 1942.
41. Dietrich, Günter: Die Schwingungssysteme der halb- und eintägigen Tiden in den Ozeanen. 1942.

Veröffentlichungen des Instituts für Meereskunde an der Universität Berlin. Neue Folge. B.
Historisch-volkswirtschaftliche Reihe. Berlin. Mittler. 1911-1941.

1. Vogel, Walter: Die Grundlagen der Schiffahrtsstatistik. 1911. (Zugleich Nr. 16 der alten Folge)
2. Meuss, Johann Friedrich: Die Untersuchungen des Königlichen Seehandels-Instituts zur Emporbringung des preußischen Handels zur See. 1913.
3. Rühl, Alfred: Die Nord- und Ostseehäfen im deutschen Außenhandel. 1920.
4. Reuter, Wilhelm: Preußische Übungsschnitte (1817-1848). 1926.
5. Crohn, Hertha: Der Mais in der Weltwirtschaft. 1926.
6. Rühl, Alfred: Das Standortproblem in der Landwirtschafts-Geographie. 1929.
7. Suder, Hans: Vom Einbaum und Floß zum Schiff. * 2/80/83
8. Reichenheim, Julius O.: Die wirtschaftliche Bedeutung von Barcelona. 1933.

9. Mai, Erwin: Die Kakaokultur an der Goldküste und ihre sozialgeographischen Wirkungen. 1933.
10. Szymanski, Hans: Deutsche Segelschiffe. 1934.
11. Schulz, Anneliese: Der Plantagen-Kautschuk in Britisch-Malaya. 1936.
12. Schmidt, Paul: Nordkalabrien. 1937.
13. Böckler, Waldemar: Der Flachsbau in Deutschland. 1937. * T 785
14. Sievers, Angelika: Die Rindviehwirtschaft in den Vereinigten Staaten von Amerika. 1939.
15. Maedje, Wolfgang: Uruguay. 1941.
16. Reinhardt, Karl: Rekonstruktion der Karacke „Jesus von Lübeck". 1941.

Andreas Curtius

VERZEICHNIS DER AUTORINNEN UND AUTOREN

Prof. Günther Gottmann, Direktor des MVT

Dirk Böndel, Leiter der Abteilung Schiffahrt, MVT

Andreas Curtius, Leiter der Bibliothek, MVT

Michael Keyser, Schiffsmodellbauer und Restaurator, MVT

Walter Lenz, Vorsitzender der deutschen Gesellschaft für Meeresforschung, Universität Hamburg

Hans Mehlhorn, Fachgebietsleiter Militärhistorisches Schrift- und Bildgut im Militärhistorischen Museum der Bundeswehr, Dresden

Bettina Probst, wissenschaftliche Volontärin in der Abteilung Schiffahrt, MVT

Tassilo Riemann, Museologe, Mitarbeiter in der Abteilung Sammlungsdienste, MVT

Patricia Rißmann, Praktikantin in der Abteilung Schiffahrt, MVT

Jörg Schmalfuß, Leiter des historischen Archivs, MVT